绿色丝绸之路资源环境承载力国别评价与适应策略

U0225808

资源环境承载力评价与适应策略

杨小唤　蔡红艳　闫慧敏　等　著

科 学 出 版 社
北 京

内 容 简 介

　　本书以资源环境承载力评价为核心,建立了一套由分类到综合的资源环境承载力评价方法体系,由公里格网到省、地区、国家尺度,定量揭示了越南的资源环境承载能力及其地域差异,提出了区域谐适策略,为促进越南人口与资源环境协调发展提供科学依据和决策支持,为绿色丝绸之路建设做出贡献。

　　本书可供从事人口、资源、环境与发展研究和世界地理研究的科研人员和研究生参考,也可供相关政府部门的管理人员和从业者查阅。

审图号：GS 京（2024）0146 号

图书在版编目（CIP）数据

越南资源环境承载力评价与适应策略 / 杨小唤等著. —北京：科学出版社，2024.5

ISBN 978-7-03-075261-1

Ⅰ. ①越…　Ⅱ. ①杨…　Ⅲ. ①自然资源–环境承载力–研究–越南　Ⅳ. ①X373.33

中国国家版本馆 CIP 数据核字（2023）第 050070 号

责任编辑：石　珺　张力群 / 责任校对：郝甜甜
责任印制：徐晓晨 / 封面设计：蓝正设计

科学出版社 出版
北京东黄城根北街 16 号
邮政编码：100717
http://www.sciencep.com

北京建宏印刷有限公司印刷
科学出版社发行　各地新华书店经销
*

2024 年 5 月第　一　版　开本：787×1092　1/16
2024 年 5 月第一次印刷　印张：16 1/4
字数：383 000
定价：178.00 元
（如有印装质量问题，我社负责调换）

"绿色丝绸之路资源环境承载力国别评价与适应策略"

编辑委员会

总　序

　　"绿色丝绸之路资源环境承载力国别评价与适应策略"是中国科学院 A 类战略性先导科技专项"泛第三极环境变化与绿色丝绸之路建设"之项目"绿色丝绸之路建设的科学评估与决策支持方案"的第二研究课题（课题编号 XDA20010200）。该课题旨在面向绿色丝绸之路建设的重大国家战略需求，科学认识共建"一带一路"国家资源环境承载力承载阈值与超载风险，定量揭示共建绿色丝绸之路国家水资源承载力、土地资源承载力和生态承载力及其国别差异，研究提出重要地区和重点国家的资源环境承载力适应策略与技术路径，为国家更好地落实"一带一路"倡议提供科学依据和决策支持。

　　"绿色丝绸之路资源环境承载力国别评价与适应策略"研究课题面向共建绿色丝绸之路国家需求，以资源环境承载力基础调查与数据集为基础，由人居环境自然适宜性评价与适宜性分区，到资源环境承载力分类评价与限制性分类，再到社会经济发展适应性评价与适应性分等，最后集成到资源环境承载力综合评价与警示性分级，由系统集成到国别应用，递次完成共建绿色丝绸之路国家资源环境承载力国别评价与对比研究，以期为绿色丝绸之路建设提供科技支撑与决策支持。课题主要包括以下研究内容。

　　（1）子课题 1，水土资源承载力国别评价与适应策略。科学认识水土资源承载阈值与超载风险，定量揭示共建绿色丝绸之路国家水土资源承载力及其国别差异，研究提出重要地区和重点国家的水土资源承载力适应策略与增强路径。

　　（2）子课题 2，生态承载力国别评价与适应策略。科学认识生态承载阈值与超载风险，定量揭示共建绿色丝绸之路国家生态承载力及其国别差异，研究提出重要地区和重点国家的生态承载力谐适策略与提升路径。

　　（3）子课题 3，资源环境承载力综合评价与系统集成。科学认识资源环境承载力综合水平与超载风险，完成共建绿色丝绸之路国家资源环境承载力综合评价与国别报告；建立资源环境承载力评价系统集成平台，实现资源环境承载力评价的流程化和标准化。

　　课题主要创新点体现在以下 3 个方面。

　　（1）发展资源环境承载力评价的理论与方法：突破资源环境承载力从分类到综合的阈值界定与参数率定技术，科学认识共建绿色丝绸之路国家的资源环境承载力阈值及其超载风险，发展资源环境承载力分类评价与综合评价的技术方法。

　　（2）揭示资源环境承载力国别差异与适应策略：系统评价共建绿色丝绸之路国家资源环境承载力的适宜性和限制性，完成绿色丝绸之路资源环境承载力综合评价与国别报告，提出资源环境承载力重要廊道和重点国家资源环境承载力适应策略与政策建议。

　　（3）研发资源环境承载力综合评价与集成平台：突破资源环境承载力评价的数字化、空间化和可视化等关键技术，研发资源环境承载力分类评价与综合评价系统以及国别报告编制与更新系统，建立资源环境承载力综合评价与系统集成平台，实现资源环境承载力评价的规范化、数字化和系统化。

"绿色丝绸之路资源环境承载力国别评价与适应策略"课题研究成果集中反映在"绿色丝绸之路资源环境承载力国别评价与适应策略"系列专著中。专著主要包括《绿色丝绸之路：人居环境适宜性评价》《绿色丝绸之路：水资源承载力评价》《绿色丝绸之路：生态承载力评价》《绿色丝绸之路：土地资源承载力评价》《绿色丝绸之路：资源环境承载力综合评价与系统集成》等理论方法和《老挝资源环境承载力评价与适应策略》《孟加拉国资源环境承载力评价与适应策略》《尼泊尔资源环境承载力评价与适应策略》《哈萨克斯坦资源环境承载力评价与适应策略》《乌兹别克斯坦资源环境承载力评价与适应策略》《越南资源环境承载力评价与适应策略》等国别报告。基于课题研究成果，专著从资源环境承载力分类评价到综合评价，从水土资源到生态环境，从资源环境承载力评价理论到技术方法，从技术集成到系统研发，比较全面地阐释了资源环境承载力评价的理论与方法论，定量揭示了共建绿色丝绸之路国家的资源环境承载力及其国别差异。

希望"绿色丝绸之路资源环境承载力国别评价与适应策略"系列专著的出版能够对资源环境承载力研究的理论与方法论有所裨益，能够为国家和地区推动绿色丝绸之路建设提供科学依据和决策支持。

封志明

中国科学院地理科学与资源研究所

2020 年 10 月 31 日

前　言

本书是中国科学院"泛第三极环境变化与绿色丝绸之路建设"专项课题"绿色丝绸之路资源环境承载力国别评价与适应策略"（课题编号 XDA20010200）的主要研究成果和国别报告之一。

本书由区域概况和人口分布着手，从人居环境适宜性评价与适宜性分区，到社会经济发展适应性评价与适应性分等；从资源环境承载力分类评价与限制性分类，再到资源环境承载力综合评价与警示性分级，建立了一整套由分类到综合的"适宜性分区-限制性分类-适应性分等-警示性分级"资源环境承载力评价技术方法体系，由公里格网到国家和地区，定量揭示了越南的资源环境适宜性与限制性及其地域特征，试图为促进人口与资源环境协调发展提供科学依据和决策支持。

全书共 8 章约 38 万字。第 1 章"国家和区域背景"，简要说明越南国家概况、地形气候土壤等自然地理特征。第 2 章"人口与社会经济"，主要从越南人口发展出发讨论了人口数量、人口素质、人口结构与人口分布等特征；从人类发展水平、交通通达水平、城市化水平和社会经济发展综合水平，完成了越南从分省到地区及全国的社会经济发展适应性分等评价。第 3 章"人居环境适宜性评价与适宜性分区"，从地形起伏度、温湿指数、水文指数、地被指数分类评价，到人居环境指数综合评价，完成了越南人居环境适宜性评价与适宜性分区。第 4 章"土地资源承载力评价与区域谐适策略"，从食物生产到食物消费，从土地资源承载力到承载状态评价，提出了越南土地资源承载力存在问题与谐适策略。第 5 章"水资源承载力评价与区域谐适策略"，从水资源供给到水资源消耗，从水资源承载力到承载状态评价，提出了越南水资源承载力存在问题与调控策略。第 6 章"生态承载力评价与区域谐适策略"，从生态系统供给到生态消耗，从生态承载力到承载状态评价，提出了越南生态承载力存在的问题与谐适策略。第 7 章"资源环境承载能力综合评价研究"，从人居环境适宜性评价与适宜性分区，到资源环境承载力分类评价与限制性分类，再到社会经济发展适应性评价与适应性分等，最后完成越南资源环境承载力综合评价，定量揭示了越南不同地区的资源环境超载风险与区域差异。第 8 章"资源环境承载力评价技术规范"，遵循"适宜性分区-限制性分类-适应性分等-警示性分级"的总体技术路线，从分类到综合提供了一整套资源环境承载力评价的技术体系方法。

本书由杨小唤拟定大纲、组织撰写，全书统稿、审定由杨小唤、蔡红艳、闫慧敏负责完成。各章执笔人如下：第 1 章，杨小唤、蔡红艳、王紫薇；第 2 章，游珍、陈依捷、尹旭；第 3 章，封志明、李鹏、蒋宁桑；第 4 章，杨艳昭、望元庆；第 5 章，贾绍凤、吕爱锋、严家宝；第 6 章，胡云锋、张昌顺、闫慧敏、黄麟、贾蒙蒙；第 7 章，封志明、游珍、樊斐斐；第 8 章，游珍、杨艳昭、李鹏、吕爱锋、甄霖。读者有任何问题、意见和建议都可以反馈到：yangxh@igsnrr.ac.cn 或 caihy@igsnrr.ac.cn，我们会认真考虑、及时修正。

本书的编写和出版，得到了课题承担单位中国科学院地理科学与资源研究所全额资助和大力支持，在此表示衷心感谢。我们要特别感谢课题组的诸位同仁，刘高焕、黄翀、付晶莹等，没有大家的支持和帮助，我们就不可能出色地完成任务。我们也要感谢科学出版社的编辑，没有他们的大力支持和认真负责，我们就不可能及时出版这一专著。

最后，希望本书的出版，能够为"一带一路"倡议实施和绿色丝绸之路建设做出贡献，能够为促进越南的人口合理布局与人口-资源环境协调发展提供有益的决策支持和积极的政策参考。

著　者

2023 年 1 月 10 日

摘　　要

《越南资源环境承载力评价与适应策略》是中国科学院战略性先导科技专项 "泛第三极环境变化与绿色丝绸之路建设"专项课题 "绿色丝绸之路资源环境承载力国别评价与适应策略"的主要研究成果和国别报告之一。通过定量揭示越南的资源环境适宜性与限制性及其地域特征，旨在为促进越南的人口与资源环境协调发展提供科学依据和决策支持。

全书共8章，第1章从国家历史发展与自然地理特征等方面概述越南资源环境基础；第2章多维度探讨了越南的人口发展与分布特征，定量评价了越南社会经济发展水平及限制因素；第3章基于地形、气候、水文与地被等多角度分析，对越南的人居环境适宜性进行分区评价；第4～6章，分别从土地资源、水资源和生态环境等角度，定量评估了越南全国、地理分区、分省3个不同尺度的资源环境承载力及其承载状态；第7章基于资源环境承载力分类评价，结合人居环境自然适宜性评价与社会经济发展适应性评价，综合评估了越南资源环境承载力与承载状态，定量分析了地域差异与变化特征；第8章全面阐明了越南资源环境承载力研究的技术方法。主要结论如下：

（1）**越南人居环境适宜性评价表明**，越南人居环境适宜地区占据绝对比例，全国人口超半数分布在高度适宜区，人居环境适宜类型、临界适宜类型与不适宜类型相应土地面积占比分别为99.76%、0.15%与0.09%；越南为地形、气候、水文和地被要素适宜地区，尤其以水文适宜性最佳。

（2）**越南的水土资源、生态承载力评价结果表明**，越南粮食产出基本能满足人口需求，耕地资源整体处于平衡状态且耕地承载能力近年来有所上升，湄公河三角洲人粮关系较好。从热量维度来看，越南人地关系以盈余为主要特征，食物热量供给可满足人口需求。越南水资源整体平衡有余，湄公河三角洲、红河三角洲和东南地区超载或严重超载的区域值得关注，尤其需要警惕水资源开发不可持续风险。越南生态承载力整体呈现波动下降趋势，但始终处于富富有余状态，尽管各地区和省域的生态承载力有所差异，但仍多处在富富有余或盈余状况。

（3）**越南社会经济适应性评价表明**，越南社会经济发展水平在丝路共建地区处于中高水平，但从分区来看存在严重的两极化趋势，其中东南地区社会经济发展水平最高，北部边境和山区的发展水平最低。全国超七成的人口生活在社会经济发展中低水平区域，城市化进程发展缓慢较大程度制约了越南社会经济发展水平。

（4）**越南资源环境承载力综合评价表明**，越南资源环境承载能力总体平衡，约65%的人口分布在资源环境承载能力平衡或盈余地区。越南资源环境承载状态南部普遍优于北部，人口与资源环境社会经济关系有待协调。

　　基于上述结论，提出了发展工农业节水技术、重点减少区域水资源不同限制因素、发展多样化农业、合理布局人口，因地制宜、分类施策，促进人口与资源环境、社会经济协调发展等对策建议。

目　　录

第 1 章 国家和区域背景

越南社会主义共和国，简称"越南"，是亚洲的一个社会主义国家。位于东南亚的中南半岛东部，国土狭长，面积约 33 万 km^2。地处北回归线以南，高温多雨，属热带季风气候。地势西高东低，境内 75% 为山地和高原，北部和西北部为高山和高原。国内河流密布，水资源丰富但分布不均。全国划分 58 个省和 5 个直辖市，是一个以京族为主体的多民族国家。本章主要对越南基本情况进行介绍，包括越南国家与区域概况、地形地貌特征、气候与气象、土壤特征等。

1.1 国家和区域

1.1.1 建国历史与基本概况

越南于公元 968 年成为独立的封建国家。1945 年，成立越南民主共和国，同年 9 月越南开始进行艰苦的抗法战争。1954 年 7 月，《日内瓦协议》的签署，越南北方获得解放。1961 年越南开始进行抗美救国战争，1973 年在巴黎签订《关于在越南结束战争、恢复和平的协定》，美军开始从南方撤走，至 1975 年 5 月南方全部解放。次年 7 月宣布全国统一，定国名为越南社会主义共和国。

越南陆地面积约为 33 万 km^2，按地域可划分为 6 个大区，分别为红河三角洲、北部边境和山区、中北部和中部沿海地区、西原地区、东南地区和湄公河三角洲。2021 年，全国人口为 9826 万人，其中人口密度最大的是红河三角洲，平均人口密度为 21217 人/km^2；人口密度最小的是西原地区，人口密度均值为 69 人/km^2。越南是一个多民族国家，共有 54 个民族，其中以京族为主，占总人口 86%，同时岱依族、傣族、华族、芒族、高棉族、侬族人口均超过 50 万。主要语言为越南语（官方语言、通用语言、主要民族语言）。以佛教、天主教、和好教与高台教为主要宗教。

越南为发展中国家。1986 年开始实行革新开放。1996 年越共八大提出要大力推进国家工业化、现代化。2001 年越共九大确定建立社会主义定向的市场经济体制，并确定了三大经济战略重点，即以工业化和现代化为中心，发展多种经济成分、发挥国有经济主导地位，建立市场经济的配套管理体制。2006 年越共十大提出发挥全民族力量，全面推进革新事业，使越南早日摆脱欠发达状况。2016 年越共十二大通过了《2016～2020 年经济社会发展战略》，提出了 2016～2020 年经济年均增速达到 6.5%～7.0%，至 2020

年，人均 GDP 增至 3200～3500 美元的发展目标。革新开放以来，越南经济保持较快增长，经济总量不断扩大，三产结构趋向协调，对外开放水平不断提高，基本形成了以国有经济为主导、多种经济成分共同发展的格局。2020 年 GDP 达到 3430 亿美元，GDP 增长率为 2.91%，人均 GDP 为 3521 美元。

越南是传统农业国，农业人口约占总人口的 75%。土地资源以耕地和林地资源为主，两种土地利用类型约占总陆地面积的 60%。主要粮食作物包括稻米、玉米、马铃薯、番薯和木薯等，经济作物有咖啡、橡胶、胡椒、茶叶、花生、甘蔗等。2020 年，越南农林渔业总产值占 GDP 的比例为 14.85%，其中农、林、渔业增长率分别为 2.55%、2.82%、3.08%。工业生产指数增长 3.36%，主要工业产品有煤炭、原油、天然气、液化气、水产品等。服务业保持较快增长，服务业占 GDP 比例为 41.63%，增长率达 2.34%。

近年来越南对外贸易保持高速增长，对拉动经济发展起到了重要作用。2020 年，进出口总额 5453.5 亿美元，同比增长 5.4%，其中出口额约达 2826.5 亿美元，同比增长 7%，进口额 2627 亿美元，同比增长 3.7%。主要贸易对象为中国、美国、欧盟、东盟、日本、韩国。主要出口商品有原油、服装纺织品、水产品、鞋类、大米、木材、电子产品、咖啡。主要出口市场为欧盟、美国、东盟、日本、中国。主要进口商品有汽车、机械设备及零件、成品油、钢材、纺织原料、电子产品和零件。主要进口市场为中国、东盟、韩国、日本、欧盟、美国。

1.1.2　行政区划构成

越南自 1975 年南北统一后，划分了 35 个省和 3 个中央直辖市，首都为河内。随后经过数次行政区划的重大调整，是行政区划变动最大和最频繁的国家之一。目前全国共58 个省和 5 个中央直辖市（河内市、胡志明市、海防市、岘港市、芹苴市）（图 1-1）。

河内市：原名大罗，又称升龙，1831 年更名河内。1976 年成为全国首都。现为全国第二大城市，中央直辖市。地处越南北部的红河三角洲，总面积 3340 km^2，人口 756 万，是越南的政治、文化中心。地理位置十分重要，是全国的交通枢纽，有公路、铁路贯通全国各地，拥有北方最大的河港，郊区有内排机场和嘉林机场，水陆空交通便利，构成越南南北交通的大动脉。城市地处亚热带，属热带季风气候，四季分明，年均气温 23.4℃，10 月至翌年 1 月气候最宜，平均气温 16.5℃。河内是越南主要的旅游城市，名胜古迹居全国之冠。著名的游览胜地有：胡志明陵、巴亭广场、主席府、胡志明故居、西湖、独柱寺、文庙、医庙、玉山寺、镇武观、镇国寺、金莲寺等。

胡志明市：由原西贡、堤岸、嘉定三市组成，是越南最大的港口城市和经济中心，面积约为 2090 km^2，人口 620 万。地处湄公河三角洲东北部，西贡河右岸，距出海口 80 km。铁路可通往河内及其他大、中城市，公路可通往全国各地，经公路或水路可通往柬埔寨和老挝。胡志明市有 60 万华人，市内第五郡（原堤岸市）是华人聚居的地区。市区主要建筑有统一宫（原总统府）、天后庙、圣母大教堂等。胡志明市气候终年炎热，温差不大，月平均气温 29℃。

图 1-1　越南行政区划图

海防市：越南北部的沿海城市，越南第三大城市，规模仅次于河内市和胡志明市，同时拥有越南北方最大的港口。位于红河三角洲东北端，京泰河下游，北靠广宁省、西靠海阳省、南靠太平省、东靠北部湾及中国南海、离白龙尾岛县 70 km。总面积 1503 km²，人口约 200 万。

岘港市：越南中部的中心城市，地处越南中部蜂腰地带，北与承天-顺化省相邻，西、南接广南省，东面临海，是越南五大直辖市之一，总面积 1256 km²，2019 年全市人口约 113 万，是越南中部地区重要交通枢纽，拥有全国第三大国际机场——岘港国际机场和中部最大海港——仙沙港。拥有美溪沙滩、巴拿山、山茶半岛、占婆雕刻博物馆等知名景点。

芹苴市：于 2003 年列为中央直辖市，位于后江省北部，是湄公河三角洲上最大的城市，下辖 5 郡 4 县，总面积 1390 km²，人口 195 万。芹苴市是九龙江平原重要的政治、经济、文化中心，也是越南人口稠密、经济发达的地区。

1.2　地形和地貌

越南陆地边界长 4550 km，北接中国，西接老挝和柬埔寨。越南大陆地带整体呈 S

形，从 8°27′N 一直延伸到 23°23′N，南北方向长 1650 km，东西向最宽处约 500 km，最窄处近 50 km。

越南全国地形狭长，地势西高东低，境内 75%的地区为山地和高原。北部和西北部为高山和高原。黄连山主峰番西邦峰海拔 3142 m，为越南最高峰；西部为长山山脉，长 1000 余千米，纵贯南北，西坡较缓，在嘉莱、昆嵩、多乐等省形成西部高原。中部长山山脉纵贯南北，有一些低平的山口。东部沿海地区为平原，地势低平，河网密布，海拔 3 m 左右（图 1-2）。

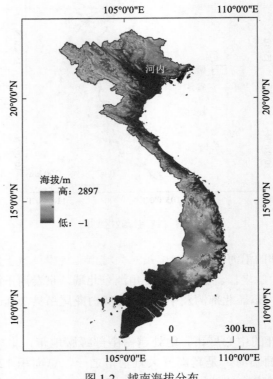

图 1-2　越南海拔分布

山地丘陵占全境面积的 3/4，但海拔 2000 m 以上的山地仅占 1%。越南的丘陵和山脉形成一个面向东海的大弧线，长 1400 km，由西北向东南延伸。最大的山脉位于番西邦峰的西部和西北部（3143 m），向东山脉高程下降。

三角洲仅占陆地面积的 1/4，被丘陵和山脉分隔成许多区域。在越南的两端，有两个大而肥沃的平原：北部三角洲（红河流域）和南部三角洲（湄公河流域）。位于这两个大三角洲之间的是一条狭窄的平原链，沿中部海岸分布，从马河流域的三角洲到藩切，总面积达 15000 km²。

红河三角洲：也称北部三角洲，是越南北部最大的三角洲，由红河及其支流太平江水系泥沙冲积而成的三角形地区，临北部湾，以越池为顶点，北起海防，南至河口的海岸线，面积约 15000 km²，包括河内、海防、越池、南定等重要城市和港口。铁路、公路、水路交通发达。红河三角洲是越南北部的主要经济区域，人口密度较高。全域大部分地区海拔不超过 3 m，周围是陡峭的、森林覆盖的高地。该地区水网稠密，渠道纵横，有 10 余个大型灌区，涝、碱等自然灾害严重，年输沙量 1.3 亿 t，每年以 50～100 m 的速度向外伸展。作为越南的农业生产基地，三角洲大部分土地已经开垦为水稻田，此外还有黄麻、烟草、甘蔗、花生等作物种植。

高地高原：越南北部和西北部以高山和高原为主。北部为黄连山脉的主峰番西邦峰，位于越南境内的老街省，海拔 3142 m，是越南，也是整个中南半岛第一高峰。西部为长山山脉，是中南半岛的主要山脉，湄公河与南海水系的分水岭，与海岸并行，大致呈西北—东南走向的缓和弧形，斜贯越南全境。山脉绵延不断，长 1000 余千米，分为南、北长山。北长山山势普遍较高，大部分高峰达 1500～2000 m 及以上，最高峰为莱岭，海拔约 2711 m；南长山山势较低，逐渐向丘陵、波状高原过渡。长山山脉东坡陡峻，西坡较缓，在昆嵩省、多乐省等地形成高原。

湄公河三角洲：又称九龙江平原，是湄公河下游及其 9 条岔道流入南海时所形成的冲积平原，面积达到 4 万 km²。地处中南半岛南部，位于越南最南端，是越南最富饶及人口最密集的地方，约有 5000 万人口，主要城市有胡志明市、芹苴市等。属热带季风气候，全年高温，旱雨两季分明。是东南亚地区最大的平原，土壤肥沃，适合农业生产，地势低平，大部分地区的海拔高度都不超过 3 m，河流和运河纵横交错，水网密布，农田密集，水稻种植历史悠久，是亚洲水稻单产最高的地区。

1.3　气候和气象

越南位于北回归线以南的热带地区，热带季风性气候显著，全年高温，具有明显旱雨季。北方分春、夏、秋、冬四季，南方分旱雨两季，大部分地区 5～10 月为雨季，11月至翌年 4 月为旱季。

本节数据来源于瑞士联邦研究所提供的地球陆表高分辨率气候数据（The Climatologies at High Resolution for the Earth's Land Surface，CHELSA）。

1.3.1　基本特征

越南地处热带，属于热带季风气候，常年高温高湿，气候随季节、地形和区域变化存在差异。总体上，受到纬度影响，北半部的季节差异比南半部更为明显。主要分为两个气候区：①北部（从海文山口向外）是热带季风气候，有四个不同的季节（春-夏-秋-冬），受东北季风（来自亚洲大陆）和东南季风影响，湿度较高。②南部（海湾关南）受季风影响较小，热带气候温和，终年炎热，分为旱季和雨季两个截然不同的季节。

越南年平均气温约为 25℃，年平均降水量约为 2200 mm，年平均湿度达 84%。其中，

6～8 月最热,最高气温超过 32℃,11 月至翌年 4 月为冬半年,月平均气温同样高于 20℃。降水具有明显的旱雨季,接近 90%的降水发生在夏天,年降水量为 800～4500 mm(表 1-1)。降水与风向密切相关,冬季,气压带和风带的位置向南移动,东北季风从东北方沿中国海岸,穿越北部湾吹来,较为干燥且降水稀少;夏季,因气压带和风带向北移动,西南季风将潮湿的空气从西南方印度洋吹向内陆,带来丰沛的降水。

表 1-1　2019 年越南各月气象特征统计

月份	最低气温/℃	最高气温/℃	平均气温/℃	降水量/mm
1	3.4	29.7	20.3	0～267
2	6.4	30.6	23.1	0～152
3	7.3	31.8	24.2	0～159
4	11.0	32.0	26.9	30～387
5	11.8	31.5	27.0	28～481
6	12.7	34.2	28.2	25～477
7	12.4	32.7	27.4	47～667
8	12.7	32.1	26.9	37～454
9	10.6	29.5	25.9	79～891
10	9.2	29.1	24.9	115～989
11	6.0	27.8	22.5	12～1192
12	2.0	27.2	20.0	3～511

1.3.2　气温特征

越南全国气温呈现南高北低的分布特征,且南北部差异较大(相差约 20℃),位于东南部平原的西宁省气温最高,约 28.9℃,而北部山地的老街省气温最低,约为 8.8℃。受地形影响,平原地区的月平均气温通常高于山地和高原(图 1-3)。

从时间角度看,越南气温受季风影响较为明显。夏季风前期(2～4 月),全国月均气温为 8～31℃,整体呈现由南向北递降的趋势,且差异较大,最高气温与最低气温相差近 23℃。进入 5 月,由于海陆热力性质差异,太平洋的暖湿气流从东南部吹来,全国大部分地区气温升高,最低气温超过 12℃,其中,越南东北部沿海地区,受东南季风影响较为明显,气温高达 30℃。季风后期(8～10 月),全国月均气温略有下降,月均气温为 10.8～29.8℃,东部沿海地区气温高于其他地区。11 月进入旱季,南部地区成为气温最高的地区,全国气温由南向北递减,且温差大,月均气温为 3.7～27.7℃(图 1-4)。

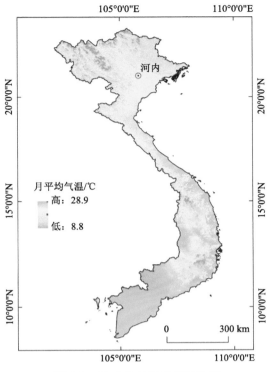

图 1-3 2019 年月平均气温分布

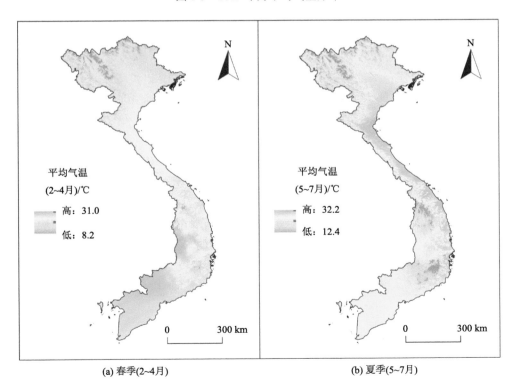

(a) 春季(2~4月)   (b) 夏季(5~7月)

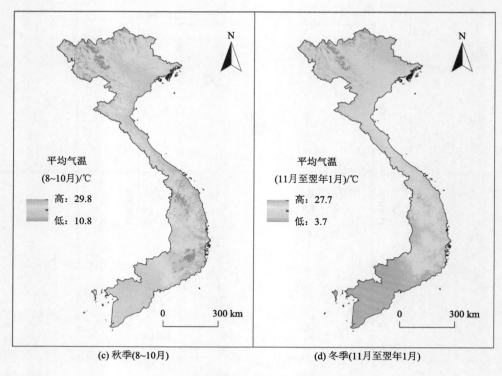

图 1-4　2019 年不同季节平均气温分布

1.3.3　降水特征

　　越南全国降水分布不均,降水量为 840～4600 mm,受山脉和高原等对气流的影响,由南向北大致呈现先增加后减少的分布特征。其中,平福省全省年降水量最多,超过 3060 mm,东南沿海地区的宁顺省年降水量最少,低于 1300 mm(图 1-5)。

　　受季风影响,越南降水随季节变化比较明显,春季(2～4 月)降水量最少,总降水量不超过 825 mm。夏季(5～7 月),越南南部地区因气压带和风带向北移动,西南季风携带暖湿空气从印度洋吹向内陆,经过多乐高原和长山山脉等的气流抬升作用,在迎风坡形成大量降水,夏季降水量约占全年总降水量的 90%,并且超过一半的地区夏季月降水量大于 100 mm。与夏季相比,秋季(8～10 月)降水量北部地区减少,东南地区降水量增多。而冬季(11 月至翌年 1 月)降水两极化较为明显,随着气压带和风带向南移动,东北季风从东北方沿中国海岸,穿过北部湾吹来,气流较为干燥,高强度降水集中在中部沿海地区的多乐高原东北部迎风坡附近,北部和南部降水稀少,大多在 300 mm 以下(图 1-6)。

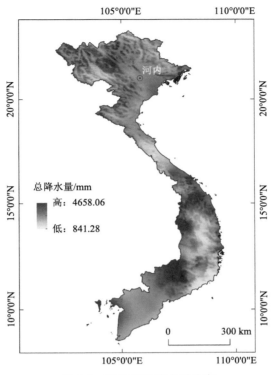

图 1-5 2018 年总降水量分布

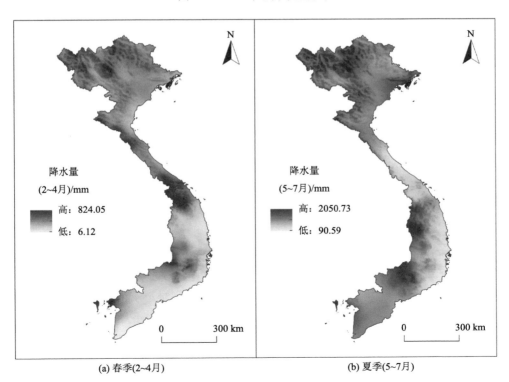

(a) 春季(2~4月)   (b) 夏季(5~7月)

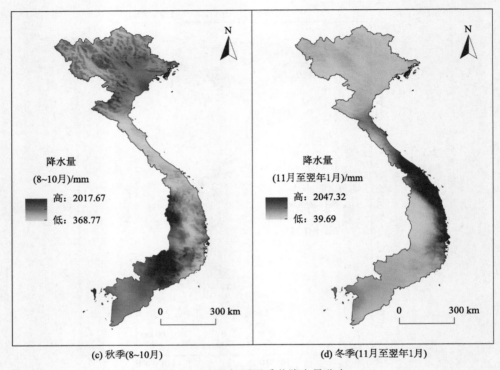

(c) 秋季(8~10月)　　　　　　　　　(d) 冬季(11月至翌年1月)

图 1-6　2018 年不同季节降水量分布

1.4　土壤类型与质地

　　土壤的空间分布在一定程度上影响土地利用的空间分布格局和变化过程。本节从越南不同土壤类型、土壤质地的空间分布和数量特征分析越南的土壤分布情况。

　　本节数据来源于联合国粮农组织和维也纳国际应用系统研究所构建的世界土壤数据库（Harmonized World Soil Database version，HWSD）土壤数据集（v1.2），采用的土壤分类系统主要为 FAO-74。

1.4.1　土壤类型

　　越南大部分地区土壤由灰壤组成，其面积占比为 86.29%，其中潜育灰壤和铁质灰壤占比最多，分别为 55.15% 和 30.52%。其次为岩屑，面积占比为 9.44%，疏松岩性土面积占比 2.67%。其他土壤类型面积占比较小，其中有机土和雏形土面积占比分别为 0.97% 和 0.37%，高活性淋溶土、潜育土、薄层土和砂性土占比之和不足 0.02%，总面积不足 70 km^2（表 1-2）。

表 1-2　主要土壤类型面积占比

土壤类型	面积/km²	面积占比/%	分类	面积/km²	面积占比/%
灰壤	284137.52	86.292	潜育灰壤	181578.52	55.145
			铁质灰壤	100505.68	30.523
			简育灰壤	2050.85	0.623
			灰壤	2.47	0.001
岩屑	31093.86	9.443	岩屑	31093.86	9.443
疏松岩性土	8806.30	2.674	永冻疏松岩性土	8806.30	2.674
有机土	3181.70	0.966	纤维有机土	3180.05	0.966
			有机土	1.65	0.001
雏形土	1235.45	0.375	不饱和雏形土	1210.74	0.368
			艳色雏形土	16.47	0.005
			石灰性雏形土	6.59	0.002
			饱和雏形土	1.65	0.001
其他	752.80	0.229	其他	752.80	0.229
高活性淋溶土	41.18	0.013	滞水高活性淋溶土	33.77	0.01
			简育高活性淋溶土	5.77	0.002
			钙积高活性淋溶土	1.65	0.001
潜育土	17.30	0.005	饱和潜育土	8.24	0.003
			营养不良潜育土	8.24	0.003
			暗色潜育土	0.82	0
薄层土	9.06	0.003	石质薄层土	9.06	0.003
砂性土	0.82	0	形成层砂性土	0.82	0

在空间分布上，灰壤在越南全域分布广泛，其中，简育灰壤主要分布在越南东南部的宁顺省和平顺省东南沿岸地区。岩屑零星分布于全国，在中北部和中部沿海地区的东侧，以及东南地区中部地区均有分布，在河静省、平阳省、平定省及其周边分布尤为集中。疏松岩性土主要分布在越南最北端的莱州省、老街省、高平省和谅山省以及最南端坚江省、金瓯省和薄寮省，其中金瓯省内超过 50% 的土壤为疏松岩性土。有机土仅零散分布于整个东侧沿海地区。雏形土分布比较集中，只分布在越南南部的林同省内（图 1-7）。

1.4.2　土壤质地

越南土壤质地的空间分布特征与土壤类型分布相似（图 1-8，表 1-3）。分布最广泛的土壤质地是"砂土及壤质砂土"，覆盖全国大部分区域，面积占比达到 85.67%。粉砂壤土面积占比约 2.67%，主要分布在越南最北端的莱州省、老街省、高平省和谅山省以及最南端坚江省、金瓯省和薄寮省。黏土仅零散分布于整个东侧沿海地区，面积占比为

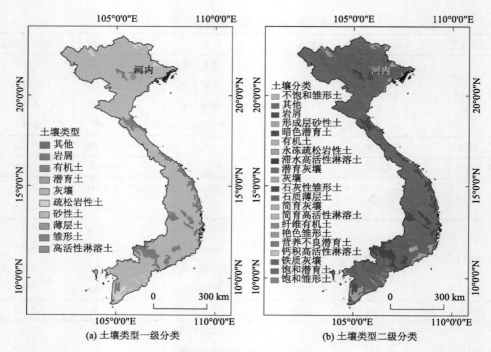

(a) 土壤类型一级分类　　　　　(b) 土壤类型二级分类

图 1-7　土壤类型空间分布

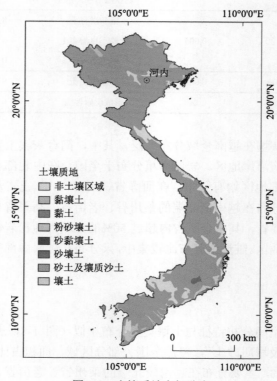

图 1-8　土壤质地空间分布

不到 1%。壤土主要分布在南中部大区的宁顺省东侧和平顺省东南侧,面积占比为 0.63%。砂壤土分布比较集中，分布在越南南部的林同省内，面积占比为 0.37%。此外，砂黏壤土和黏壤土等土壤类型在越南分布范围较小，合计面积不足 5 km^2。

表 1-3　主要土壤质地面积占比

土壤质地	面积/km^2	面积占比/%
砂土及壤质沙土	282086.6	85.669
非土壤区域	31846.6	9.672
粉砂壤土	8806.3	2.674
黏土	3222.8	0.979
壤土	2086.2	0.634
砂壤土	1223.1	0.371
砂黏壤土	2.5	0.001
黏壤土	1.6	0.001

第 2 章　人口与社会经济

社会经济是以人为核心，包括社会、经济、教育、科学技术及生态环境等领域，涉及人类活动的各个方面和生存环境的诸多复杂因素的巨系统。一方面，人是社会经济活动的主体，以其特有的文明和智慧协同大自然为自己服务，使其物质文化生活水平以正反馈为特征持续上升；另一方面，人是大自然的一员，其一切宏观性质的活动，都不能违背自然生态系统的基本规律，都受到自然条件的负反馈约束和调节。人口发展与空间布局既要与资源环境承载力相适应，也要与社会经济发展相协调，这体现了社会经济发展对资源环境限制性的进一步适应，包括强化和调整。

由此，本章基于越南的统计年鉴和世界银行相关统计数据，综合运用遥感和互联网大数据，结合实地考察与调研，从人口规模和增减变化、人口结构与人口素质、人口分布格局与分省集疏特征三方面，分析了越南近年的人口现状与发展变化特征；构建了越南社会经济发展专题数据库，研发了社会经济发展水平综合评价模型，将人类发展指数、交通通达指数、城市化发展指数纳入社会经济发展水平评价体系，以省或直辖市为基本研究单元，并辅以根据地理区位和发展水平划分的六大区域（红河三角洲、北部边境和山区、中北部和中部沿海地区、西原地区、东南地区和湄公河三角洲），从基础指标到综合指数，定量研究了越南的人类发展水平、城市化水平和交通通达水平，并基于上述 3 个分项指数，综合评价了越南的社会经济发展水平。将越南人口现状与发展特征和越南资源环境承载力适应性评价结果相结合，为合理评价越南社会与经济发展的区域差异提供了数据支撑。

2.1　人口发展与分布

本节基于越南人口统计数据和格网数据，以国家和省（直辖市）为研究单元，从人口规模与增减变化、人口结构与人口素质和人口分布格局与分省集疏特征等方面对越南的人口发展特征进行了分析。

2.1.1　人口规模与增减变化

越南是中南半岛第一大人口国家，人口增长与全球平均水平基本持平。2020 年，越南人口总量为 9758.27 万人，全球排名第 15 位，即将突破 1 亿人大关，高于泰国的 6980 万人和缅甸的 5440.98 万人，人口总量位居中南半岛五国首位。从人口增长态势来看，

2000～2020 年，越南年均人口增长率为 1.15%，低于全球同期的 1.35%，也低于柬埔寨的 1.61% 和老挝的 1.57%，但高于缅甸的 0.76% 和泰国的 0.52%，人口增长速率与全球持平（表 2-1）。

表 2-1　越南及中南半岛四国 2000 年、2010 年和 2020 年人口总量（单位：万人）

国家	2000 年	2010 年	2020 年
柬埔寨	1215.52	1431.22	1671.90
老挝	532.37	624.92	727.56
缅甸	4671.97	5060.08	5440.98
泰国	6295.26	6719.50	6980.00
越南	7763.09	8694.75	9758.27

数据来源：越南人口来源于越南统计局（https://www.gso.gov.vn），其余四国来源于世界银行（https://data.worldbank.org.cn/）

越南人口逐年增长，年均人口增长速度在 1.1% 左右。相较于 2000 年的 7763 万人，越南人口在 2000～2020 年增长近 2000 万人，增幅达到了 25.7%。从年均人口增长率来看，除 2019 年因为人口普查导致人口增长速度波动较大，越南年均人口增长速度基本在 1.1% 左右，近年来有所下降，由 2000 年的 1.35% 下降到 2020 年的 1.14%，但即使按照年均 1% 的增长速度来计算，越南将在 4 年后即 2023 年正式突破 1 亿人口大关，将成为东南亚继印尼、菲律宾之后的第 3 个人口破亿大国（图 2-1）。

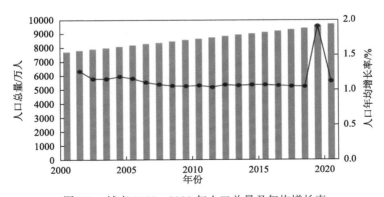

图 2-1　越南 2000～2020 年人口总量及年均增长率

数据来源：越南统计局（https://www.gso.gov.vn）；另外，2019 年越南人口增长率出现异常升高，这是由于该国在 2019 年开展了人口普查所致

越南人口城市化水平一般，但人口城市化速度较快。越南 2020 年的人口城市化率为 37.34%，在中南半岛五国中仅次于泰国的 51.43%，高于柬埔寨的 24.23%，老挝的 36.29% 和缅甸的 31.14%，但远低于同期全球人口城市化平均水平（56.16%），越南城市化水平总体一般。从时间上来看，越南的人口城市化水平呈不断上升趋势，从 2000 年的 24.37%，上升至 2020 年的 37.34%，20 年间增长了 13 个百分点，年均增长 0.65 个百分点。2001 年越共九大确定建立社会主义市场经济体制，2006 年越南加入世界贸易组织，

此后越南经济进入了快速增长阶段，同时也带动了大量农村人口到城市工作，促使越南的人口城市化率在过去 20 年间增长迅速（表 2-2）。

表 2-2　越南及中南半岛四国 2000 年、2010 年和 2020 年人口城市化水平（单位：%）

国家	2000 年	2010 年	2020 年
柬埔寨	18.59	20.29	24.23
老挝	21.98	30.06	36.29
缅甸	27.03	28.89	31.14
泰国	31.39	43.86	51.43
越南	24.37	30.42	37.34

数据来源：世界银行（https://data.worldbank.org.cn/）

2.1.2　人口结构与人口素质

越南出生人口性别比偏高。2019 年，越南的出生人口男女性别比为 1.11，高于中南半岛其他四国，也高于世界平均水平（1.07），相当于每出生 100 个女孩对应 111 个男孩，男孩比例偏高，出生人口男女性别比不合理。从时间上来看，越南的出生人口性别比波动明显，可以大致分为两个阶段：第一阶段为 2007～2013 年，这一阶段越南出生人口性别比不断上升，从 2007 年的 1.12 上升到了 2013 年的 1.13，男女性别失衡趋于严重；第二阶段为 2014～2019 年，这一阶段越南出生人口性别比有所下降，从 2014 年的 1.12 下降到了 2019 年的 1.11，出生人口性别比失衡的现象有所缓解，但仍高于全球平均水平（图 2-2）。

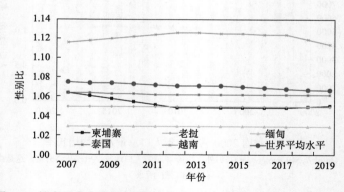

图 2-2　越南及中南半岛四国 2007～2019 年出生人口性别比变化情况
数据来源：世界银行（https://data.worldbank.org.cn/）

越南人口抚养压力较低，且近年来呈下降趋势。2020 年，越南人口总抚养比为 45.05，在中南半岛五国中排名第四位，仅高于泰国的 41.86，低于柬埔寨的 55.71，老挝的 56.76，缅甸的 46.46，也低于世界 54.55 的平均水平，人口抚养压力较轻。2020 年，越南的少儿抚养比和老年人口抚养比分别为 33.64 和 11.41，表明该国人口总抚养比主要受少儿抚养比的影响（表 2-3）。从 2000～2020 年变化情况来看，越南的人口总抚养比和少儿抚养比一直呈现下降趋势，而老年人抚养比基本在 10 左右，近年来有所上升，可以分为两个阶段：第一阶段为 2000～2011 年，人口总抚养比和少儿抚养比下降较快，分别从 2000 年的 61.27 和 50.92 下降到了 2011 年的 42.46 和 33.23，而老年人口抚养比也从 2000 年的 10.35 微降到 2011 年的 9.23；第二阶段为 2012～2020 年，人口总抚养比和少儿抚养变化微升，从 2012 年的 42.06 和 32.86，缓慢上升到 2020 年的 45.05 和 33.64，而老年人口抚养比从 2012 年的 9.2 上升到 2020 年的 11.41（图 2-3）。

表 2-3　越南及中南半岛四国 2020 年的总抚养比、少儿抚养比和老年人口抚养比情况

（单位：%）

国家	总抚养比	少儿抚养比	老年人口抚养比
柬埔寨	55.71	48.15	7.56
老挝	56.76	47.63	9.13
缅甸	46.46	41.12	5.34
泰国	41.86	23.48	18.38
越南	45.05	33.64	11.41
全球平均	54.55	40.25	14.3

数据来源：世界银行（https://data.worldbank.org.cn/）

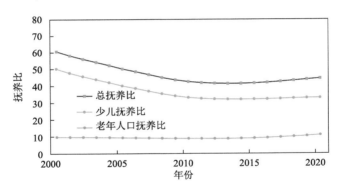

图 2-3　越南 2000～2020 年人口抚养比变化

数据来源：世界银行（https://data.worldbank.org.cn/）

越南是多民族国家，京族（越族）是越南的主体民族。越南共有 54 个民族，其中京族人口占比超过 80%，是越南的主体民族。按照所操语言的系属，可以划分为南亚语系、马来-波利尼西亚语系和汉藏语系。越南奉行民族平等和民族团结的民族政策，各民族一律平等，共同参加国家建设。越南存在大量的跨境民族，如北部山区的赫蒙族（苗族）、瑶族、泰族、岱依族、侬族等，与中国境内的苗、瑶、傣、壮等为同一民族，西原地区的寮族与老挝的佬族为同一民族，南部地区的高棉族与柬埔寨的高棉族为同一民族。同时，越南与中国渊源颇深，至今仍有大量华人生活在越南，主要集中在南方各省，包括坚江、永隆、茶荣、同奈、后江和胡志明市等地，在越南的汉族也被称为华族。

越南是一个多宗教并存的国家。越南实行宗教信仰自由政策，全国约有 25000 座寺庙和教堂，主要教派包括佛教、道教、天主教、福音教、伊斯兰教、高台教等。佛教是传入越南最早的宗教，距今已有近 2000 年历史，经过历史演变，同时又受到印度和中国的影响，形成了具有越南特色的佛教，当前越南的佛教包含大乘佛教和小乘佛教，大乘佛教可分为禅宗、净土宗和密宗三大宗派。道教自中国于东汉末年传入越南，并在越南本地形成了儒、释、道的"三教合一"。天主教、福音教和伊斯兰教于近代传入越南，受众颇广。高台教是越南南方的本土宗教，是 20 世纪 20 年代越南南方民间信仰的产物。

2.1.3 人口分布格局与分省集疏特征

越南人口空间分布在南北方向上呈现"两头多，中间少"，东西方向上呈现"东部沿海多，西部内陆少"的空间格局。从人口空间分布图来看（图 2-4），在南北方向上，越南人口主要集中于北部的红河三角洲和南部的湄公河三角洲，而中部绵长的长山山脉则是人口稀疏区。而在东西方向上，越南人口主要集中在东部的沿海地区，并呈现出逐渐向西部内陆地区减少的趋势。从时间上来看，2000～2020 年，越南人口分布集聚程度逐渐增加，形成以首都河内市和经济中心胡志明市一南一北两个明显的集聚核心。大多数省级单元人口密度变动幅度不大，人口显著增加区以零散点状分布为主。

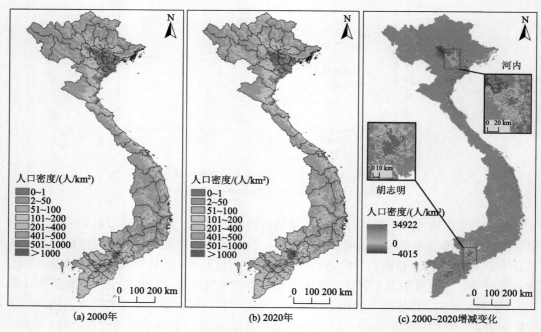

图 2-4 越南 2000～2020 年 1km×1km 格网人口分布图

数据来源：WorldPop 数据集（https://www.worldpop.org/）

越南六大地理分区人口差异较大。就人口总量而言，红河三角洲、中北部和中部沿海是人口最多的两个区域，2020 年人口总量均在 2000 万人以上，而西原地区人口最少，2020 年人口总量不到 600 万人。人口密度方面，红河三角洲人口最为密集，超过 1000 人/km²，然后是东南地区，人口密度也在 770 人/km² 以上，而北部边境和山区与西原地区人口密度较低，均在 150 人/km² 以下。就人口增长率而言，东南地区和西原地区人口增长最为迅速，2000~2020 年平均人口增长率分别为 2.78% 和 1.69%，显著高于全国平均水平（1.29%），红河三角洲为 1.20%，略高于全国平均水平。而其他 3 个地区在全国平均水平之下，其中湄公河三角洲、中北部和中部沿海平均人口增长率在 0.6% 以下，明显低于全国平均水平（表 2-4）。

表 2-4　越南六大地理分区 2000 年、2010 年和 2020 年人口基本情况

地理分区	2000 年		2010 年		2020 年	
	人口总量/万人	人口密度/（人/km²）	人口总量/万人	人口密度/（人/km²）	人口总量/万人	人口密度/（人/km²）
红河三角洲	1806.07	857	1985.18	942	2292.02	1088
北部边境和山区	1020.44	107	1118.44	117	1272.59	134
中北部和中部沿海地区	1821.83	190	1897.54	198	2034.31	212
西原地区	424.64	78	520.43	95	593.2	109
东南地区	1060.45	449	1448.03	614	1834.29	777
湄公河三角洲	1629.66	402	1725.13	425	1731.85	427

注：数据来源越南统计局（https://www.gso.gov.vn）

越南大部分省（直辖市）人口总量在 100 万人以上，人口密度大多超过 100 人/km²。2020 年，越南 63 个省级行政单元中有 7 个人口总量超过了 200 万人，最多的是胡志明市，为 922.76 万人，然后是河内市，人口总量也达到了 824.66 万人，而北件省人口总量最小，仅为 31.65 万人，表明越南各省（直辖市）人口总量差异较大（图 2-5）。从人口密度来看（表 2-5），越南的省（直辖市）人口密度较高，但差异较大。2020 年，越南 63 个省（直辖市）中有 20 个人口密度在 500 人/km² 以上，其中胡志明市人口密度最高，超过了 4400 人/km²，河内市也超过了人 2470 人/km²，而莱州省人口密度最低，仅为 52 人/km²。从时间上来看，在人口增量上，2000~2020 年越南有 59 省级行政单元实现了人口正增长，其中胡志明、河内、平阳和同奈 4 个省（直辖市）在 2000~2020 年人口增量均在百万以上，分别达到了 395.27 万人、304.87 万人、180.12 万人和 112.33 万人，主要位于东南地区，而南定、槟椥、安江和后江 4 个省人口出现了下降，主要位于湄公河三角洲地区。人口年均增速上，2000~2020 年越南有 7 个省（直辖市）人口年均增速在 3% 以上，其中以平阳省最高，人口年均增速达到了 11.56%，由 2000 年不足 80 万人跃升到 2020 年的 250 余万人。而安江省人口年均增速最低，2000~2020 年为 –0.38%。

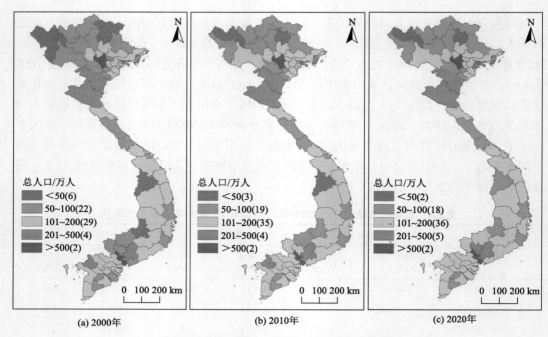

图 2-5　越南 2000～2020 年分省人口数量图

表 2-5　越南 2020 年 63 个省（直辖市）人口密度分级表

人口密度分级 /（人/km²）	省级行政单元
<100	莱州、昆嵩、奠边、北件、高平、山萝、谅山、多侬、嘉莱（9）
100～200	河江、广平、老街、安沛、林同、广治、宣光、多乐、广南、平福、平顺、富安、宁顺、和平（14）
200～400	义安、河静、广宁、承天-顺化、金瓯、庆和、广义、平定、坚江、西宁、清化、朔庄、薄寮、太原、隆安（15）
400～500	富寿、茶荣、后江、同塔、北江（5）
500～800	同奈、安江、槟椥、巴地-头顿、永隆、前江、宁平（7）
800～1000	芹苴、岘港、永福、平阳（4）
>1000	河南、南定、海阳、太平、海防、兴安、北宁、河内、胡志明（9）

数据来源：越南统计局（https://www.gso.gov.vn）

　　越南省（直辖市）以人口中密度慢速增长类型最多。耦合人口密度与人口增长率，将越南 63 个省（直辖市）划分为 6 种人口综合发展类型，分别是：人口低密度慢速增长、人口低密度快速增长、人口中密度慢速增长、人口中密度快速增长、人口高密度慢速增长和人口高密度快速增长。2000～2020 年，人口中密度慢速增长和人口高密度慢速增长的省（直辖市）数量较多（表 2-6），分别达到了 26 个和 12 个，约占总数的 41.27% 和 19.05%，主要分布在中北部和中部沿海地区、红河三角洲和湄公河三角洲等地区。低密度慢速增长集中在中越边境东段的高平、北件和谅山等地。而中高密度快速增长的省（直辖市）多为经济快速发展的省（直辖市），如人口高密度的河内、平阳、岘港和胡志明市，以及人口中密度的广宁、太原、同奈和北江等省（直辖市）。低密度快速增长的省份有 8 个，均位于越中老和越老柬三国边境地区（图 2-6）。

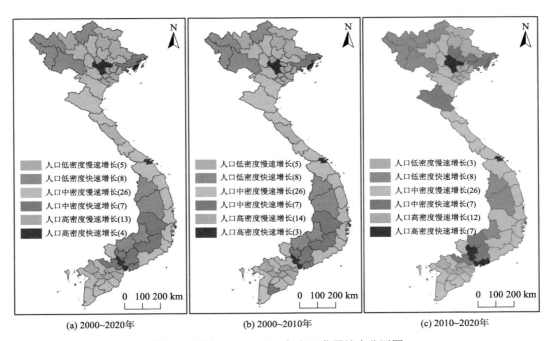

(a) 2000~2020年　　　(b) 2000~2010年　　　(c) 2010~2020年

图 2-6　越南 2000～2020 年人口发展综合分区图

表 2-6　越南 63 个省（直辖市）2000～2020 年人口发展类型划分

人口年均增速 人口密度	人口慢速增长（<1.29%）	人口快速增长（≥1.29%）
人口低密度 （<100 人/km²）	高平、北件、谅山	河江、老街、莫边、莱州、 山萝、昆嵩、嘉莱、多侬
人口中密度 （100~500 人/km²）	宣光、安沛、富寿、和平、清化、河静、广平、广治、承天-顺化、广南、广义、平定、富安、庆和、宁顺、平顺、多乐、林同、西宁、茶荣、同塔、坚江、后江、朔庄、薄寮、金瓯	广宁、太原、北江、义安、 平福、同奈、隆安
人口高密度 （≥500 人/km²）	海阳、海防、兴安、太平、河南、南定、宁平、前江、槟椥、永隆、安江、芹苴	河内、永福、北宁、岘港、 平阳、巴地-头顿、 胡志明

数据来源：越南统计局（https://www.gso.gov.vn）

2.2　社　会　经　济

本节基于人类发展指数、交通通达指数、城市化指数构建的社会经济发展水平定量评价体系，以六大地理分区和省市为基本研究单元，从三项基础指标到综合指数，形成了越南的社会经济发展水平综合评价，并明确了越南各区域以及省市社会经济发展限制因素，为未来的社会发展规划提供研究支撑。

2.2.1 人类发展水平评价

1990 年，联合国开发计划署（UNDP）创立了以"教育水平、预期寿命和收入水平"三项基础变量，按照一定的计算方法得出的综合性指标——人类发展指数（human development index，HDI）。HDI 将经济指标与社会指标相结合，更加强调人文发展，而不仅仅是经济状况。它通过一些较为容易获得的数据和科学的计算方法，来全面稳定且客观地反映出不同国家和地区的问题。该指数不仅用于衡量联合国各成员国经济社会发展水平，也是联合国在指导发展中国家制定相应发展战略方面的重要参考指标。1990 年之后，联合国开发计划署每年均在《人类发展报告》中发布前一年各国人类发展指数。本节首先讨论了越南教育、医疗和收入各类指标近数年的变化趋势，最后分级评价了越南各省市的人类发展水平。

1. 教育事业发展

越南的教育事业随着本国历史的各个进程在不同阶段均取得一定成绩，为目前发达的教育体系奠定了坚实的基础。

19 世纪中叶以前，越南或作为藩属国，或作为中国领土的一部分直接受中国统治者领导，受中国政治及传统文化影响极为深刻，基本采用中国封建时期的教育制度，以中国儒家思想为教育核心实行科举制，为中国或越南封建王朝的统治者选拔人才。19 世纪中叶以后，法国开始侵略蚕食越南中国清朝政府作为宗主国派兵抵抗但战败，被迫放弃了对越南的宗主权，越南沦为法国殖民地。法国统治期间，法国殖民政权及教会机构开始在越南推行西方及法国本土的教育制度，创办法国学校，建立了河内大学。因法国学校日益拥挤，越南本国知名人士及学者开始创办私立学校。截至 1938 年，殖民政府开办的小学在校生人数已超过 40 万，占全国适龄儿童人数的 1/5，私立学校则达到了 650 所，在读学生数约 3.6 万人。

1945～1975 年的 30 年间，虽然南北方的战争不断，教育的偏重点、教育制度不同，但各自教育事业均有着长足的发展。北方推翻了法国的教育制度，解放区内教育事业蓬勃发展，有超 4000 所普通学校，同时积极开展扫盲活动并取得了一定成绩，基本普及了小学教育，达到了村村有小学、县县有中学、省省有高中的水平，在校中小学生数超 500 万人，大学生人数接近 3 万人。南方虽仍保持着西方教育体制，在法语教学的同时英语、越语及华语教育也有一定程度的发展，教育事业发展迅速，并建立了 4 所正规大学——西贡大学、顺化大学、大叻大学和云幸大学。截至建国前夕，南方普通教育学校在校生数已达到 400 多万人。

因较好的教育基础，1976 年 7 月越南南北统一宣布建立"越南"后，政府提出了培养人、实行全民普及教育及培养新型劳动者的三大教育目标，并且仍然重视教育事业的投入和发展，继续普及基础教育，开展扫盲工作。2000 年时，全国基本完成扫盲指标及普及小学教育任务。

越南当前的教育分为学前教育、普通教育和高等教育。越南的教学体制包含学前班（启蒙班），3~6 岁；小学教育（一级教育），6 岁入学，学制 5 年；初中教育（二级教育），学制 4 年；普通高中教育（三级教育），学制 3 年。越南的高等教育可分为大专、大学本科和大学以上学历，其中大专学制为 3 年，大学本科为 4 年。大学以上学历为研究生和进修生学历，研究生又可分为硕士学位研究生（学制 2 年）和博士学位研究生（学制 2~4 年），进修生学制为 1~3 年不等。越南著名的大学有河内国家大学、河内外贸大学、胡志明市国家大学、顺化大学、岘港大学等。

整体来看，越南人口识字率较高，但高等教育入学率较低。越南的青年人，即 15~24 岁人口的识字率自 1979 年以来持续保持在 93%以上的水平，成人在基础教育的普及下识字率也从 1979 年的 83%增长至 96%（图 2-7），位居中南半岛五国首位，也高于全球的平均水平（86.48%），基本上消除了文盲人口，人口识字水平较高。受初等教育的学生人数自 1998 年的超千万人降至 2009 年的 674 万人，随后又呈增长趋势，2020 年时达到了 871.8 万人，约占全国总人口数的 9%，女生占比保持在 48%上下；入学率由 1998 年的 108%增长至 2020 年的 117%。受中学教育的学生数由 1998 年的 644 万增加至 2018 年的 788 万人，约占越南总人口数的 8%，其中女生占比由 1998 年的 47%增加至 2018 年的 50%（图 2-8）；高等教育入学率由 1998 年的 2.66%增长至 2019 年的 28.64%，实现了大尺度的跨越，但仍远低于全球 40.24%的平均水平，高等教育水平不足也会限制越南的创新和产业升级能力（图 2-9，表 2-7）。

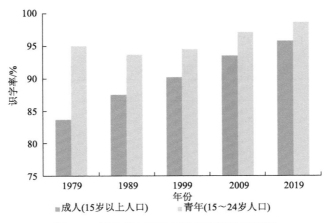

图 2-7　越南成人及青年识字率变化示意图

数据来源：世界银行（https://data.worldbank.org.cn/）

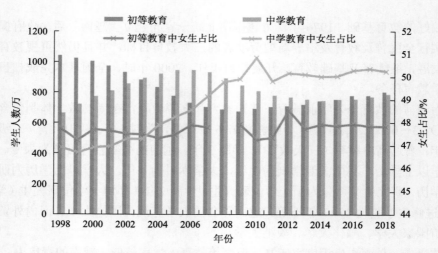

图 2-8 越南 1998～2018 年学生人口数量及女生占比变化示意图

数据来源：世界银行（https://data.worldbank.org.cn/）

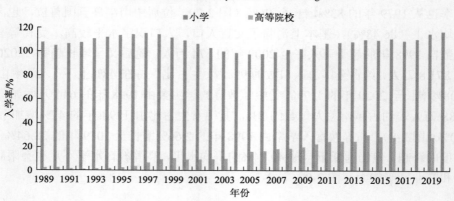

图 2-9 越南 1989～2020 年小学及高等院校入学率

数据来源：世界银行（https://data.worldbank.org.cn/）

表 2-7 越南及中南半岛四国的人口识字率和高等教育入学率情况 （单位：%）

国家	15 岁以上人口识字率	高等教育入学率
柬埔寨	80.53（2015 年）	14.74（2019 年）
老挝	84.66（2015 年）	13.48（2020 年）
缅甸	89.07（2019 年）	18.82（2018 年）
泰国	93.77（2018 年）	49.29（2016 年）
越南	95.75（2019 年）	28.64（2019 年）
全球平均	86.48（2018 年）	40.24（2020 年）

注：因世界银行统计的各国社会经济数据并不完整，本书采取了各国最近年份数据进行了替代。数字后面的括号指代数据的统计年份

　　为更好地提高教学质量，巩固扫盲成果，继续普及基础教育及中等教育，越南也十

分重视改善各类学校的教学条件并对教师进行技能培训。以初等教育教师为例，1999~2020 年期间，初等教育教师人数虽有波动，但总体呈现增加趋势，经过培训的教师比例更是自 2009 年起接近 100%（图 2-10）。

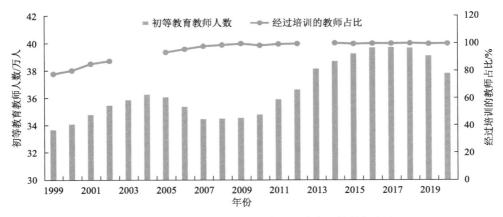

图 2-10　越南初等教育教师人数及经过培训的教师占比
数据来源：世界银行（https://data.worldbank.org.cn/）

教育支出方面，越南的教育公共开支占 GDP 比例较高，但呈现波动下降趋势。2019 年，越南的教育公共开支占 GDP 比例为 4.06%，高于中南半岛其余四国的柬埔寨（2.16%，2018 年），老挝（2.94%，2014 年），缅甸（1.97%，2019 年），泰国（2.97%，2019 年），也高于世界平均水平（3.7%，2019 年），说明越南教育公共开支占 GDP 比例较高，越南政府对教育比较重视。从时间上来看，越南的教育公共开支占 GDP 比例呈现下降趋势，2008 年教育公共开支占 GDP 比例为 4.89%，到 2019 年下降了 0.82 个百分点。教育公共开支占 GDP 比例是反映一个国家对教育重视程度的重要指标，而公共教育的提升可以显著提高人口素质，进一步影响国家的社会经济发展水平，越南对教育投入的下降可能会导致该国长期的社会经济发展动力不足（图 2-11）。

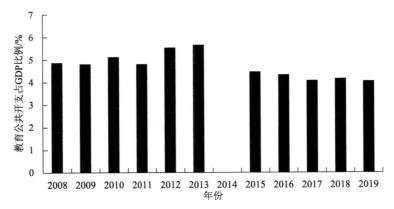

图 2-11　越南 2008~2019 年教育公共开支占 GDP 比例
数据来源：世界银行（https://data.worldbank.org.cn/）。2014 年数据缺失

　　整体来看，越南已完善教育制度，形成了包括幼儿教育、初等教育、中等教育、高等教育、师范职业教育以及成人教育的完整、系统的教育体系，成为亚洲教育较发达的国家之一，但是受教育资金投入以及高等教育人数不足的问题影响，社会经济发展动力可能会受到一定限制。

2. 卫生事业发展

　　因曾长期沦为殖民地并经历了多年战争，越南的医疗卫生事业发展严重受挫，死亡率保持在 10%以上，自然增长率持续下降，1975 年建国时预期寿命仅 61.45 岁，人口增长率约为 23.75‰（图 2-12）。建国后，为满足人民的医疗卫生需求，越南政府于 1989年宣布私人药店及诊所合法化，全民免费医疗制度正式取消，医疗开始走向社会和市场化。1975 年至 1979 年在越南政府的努力下，全国的人口自然增长率及预期寿命有所回升。1979 年，对越自卫反击战爆发，越南经历了历时十年的中越边境战争。受战争影响，越南的人口自然增长率继续下降，由 1979 年的 22.04‰降至 1989 年的 22.07‰。

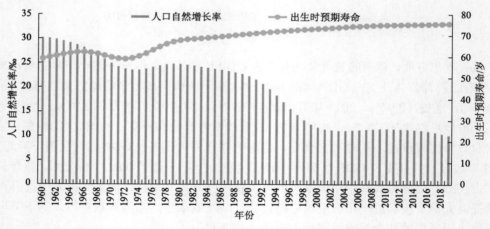

图 2-12　1960～2019 年越南预期寿命及人口自然增长率
数据来源：世界银行（https://data.worldbank.org.cn/）

　　越南是一个人口基数大、人口增长快的国家。多年的战争及"重男轻女"的传统观念导致生育率高，但过多的人口给越南的经济建设、社会保障和环境保护带来巨大的压力。因此，越南自 1988 年实行革新开放后，提倡 1 对夫妇只生 1 个或 2 个孩子，妇女22 岁以后才准生育，并规定头胎和第 2 胎之间必须间隔 3 年。除此之外，对是否实行计划生育的家庭奖惩分明。此政策的推行，再加上越南建国后工业化水平逐渐提高、城市发展加速等因素，越南的出生率逐年降低，1989～2019 年 30 年间，越南出生率由 29.14‰降至 16.45‰，这导致越南的人口自然增长率由 1989 年的 22.68‰降至 2019 年 10.07‰。越南的出生时预期寿命因医疗及经济条件略微改善呈上升态势，截至 2019 时，越南的出生预期寿命已达到 75.4 岁，较建国时增加近 14 岁。

　　受连年战争及全国整体经济发展水平限制，越南建国初期一般性政府卫生方面的支出较低，支出总额占当年 GDP 的比例也较小。2009 年后越南建国初期一般性政府卫生方面的支出占当年 GDP 比例终于超过 2%，人均一般政府卫生支出也达到了 78.64 美元；2011 年时人均一般政府卫生支出终于超过当年人均卫生支出的 2/5；2013 年是越南政府在卫生方面支出最多的一年，医疗卫生支出总额占 GDP 比例接近 3%，政府提供的人均一般性卫生支出占人均卫生总支出的比例也接近一半。虽然 2014 及 2015 年较 2013 年政府提供的人均卫生支出及总支出额占 GDP 比例均有一定程度的下降，但 2015 年后卫生支出总额以及占 GDP 比例总体上还是呈上升趋势（图 2-13）。

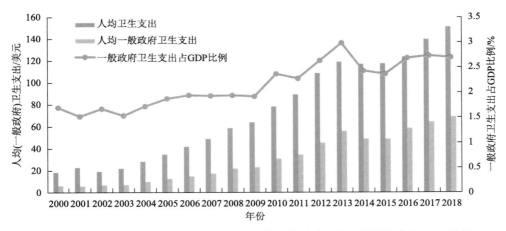

图 2-13　2000～2018 年人均卫生支出额、人均一般政府卫生支出额及其占 GDP 比例
数据来源：世界银行（https://data.worldbank.org.cn/）

增加的卫生方面支出对全体越南人民的医疗体验以及基础医疗保障有着较明显的提升。如图 2-14 所示，自 2001 年以来，越南整体营养不良的发病率持续下降，从 2001 年的 19.7% 降至 2019 年的 6.7%，降幅接近 2/3。除 2007 年以外，12～23 个月的婴幼儿麻疹免疫疫苗接种率均在 93% 以上，新生儿破伤风率已在逐渐增加，由 2001 年的 86% 增长至 2019 年的 96%。

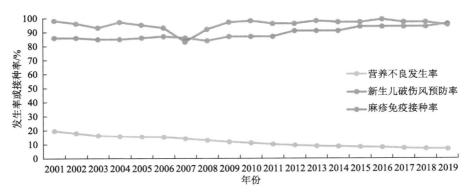

图 2-14　2001～2019 年越南营养不良发生率、新生儿破伤风预防率及麻疹免疫接种率
数据来源：世界银行（https://data.worldbank.org.cn/）

　　尽管越南的医疗卫生事业近年来取得很大的发展，但是能力建设和社会需求相比仍然存在很大差异。以每千人医院病床数为例，可以看出自 2001 年以来，病床数持续发生较大波动，医院的床位不能满足病人的需求，甚至在首都河内市的一些大型医院还会出现两三个或多个病人合用一张病床的情况。虽然越南卫生部制定了缓和床位紧张的提案并提交审议，但可用病床数与病人所需的数额相差较多。除此之外，每千人内科医生以及每千人护士与助产士人数虽然逐年增加，但相较于每年新增的人口以及愈发严重的老龄化来说，仍无法满足逐年增加的医疗需求，截至 2016 年，每千人仅可以拥有 0.83 名内科医生以及 1.45 名护士和助产士（图 2-15）。

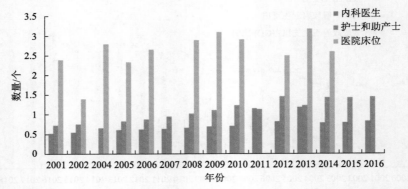

图 2-15　2001～2016 年越南每千人内科医生数、护士及助产士数及医院床位数

数据来源：世界银行（https://data.worldbank.org.cn/）

　　药物方面，越南的制药行业仍然处于发展阶段，缺乏国际竞争力与研发新药的能力。在大多数情况下，本地制造商只处在最低的药物生产链端，不能自主生产原料药和发明新药，仿制药较多，越南本地消费的大部分用药仍依赖于进口。这些现状就导致病人所需的医疗费用较高，政府需要在医疗卫生方面提供的资金支持更多，且该情况短时间内无法改变。

3. 经济产业发展

　　越南的经济增长发力点前期集中在农业上，20 世纪 80 年代后期，越南经历了严重的经济危机，工业基础设施被损坏大半，通货膨胀率超 700%。为挽救濒临崩溃的国民经济，越南领导层决定向中国学习，于 1986 年的越南第六次共产党代表会上提出了"革新开放"，将"市场经济"作为共产主义初级阶段的经济发展模式引入越南，经济增长点由农业逐渐转至制造业。

　　"革新开放"前，因红河三角洲及湄公河三角洲土壤肥沃、气候适宜、水源丰富等地理位置及气候条件的天然优势，加上悠久的耕种历史及当地农民娴熟的耕种技术，农业自古以来就是越南的支柱产业，农业就业人口占全国总就业人口比例持续超 1/3，2020 年农业增加值超 400 亿美元。1986 年后，越南决定以工业化和现代化为中心，发展多种经济成分、发挥国有经济主导地位，建立市场经济的配套管理体制。这次改革效果明显，越南经济增速显著，1995 年时 GDP 年增速达到历史最高点 9.54%。越南"革新开放"之后的经济增长主要依赖于国际合作以及外国企业的投资、建厂。苏联解体之后，越南与各国间的关系逐渐修复，于 1995 年作为第七个成员国加入东南亚国家联盟、1998 年加入亚太经合组织、2007 年加入世界贸易组织。越南希望发挥自己的人力资本优势，承接转移至东南亚的基础制造产业，成为继中国之后的下一个"世界工厂"。

　　法律层面，为了保障外国资本的顺利流入并带动本国经济发展，越南 1988 年颁布了《外资法》，规定外商可以以独资、合资及合作经营的形式向越南投资，投资领域不限，投资期限不超过 50 年，最长可达 70 年，除此之外，外资企业所得税还享受优惠税率。1992 年 4 月越南又修改通过新宪法，保证对外资企业不实行国有化。之后颁布的《企业法》《私人企业法》等多项法律，均为外商的权益和投资提供了法律保护。

　　1991 年 10 月，越南宣布建成第一个出口加工区；1992 年 11 月 25 日，新顺出口加工区成为越南第一个经济特区；2008 年成立第一家百分之百由外资投资建设的园区，外资对于越南的经济推动作用愈发明显。截至 2019 年，越南的工业园区已经达到 321 个，16 个沿海经济区和 3 个高科技工业园，主要的工业园围绕在河内市辐射的红河三角洲和胡志明市辐射的东南地区，外资企业的身影遍布越南的各个行业。虽然在 1996～2000 年东南亚金融危机、2007～2008 全球金融危机的冲击下，越南经济曾出现剧烈波动，但已然告别了长期的贫困，正迎来了一个高速发展的新时代。

　　2019 年越南全年进出口总额首次突破五千亿大关，达到 5170 亿美元，其中出口额为 2634.5 亿美元，实现贸易顺差 99.4 亿美元。加工制造业全年增长率为 11.29%，在越南经济中继续扮演重要角色；社会消费品零售总额增长 11.8%，达到近 3 年的最高水平；全年吸引外资 380 亿美元，达到近 10 年来最高水平，实际利用外资 203.8 亿美元，更是创历史纪录。根据世界银行统计数据，越南 GDP 自 1989 年后稳步增加，于 2009 年突破百亿美元大关，后于 2016 年突破 200 亿美元，2020 年时已达到 271 亿美元（图 2-16 和图 2-17）。

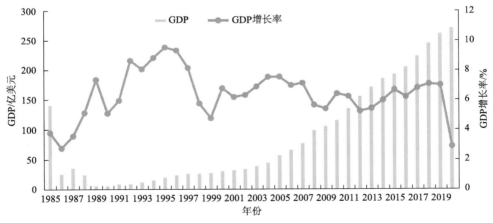

图 2-16　越南 1985～2019 年 GDP 及 GDP 增长率示意图

数据来源：世界银行（https://data.worldbank.org.cn/）

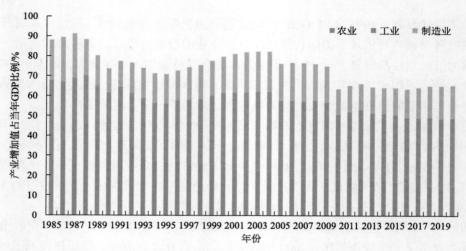

图 2-17　越南 1985～2020 产业增加值占当年 GDP 比例示意图

数据来源：世界银行（https://data.worldbank.org.cn/）

2020 年，越南人均 GDP 已达到 2785 美元，是"革新开放"刚开始时人均 GDP 的 100 多倍，经济发展重心也由农业转至工业及服务业。截至 2020 年，服务业就业人口占全国就业人口的比例已经超过 1/3。15 岁（含）以上的就业人口比例常年保持在 75%左右，其中男性劳动力就业人数比例较高，常年保持在 80%左右，女性就业率则常年在 70%～72%区间上下浮动。如图 2-18 所示，按产业进行划分后发现，1991～2019 年越南农业就业人口比例持续下降，从 1991 年的 70.88%降至 2019 年 37.22%；工业及制造业就业人数逐年增加，工业就业人数占比由 1991 年的 10.12%增至 27.44%，服务业就业人数占比则从 19.00%增至 35.34%。

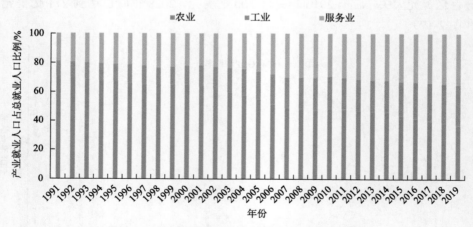

图 2-18　各产业就业人口占总就业人口比例示意图

数据来源：世界银行（https://data.worldbank.org.cn/）

就制造业而言，越南 1998～2003 年间以其他制造业及食品、饮料和烟草业两个行业为主，两者产值占制造业比例约 60%，其次为纺织品与服装行业，占比约 22%，机械和运输设备业次之，化学品行业占比最低，不足 7%。2003 年后，食品、饮料和烟草业及纺织品与服装行业产值占比逐年降低，2018 年时分别降至 13.7%、15.6%，化学品行业占比无较大变化，仍然占比最小，其他制造业及机械和运输设备业产值占制造业总产值比例呈逐年上升态势，2018 年，两者占比已达到制造业总产值的 2/3（图 2-19）。

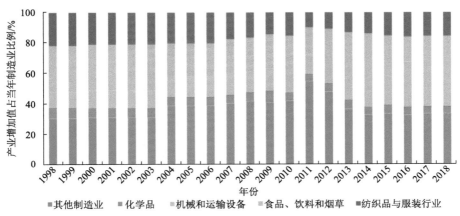

图 2-19　越南 1998～2018 年制造业构成示意图

数据来源：世界银行（https://data.worldbank.org.cn/）

4. 人类发展水平综合评价

人类发展指数是指以教育水平、预期寿命和收入水平三项基础变量，按照一定计算方法得出的综合性指数，用以衡量各个地区的人类综合发展水平。根据课题组对"一带一路"共建国家[①]的人类发展水平测算，共建国家的人类发展指数均值为 0.64；越南人均发展指数均值为 0.535，低于 65 个共建国的人类发展平均水平。为进一步量化人类发展水平的区域差异，本节将区域内各栅格值进行标准化，使结果值映射到[0, 1]之间，越南归一化人类发展指数为 0.878，东部地区整体人类发展水平较高，西南部和北部地区边境地区人类发展指数较低（图 2-20）。

从区域角度来看，湄公河三角洲地区为越南人类发展平均水平最低的区域，人类发展指数均值为 0.866，其余区域人类发展水平均高于全国平均水平，其中以河内市为中心向四周辐射的红河三角洲为人类发展指数最高的区域，达到了 0.886。

从具体省（直辖市）角度来说，越南处于人类发展低水平区域的省共有 5 个，分别为莱州、西宁、同塔、坚江和隆安，其归一化人类发展指数为 0.873，略低于全国平均水平；区域总面积为 2.73 万 km²，约占全国总面积的 8.26%；区域总人口数为 664.05 万人，占全国总人口的 6.90%，人口密度为 243.01 人/km²。

----

① 本书研究范围为"一带一路"倡议最初 65 个共建国家。

图 2-20 越南人类发展水平空间分布

越南处于人类中水平区域的省共有 5 个，分别为河江、老街、义安、多侬和安江，其归一化人类发展指数为 0.872；区域土地面积合计 4.08 万 km²，占全国总面积的 12.34%；区域内人口总数为 744.34 万人，占全国总人口的 7.74%，人口密度为 182.24 人/km²。

越南处于人类发展高水平区域的省（直辖市）共有 53 个，分别为河内、永福、北宁、广宁、海阳、海防、兴安、河南、南定、宁平、北件、宣光、安沛、太原、谅山、北江、奠边、山萝、和平、河静、广平、广治、承天-顺化、岘港、广南、广义、平定、富安、庆和、宁顺、平顺、昆嵩、嘉莱、多乐、平福、平阳、巴地-头顿、胡志明、前江、槟椥、永隆、芹苴、后江和朔庄，其归一化人类发展指数为 0.885；区域总面积为 26.28 万 km²，占比约为 79.40%；区域内人口总数为 8212.51 万人，占比约为 85.36%，区域内人口密度为 312.52 人/km²（表 2-8）。

表 2-8　越南各区域人类发展水平分类评价

分区	省（直辖市）	数量	土地		人口		
			面积/km²	占比/%	数量/万人	占比/%	人口密度/（人/km²）
人类发展低水平区域	莱州、西宁、同塔、坚江、隆安	5	27326.4	8.26	664.05	6.90	243.01
人类发展中水平区域	河江、老街、义安、多侬、安江	5	40844.8	12.34	744.34	7.74	182.24

续表

分区	省（直辖市）	数量	土地		人口		
			面积/km²	占比/%	数量/万人	占比/%	人口密度/（人/km²）
人类发展高水平区域	河内、永福、北宁、广宁、海阳、海防、兴安、河南、南定、宁平、北件、宣光、安沛、太原、谅山、北江、奠边、山萝、和平、河静、广平、广治、承天-顺化、岘港、广南、广义、平定、富安、庆和、宁顺、平顺、昆嵩、嘉莱、多乐、平福、平阳、巴地-头顿、胡志明、前江、槟椥、永隆、芹苴、后江、朔庄	53	262786.4	79.40	8212.51	85.36	312.52

2.2.2　交通通达水平评价

越南国内的客运主要依赖于公路网络，公路客运量占总旅客量的比例超 3/4，近 90% 客运交通基础设施所属权非国有，占比近 90%；按总运量计算，货运主要依赖于公路运输，占比超 80%，按每千米运量计算，则是主要依赖海运。货运基础设施所有权则是近 95% 均属于非国有企业。

本节首先对越南的交通便捷度水平和交通密度水平的空间分布分别进行了分析，然后讨论了越南各区域及各省（直辖市）的交通通达度（transportation accessibility index，TAI），后进行了分级评价。

1. 交通便捷度评价

交通便捷度是指各地到主要交通设施的综合便捷程度，可以用各地到道路、铁路、机场和港口的最短距离来衡量。

越南归一化交通便捷指数为 0.84，岘港市为交通便捷度最高的省（直辖市），是全国平均交通便捷指数的 1.12 倍；河江省为交通便捷度最低的省（直辖市），河江省位于越南北部边境区，与中国云南省文山壮族苗族自治州、广西壮族自治区百色市接壤，省内多为山地和丘陵，交通基础设施严重落后且缺乏。整体来看，越南红河三角洲地区、中南部地区整体交通便捷度较高，北部边境和山区交通便捷度较低（图 2-21）。

从区域角度来看，以首都河内市为中心的红河三角洲是越南交通便捷指数最高的地区，是全国交通便捷指数的 1.06 倍，该地区距离道路、铁路、机场、港口均较近；交通便捷度较高的区域其次为湄公河三角洲，该地区除距机场较远之外，另外三项距离均较近；剩余区域的交通便捷度由高到低依次为西原地区、东南地区、中北部和中部沿海地区、北部边境和山区（表 2-9）。

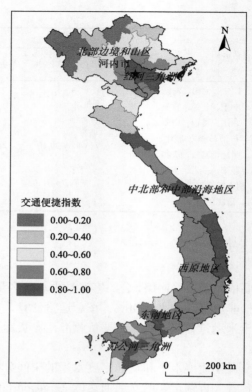

图 2-21　越南交通便捷度空间分布图

表 2-9　越南六大区域交通便捷指数分项对比

地区	到公路最短距离	到铁路最短距离	到机场最短距离	到港口最短距离	交通便捷指数
红河三角洲	0.914	0.996	0.762	0.982	0.893
北部边境和山区	0.839	0.985	0.503	0.932	0.778
中北部和中部沿海地区	0.892	0.987	0.703	0.935	0.859
西原地区	0.883	0.979	0.787	0.960	0.873
东南地区	0.905	0.991	0.664	0.981	0.863
湄公河三角洲	0.886	0.965	0.792	0.967	0.874
全国	0.874	0.982	0.666	0.947	0.839

　　从各个区域的具体省（直辖市）来分析（图 2-22），红河三角洲地区内，河内市交通便捷度最高，是红河三角洲交通便捷指数均值的 1.05 倍；广宁省交通便捷度最低，是红河三角洲交通便捷指数均值的 0.98 倍；从各项距离指数来说，海阳为全国距离公路最近的省，海防距离机场全国最近。

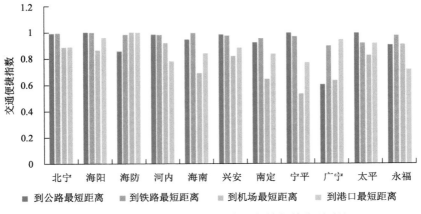

图 2-22　越南红河三角洲地区交通便捷指数分项对比

　　从各省（直辖市）的综合距离指数来说，在北部边境和山区地区内，太原省交通便捷度最高，是地区交通便捷指数的 1.13 倍；河江省交通便捷度最低，是北部边境和山区交通便捷指数均值的 0.88 倍；从各项距离指数来说，奠边省到公路距离为全国最远，河江到机场的距离为全国最远，莱州到港口的距离为全国最远（图 2-23）。

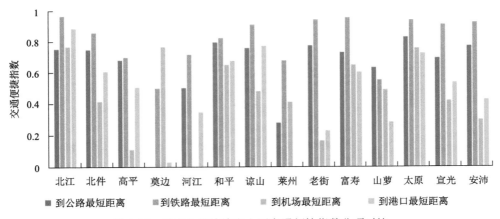

图 2-23　越南北部边境和山区交通便捷指数分项对比

　　从各省（直辖市）的综合距离指数来说，在中北部和中部沿海地区内，岘港市交通便捷度为全国最高，为中北部和中部沿海地区交通便捷指数均值的 1.10 倍，同时岘港市是全国交通便捷指数最高的省（直辖市）；义安省交通便捷度最低，其交通便捷指数为中北部和中部沿海地区均值的 0.90 倍；从各项距离指数来说，岘港市为全国各省（直辖市）中距离铁路最近的省（图 2-24）。

　　从各省（直辖市）的综合距离指数来说，西原地区内各省（直辖市）交通便捷指数较为平均，均处于 0.85～0.89 之间，其中嘉莱省交通便捷度最高，是西原地区交通便捷指数均值的 1.02 倍；多侬省交通便捷度最低，是西原地区交通便捷指数均值的 0.86 倍（图 2-25）。

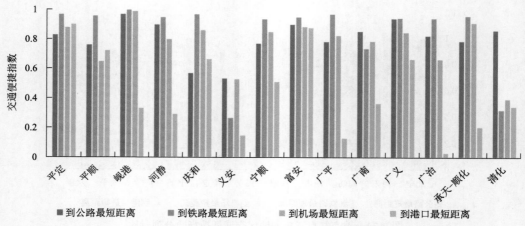

图 2-24　越南中北部和中部沿海地区交通便捷指数分项对比

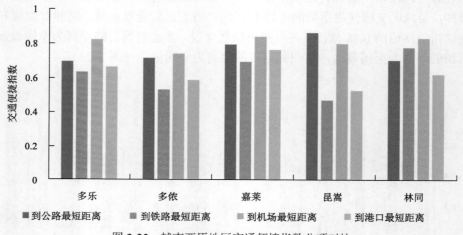

图 2-25　越南西原地区交通便捷指数分项对比

　　从各省（直辖市）的综合距离指数来说，东南地区内各省（直辖市）交通便捷度差距较大，其中胡志明市交通便捷度最高，是东南地区交通便捷指数均值的 1.08 倍；平福省交通便捷度最低，是东南地区交通便捷指数均值的 0.94 倍。从各项距离指数来说，6个省（直辖市）中胡志明市距离港口最近，平福省距离机场较远（图 2-26）。

　　从各省（直辖市）的综合距离指数来说，湄公河三角洲地区内各省（直辖市）交通便捷度差距较大，其中芹苴市交通便捷度最高，是湄公河三角洲交通便捷指数均值的 1.07倍；同塔省交通便捷度最低，是湄公河三角洲交通便捷指数均值的 0.94 倍。从各项距离指数来说，13 个省（直辖市）中金瓯省到铁路的距离为全国最远（图 2-27）。

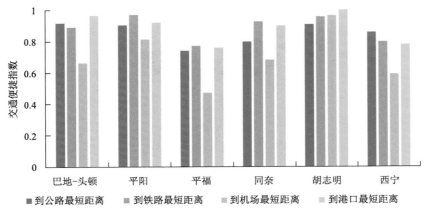

图 2-26　越南东南地区交通便捷指数分项对比

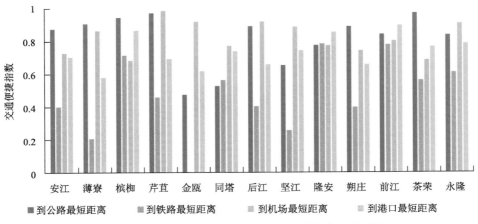

图 2-27　越南湄公河三角洲地区交通便捷指数分项对比

2. 交通密度评价

交通密度是区域内道路网、铁路网和水网密度的综合表征。越南归一化交通密度指数为 0.12，其中河南省为归一化交通密度指数最高的省份，达到 0.36，是全国平均水平的 3 倍；奠边省是归一化交通密度指数最低的省份，仅为全国平均水平的 1/3。整体上来看，除几个经济较为发达的省（直辖市），如河内市、胡志明市、岘港市，其余大多数省（直辖市）均处于交通密度较低的水平，公路密度较低，部分省（直辖市）几乎无铁路和水路交通网络（图 2-28）。

从区域角度来看，红河三角洲地区的交通密度指数最高，且公路、铁路、水网密度均处于全国较高水平，北部边境和山区交通密度最低。从各项交通密度指数来看，红河三角洲地区的公路密度和铁路密度最高，湄公河三角洲水网密度最高；北部边境和山区公路密度最低，西原地区及湄公河三角洲地区铁路密度最低，中北部和中部沿海地区、西原地区以及东南地区的水网密度最低（表 2-10）。

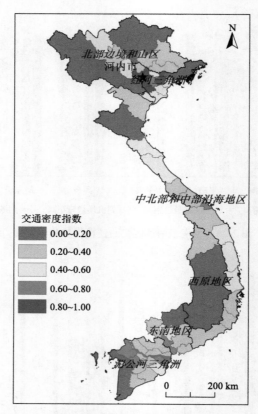

图 2-28　越南交通密度空间分布图

表 2-10　越南六大区域交通密度指数分项对比

地区	公路密度	铁路密度	水网密度	交通密度指数
红河三角洲	0.179	0.089	0.043	0.214
北部边境和山区	0.094	0.021	0.012	0.091
中北部和中部沿海地区	0.148	0.058	0.000	0.151
西原地区	0.121	0.000	0.000	0.094
东南地区	0.166	0.030	0.000	0.148
湄公河三角洲	0.142	0.000	0.045	0.130
全国	0.129	0.030	0.012	0.124

　　红河三角洲地区内，河南省为交通密度最高的省份，广宁省为交通密度最低的省份。广宁省为区域内公路密度最低的省份，公路密度指数仅为 0.13；太平省铁路密度为 0；北宁、海阳、海防、宁平、广宁 5 个省（直辖市）水网密度为 0（图 2-29）。

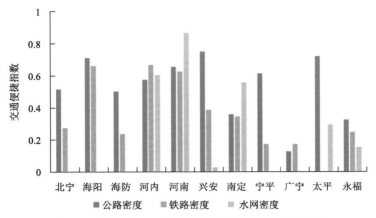

图 2-29　越南红河三角洲地区交通便捷指数分项对比

北部边境和山区内，富寿省为区域内交通密度指数最高的省份，奠边省为全国交通密度最低的省份。整个地区因地理位置的原因，铁路及水网密度整体很低，公路密度也处于较低的水平。从各项密度指数来看，老街省的公路密度最高，北江省的铁路密度最高，富寿省的水网密度最高（图 2-30）。

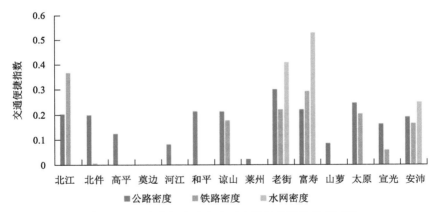

图 2-30　越南北部边境和山区交通便捷指数分项对比

中北部和中部沿海地区内各省（直辖市）均无水路，岘港市为交通密度最高的城市，约为全国平均水平的 2.44 倍，其铁路密度指数为全国最高；广义省为区域内公路密度最高的省份，其公路交通密度指数达到了 0.20；义安省为区域内交通密度最低的省份，其交通密度指数仅为 0.10（图 2-31）。

西原地区因越南行政规划及地理位置原因铁路与水路交通网络密度极低，整个区域内昆嵩省公路密度指数最高，是越南公路密度指数的 1.26 倍；多乐省公路密度最低，是越南公路密度指数的 0.77 倍（图 2-32）。

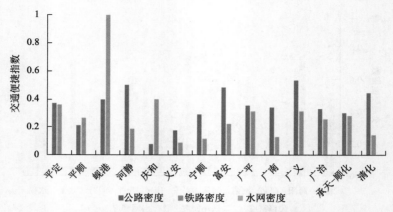

图 2-31　越南中北部和中部沿海地区交通便捷指数分项对比

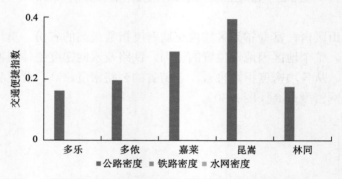

图 2-32　越南西原地区交通便捷指数分项对比

东南地区内，胡志明市为交通密度最高的省（直辖市）；平福省为区域内交通密度最低的省（直辖市）。从各项密度指数来看，东南地区内无主要水路交通，巴地-头顿省、平福省及西宁省无主要铁路线路。胡志明市的公路密度为全国最高，平阳省铁路密度为区域内最高（图 2-33）。

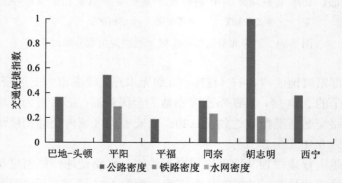

图 2-33　越南东南地区交通便捷指数分项对比

湄公河三角洲地区内主要为公路及水路交通线，其中芹苴市为区域内交通密度指数最高的省（直辖市），其次为安江省。从各项交通密度指数来看，茶荣省为区域内公路密度最高的省份，芹苴市的水路交通密度为全国最高，区域内无铁路经过（图 2-34）。

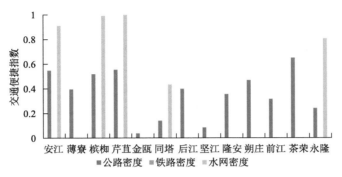

图 2-34 越南湄公河三角洲地区交通便捷指数分项对比

3. 交通通达水平综合评价

交通通达指数是反映区域交通设施的通达程度的综合表征，是交通便捷度和交通密度的数学叠加。"一带一路"共建国家交通通达指数均值为 0.48，越南交通通达指数为 0.48，与共建国家平均水平持平。为了进一步量化越南交通通达水平的区域差异，本节将区域内各栅格值进行标准化，使结果值映射到[0，1]之间，越南归一化交通通达指数均值为 0.49，北部地区整体交通通达水平较低，红河三角洲地区交通通达水平较高，区域间差异明显（图 2-35）。

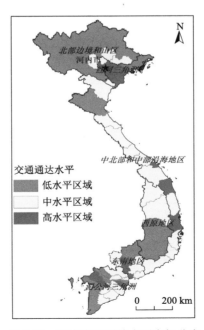

图 2-35 越南交通通达水平空间分布

从区域角度来看，北部边境和山区为越南交通通达平均水平最低的区域，归一化交通通达指数均值为0.439，剩余的五个区域交通通达水平均高于全国平均水平，其中以河内市为中心向四周辐射的红河三角洲为交通通达水平最高的区域，达到了0.559。

通过数据分析并结合越南实际情况，可以发现，处于交通通达低水平区域的城市基本集中于北部边境和山区，共有20个，分别为北件、平福、金瓯、高平、多乐、多侬、同塔、奠边、河江、和平、坚江、谅山、莱州、林同、老街、义安、广宁、山萝、宣光和安沛，其归一化交通通达指数为0.44。该水平区域面积合计15.83万km²，占全国总面积的47.82%；区域内人口合计2216.58万人，人口占比为22.71%，人口密度为140.06人/km²。

处于交通通达中水平区域的城市共有27个，分别为薄寮、北江、巴地-头顿、平定、平顺、同奈、嘉莱、后江、河静、庆和、昆嵩、隆安、宁平、宁顺、富寿、广平、广南、广治、朔庄、西宁、承天-顺化、太原、清化、前江、茶荣、永隆和永福，其归一化交通通达指数为0.52。中水平区域面积合计13.68万km²，约占全国总面积的41.32%；区域内共有3647.63万人，占全国总人口比例的37.38%，人口密度为266.71人/km²。

处于交通通达高水平区域的城市主要集中于北部地区，共有16个，分别为安江、北宁、槟椥、平阳、芹苴、岘港、海阳、海防、胡志明、河内、河南、兴安、南定、富安、广义、太平，其归一化交通通达指数为0.59。高水平区域面积合计3.59万km²，约占全国土地面积的10.86%；区域内人口合计3894.05万人，约占全国总人数的39.91%，人口密度为1083.66人/km²（表2-11）。

表2-11 越南各区域交通通达指数分类评价

地区	省（直辖市）	数量	土地		人口		
			面积/km²	占比/%	数量/万人	占比/%	人口密度/（人/km²）
交通通达低水平区域	北件、平福、金瓯、高平、多乐、多侬、同塔、奠边、河江、和平、坚江、谅山、莱州、林同、老街、义安、广宁、山萝、宣光、安沛	20	158257.8	47.82	2216.58	22.71	140.06
交通通达中水平区域	薄寮、北江、巴地-头顿、平定、平顺、同奈、嘉莱、后江、河静、庆和、昆嵩、隆安、宁平、宁顺、富寿、广平、广南、广治、朔庄、西宁、承天-顺化、太原、清化、前江、茶荣、永隆、永福	27	136765.6	41.32	3647.63	37.38	266.71
交通通达高水平区域	安江、北宁、槟椥、平阳、芹苴、岘港、海阳、海防、胡志明、河内、河南、兴安、南定、富安、广义、太平	16	35934.2	10.86	3894.05	39.91	1083.66

2.2.3 城市化水平评价

本节中城市化水平是用人口城市化率和土地城市化率来体现，通过城市化指数

（urbanization index，UI）来表达。本节首先分别定量研究了越南的人口城市化和土地城市化特征，最后根据归一化后的平均城市化指数，对越南各省市的城市化水平进行了分级评价。

1. 人口城市化及土地城市化评价

自独立以来，越南在多项人口政策的支持下，人口总数持续增加，根据越南官方人口统计数据，2019 年越南人口总数已达到 9620.90 万人，城市人口比例随着经济发展也处于持续增大的态势，截至 2020 年，城市人口总量已达到 3634.62 万人，是建国初期的 3.87 倍，城市人口占全国人口的比例已超 1/3，增长率常年保持在 3% 上下（图 2-36）。但结合越南的实际情况来说，人口城市化较高的地区集中于几大城市附近，如胡志明市、岘港市等。

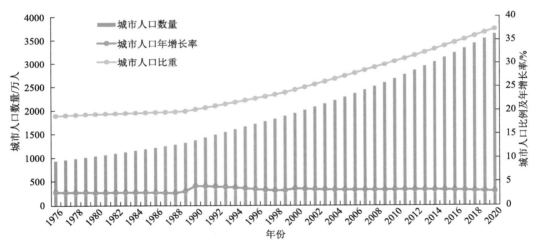

图 2-36　1976～2020 年城市人口数量、增长率及占总人口比例示意图

根据越南人口城市化水平空间示意图可发现，归一化人口城市化率高于 0.8 的城市只有巴地-头顿省，其余人口城市化水平较高的城市有平顺省、平阳省、胡志明市、岘港市，其余省份城市化水平均较低（图 2-37）。

在土地利用方面，受自然条件限制，越南自古以来就以农业用地和林地为主，两类用地面积合计超 60%。越南属于热带地区，全年炎热多雨，并且处于北回归线以南，日照充足，适宜种植水稻、玉米、甘薯和木薯等粮食作物。又因越南国土面积的 3/4 为山地和高原，林业资源较为丰富。1990～2020 年，越南境内的森林面积占比持续提高，由 28.81% 升至 47.23%；农业用地面积占比由 1990 年 20.66% 升至 2018 年 39.25%（图 2-38）。

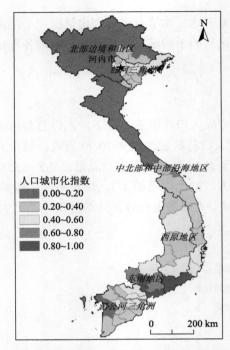

图 2-37　越南人口城市化水平空间示意图

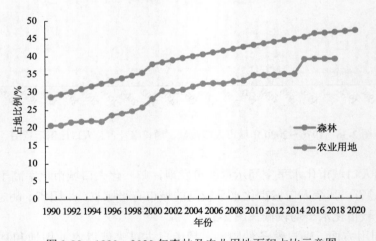

图 2-38　1990～2020 年森林及农业用地面积占比示意图

　　农林两类用地占比的持续增加以及人口在大城市的聚集导致越南整体的土地城市化率较低，全国绝大多数地区属于土地城市化率低水平区域。如越南土地城市化水平空间示意图所示，在全国范围内，仅有胡志明市的归一化土地城市化指数处于 0.8～1.0 区间，其次为河内市，归一化土地城市化指数为 0.55，其余城市的归一化土地城市化指数均低于 0.30（图 2-39）。

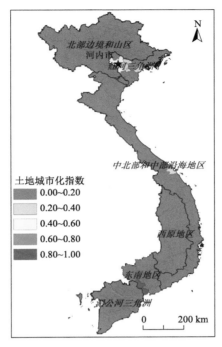

图 2-39 越南土地城市化水平空间示意图

2. 城市化水平综合评价

经课题组对"一带一路"共建国家和地区的城市化指数进行测算，其均值为 0.15，越南的均值为 0.18，属于城市化较高水平区域。为了进一步量化越南城市化水平的区域差异，本节将区域内各栅格值进行标准化，使结果值映射到[0，1]之间，越南归一化城市化指数均值为 0.22；总体上看，各地区城市化水平差异较大，整体呈现"两极化""高集聚"的空间分布态势（图 2-40）。

从区域角度来看，北部边境和山区为越南城市化平均水平最低的区域，归一化城市化指数均值仅为 0.076，是全国平均水平的 0.35 倍，其次为中北部和中部沿海地区，其归一化城市化指数为 0.206，剩余的四个区域城市化均高于全国平均水平，其中以经济中心胡志明市为中心向四周辐射的东南地区为城市化水平最高的区域，达到了 0.517，是全国平均水平的 2.38 倍。

越南内处于城市化低水平区域的省（直辖市）共有 27 个，分别为安江、北件、平定、金瓯、高平、奠边、河江、河静、和平、坚江、昆嵩、谅山、莱州、老街、义安、富寿、广平、广南、广义、广治、山萝、承天-顺化、太平、太原、清化、宣光和安沛，其归一化城市化指数为 0.11。城市化低水平区域的面积为 19.10 万 km²，占全国总面积的 57.70%；区域内共有 3336.35 万人，占全国总人口数的 34.68%，人口密度为 174.71 人/km²。

处于城市化中水平区域的省（直辖市）共有 28 个，分别为薄寮、北江、北宁、槟椥、平福、芹苴、多乐、多侬、同塔、嘉莱、海阳、后江、河内、河南、兴安、庆和、林同、

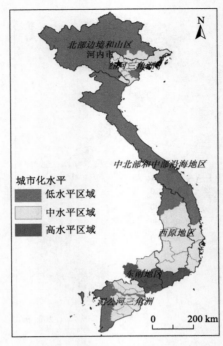

图 2-40 越南城市化水平空间分布

隆安、南定、宁平、宁顺、富安、广宁、朔庄、前江、茶荣、永隆和永福，该地区归一化城市化指数为 0.32。城市化中水平区域的面积为 11.26 万 km²，占全国土地面积的 34.04%；区域内人口数量为 4242.50 万，人口占全国比例为 44.10%，人口密度为 376.62 人/km²。

处于城市化高水平区域的省（直辖市）共有 8 个，分别为巴地-头顿、平阳、平顺、同奈、岘港、海防、胡志明、西宁，该地区归一化城市化指数为 0.59。城市化中水平区域的面积为 2.73 万 km²，仅占全国土地面积的 8.26%；区域内人口数量为 2179.41 万，人口占全国总人口数的 22.65%，人口密度为 796.91 人/km²（表 2-12）。

表 2-12 越南各区域城市化发展指数分类评价

地区	省（直辖市）	数量	土地		人口		
			面积/km²	占比/%	数量/万人	占比/%	人口密度/（人/km²）
城市化低水平区域	安江、北件、平定、金瓯、高平、莫边、河江、河静、和平、坚江、昆嵩、谅山、莱州、老街、义安、富寿、广平、广南、广义、广治、山萝、承天-顺化、太平、太原、清化、宣光、安沛	27	190963.2	57.70	3336.35	34.68	174.71
城市化中水平区域	薄寮、北江、北宁、槟椥、平福、芹苴、多乐、多侬、同塔、嘉莱、海阳、后江、河内、河南、兴安、庆和、林同、隆安、南定、宁平、宁顺、富安、广宁、朔庄、前江、茶荣、永隆、永福	28	112646.3	34.04	4242.50	44.10	376.62

续表

地区	省（直辖市）	数量	土地		人口		
			面积/km²	占比/%	数量/万人	占比/%	人口密度/（人/km²）
城市化高水平区域	巴地-头顿、平阳、平顺、同奈、岘港、海防、胡志明、西宁	8	27348.1	8.26	2179.41	22.65	796.91

2.2.4　社会经济发展水平综合评价

经课题组测算，"一带一路"共建国家和地区社会经济发展指数均值为 0.08，越南的均值为 0.10，属于中高水平区域。为了进一步量化越南社会经济发展水平的区域差异，本节将区域内各栅格值进行标准化，使结果值映射到[0，1]之间。越南归一化社会经济发展指数均值为 0.13，社会经济发展水平存在严重的两极化趋势；根据归一化的社会经济发展指数数值特征，我们采用聚类分析法，并结合专家意见，将越南的 6 个地理分区及 63 个省按其社会经济发展水平，分为低水平、中水平和高水平三类地区，并基于前文结论，进一步分析了各省社会经济发展的限制性因素。

从区域的角度来看，社会发展综合水平最高的区域是东南地区，其次为红河三角洲、西原地区、湄公河三角洲、中北部和中部沿海地区，北部边境和山区的社会经发展水平最低。6 个区域中，红河三角洲的人类发展水平和交通通达水平最高，东南地区的城市化水平最高；湄公河三角洲的人类发展水平最低，北部边境和山区的交通通达水平和城市化水平最低（表 2-13）。

表 2-13　越南六大地理分区社会经济发展指数分类评价

地区	HDI	TAI	UI	SDI
红河三角洲	0.886	0.559	0.329	1.080
北部边境和山区	0.879	0.439	0.076	0.915
中北部和中部沿海地区	0.882	0.510	0.206	0.998
西原地区	0.883	0.488	0.298	1.038
东南地区	0.881	0.510	0.517	1.181
湄公河三角洲	0.866	0.507	0.259	1.024
全国	0.878	0.486	0.217	1.000

从具体的省份来看，越南全国的 63 个省及直辖市可以被分为社会经济发展地区低水平区域（Ⅰ）、社会经济发展中水平区域（Ⅱ）和社会经济发展高水平区域（Ⅲ&Ⅳ）三个区域，各个区域分别受人类发展水平（H）、交通通达水平（T）和城市化水平（U）单独或综合限制，限制水平可分为严重限制和一般限制（'）两个等级（图 2-41，表 2-14）。

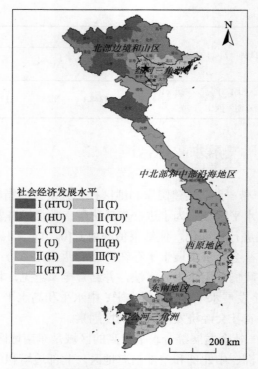

图 2-41　越南社会经济发展水平空间分布

1. 社会经济发展低水平区域

越南境内处于社会经济发展低水平区域的省份共有 27 个，面积合计 19.10 km²，占全国总面积的 57.70%；区域内共有人口 3336.35 万人，占全国总人数的 34.19%，人口密度为 174.71 人/km²。按限制性因素分类，区域内各省份分别为 H&T&U 限制型（I_{HTU}）、H&U 限制型（I_{HU}）、T&U 限制型（I_{TU}）和 U 限制型（I_U）。

- **H&T&U 限制型（I_{HTU}）**

受人类发展水平、交通通达水平、城市化水平 3 项因素综合严重限制的为河江、坚江、莱州、老街、义安、山萝 6 个省（直辖市）。处于该限制型的省（直辖市）土地面积合计 6.04 万 km²，占全国土地面积的 18.25%；区域内人口数量为 845.11 万人，占全国总人口数的 8.66%，人口密度为 139.96 人/km²。坚江和莱州两省三个评价维度均处于低水平区域，河江、老街、义安、山萝 4 个省份的人类发展水平虽然处于中等，但该指数低于全国平均值。

河江、莱州、老街和山萝 4 个省地处北部边境和山区，省内多山，整体受交通及教育水平限制，工业和农业均不发达，经济发展较为落后。4 个省的归一化人类发展指数略低于北部边境和山区与全国的平均人类发展指数，在教育、医疗卫生、经济发展水平三方面均有诸多问题。

表 2-14 越南各省社会经济发展指数分类评价

分区	限制程度	限制型	省(直辖市)	HDI	TAI	UI	SDI	数量	土地		人口		
									面积/km²	占比/%	数量/万人	占比/%	人口密度/(人/km²)
社会经济发展低水平区域(I)	严重	H&T&U	河江、坚江、莱州、老街、义安、山萝	0.879	0.431	0.076	0.914	6	60384.2	18.25	845.11	8.66	139.96
		H&U	安江	0.862	0.579	0.203	1.002	1	3536.7	1.07	190.45	1.95	538.50
		T&U	北件、金瓯、高平、奠边、和平、谅山、宣光、安沛	0.887	0.440	0.073	0.913	8	52108.2	15.74	593.14	6.08	113.83
	一般	U	平定、河静、昆嵩、富寿、广义、广平、广南、广治、承天-顺化、太平、太原、清化	0.884	0.527	0.153	0.968	12	74934.1	22.64	1707.65	17.50	227.89
		小计		0.878	0.469	0.106	0.935	27	190963.2	57.70	3336.35	34.19	174.71
社会经济发展中水平区域(II)	严重	H	隆安	0.836	0.500	0.402	1.105	1	4492.4	1.36	171.37	1.76	381.47
		H&T	多侬、同塔	0.861	0.483	0.255	1.013	2	9892.6	2.99	223.79	2.29	226.22
		T	平福、多乐、林同、广宁	0.885	0.471	0.320	1.049	4	35872.8	10.84	554.54	5.68	154.59
	一般	T&U	薄寮、北江、嘉莱、后江、庆和、宁平、宁顺、朔庄、前江、茶荣、永隆、永福	0.884	0.510	0.328	1.064	12	44312.8	13.39	1402.69	14.37	316.54
		U	北宁、槟椥、芹苴、海阳、河内、河南、兴安、南定、富安	0.884	0.591	0.324	1.088	9	18075.7	5.46	1890.11	19.37	1045.66
		小计		0.880	0.507	0.319	1.058	28	112646.3	34.04	4242.50	43.48	376.62
社会经济发展高水平区域(III&IV)	严重	H	西宁	0.829	0.496	0.507	1.157	1	4039.7	1.22	117.83	1.21	291.68
	一般	T	巴地-头顿、平顺、同奈	0.884	0.508	0.590	1.214	3	15709.6	4.75	558.46	5.72	355.49
	—	IV	平阳、岘港、海防、胡志明	0.884	0.595	0.656	1.305	4	7598.8	2.30	1503.12	15.40	1978.10
		小计		0.881	0.528	0.590	1.226	8	27348.1	8.26	2179.41	22.33	796.91

经济方面,河江、莱州、老街和山萝省 4 个省的山地和森林面积合计占比均超过 60%,以农业为经济命脉,主要种植棉、玉米、茶叶、黄豆等经济作物,经济发展水平较低。通过分析越南 2020 年统计年鉴的数据,发现河江、莱州、老街和山萝 4 个省的贫困率均远高于全国 4.8%的贫困率均值,甚至远高于北部边境和山区 14.4%的贫困率,河江、莱州和山萝 3 个省的贫困率均高于 27%,老街省略低于北部边境和山区的平均水平,但贫困率也高达 15.4%。

教育方面,4 个省的教育资源十分有限,2018 年 4 个省的净入学率均远低于全国的平均净入学率 88.6%,河江和莱州两省的高中净入学率约为全国高中净入学率的 3/5。以基础教育期间学校数量为例,截至 2020 年 9 月底,4 个省仅拥有 1403 所学校,其中以小学和初中为主,占比达到了 72.56%。在师资力量方面,河江、莱州、老街和山萝 4 个省拥有 4 万名从事直接教育教学工作的老师,但学生数接近 73 万名,平均每位老师需要负责 18.25 名学生,教育资源较为紧张。

医疗卫生也严重限制了 4 个省的人类发展水平发展。根据 2020 年统计年鉴,2019年 4 个省的医生数合计仅有 3375 人,仅占全国医生总数的 3.5%;2020 年 4 个省的病床数仅有 15082 张,仅占北部边境和山区病床总数的 27.66%,约合全国病床总数的 4.56%。截至 2019 年 3 月,4 个省的人均预期寿命均值仅为 68.4 岁,低于北部边境和山区的 71.1岁,也远低于全国 73.6 岁的平均预期;千名婴儿死亡率方面,河江、莱州、老街和山萝4 个省的婴儿死亡率则分别为 3.18%、2.72%、3.96%、2.16%,远高于越南全国的千名婴幼儿平均死亡率(1.40%)。

交通通达方面,受地理条件限制,河江、莱州、老街和山萝 4 个省主要以公路为主,距离铁路、机场和港口较远,交通极不便捷,交通网络密度也属于低水平区域,省内拥有的交通基础设施也存在设备老化、维护不到位的问题,路况较差。尽管越南于 2019年批准的《未来 10 年道路规划》规划新建高速公路 14 条,使得高速公路全长达到 2305公里,但目前最主要南北向铁路仍不途经河江、莱州、老街、山萝 4 个省,且受社会经济和行政效率等因素影响,预计在未来 5~10 年内,交通通达度仍不会有明显改观,仍是限制河江、莱州、老街和山萝 4 个省社会经济发展的主要因素之一。

城市化方面,受自然及社会经济双重因素限制,河江、莱州、老街和山萝 4 个省的人口城市化水平及土地城市化水平均处于国内最低水平,是全国城市化水平最低的地区之一,严重限制 4 个省的社会经济发展。

义安地处中北部和中部沿海地区,是该区域内经济最不发达的省,2020 年的贫困率达到了 10.9%,远高于中北部和中部沿海地区的 6.5%,经济的不发达也导致了医疗领域的投资不足,进而影响了人类发展水平。义安省 2020 年拥有病床 11762 张,2019 年拥有医生 3026 名,人均医生数略高于全国平均水平,但 5 岁以下的幼儿营养不良率达到了16.5%,高于中北部和中部沿海地区以及全国的平均水平,2019 年和 2020 年两年间的一岁以下的婴幼儿疫苗接种率也略低于全国平均水平,分别为 94.7%、96.0%;2019 年,义安省的人均预期寿命约为 72.9 岁,低于全国平均预期寿命的 73.6 岁,千名一岁以下婴幼儿及五岁以下幼儿成活率也低于全国平均水平。交通通达方面,义安省内主要依赖于公路和铁路,但密度均较低,距离公路、铁路、机场和港口的距离均较远,是中北部和中部沿海地区交通便捷度和交通密度最低的省份,严重限制了义安的社会经济发展进程。城市化方面,义安省经济较不发达,导致该省的人口城市化率较低,同时因义安省在58.5%的高森林覆盖率基础上,又主要发展水产养殖业,导致土地城市化率均较低,故综合人口和土地城市化利用情况来看,义安省的城市化率处于全国较低水平。

坚江地处湄公河三角洲,整体经济处于中等水平,但医疗水平方面投入有所欠缺,限制了其人类发展水平。2020 年,坚江省的贫困率为 4.1%,略低于湄公河三角洲及全国的平均贫困率;拥有 5000 余张病床,但 2019 年的医生数仅为 1540 位,人均医生数略低于全国平均水平。2016～2020 年间,坚江省一岁以下的婴幼儿疫苗接种率均低于全国平均水平约一个百分点;2019 年,坚江省 5 岁以下的幼儿营养不良率约为 12.8%,高于湄公河三角洲的 11%,也高于全国 12.2%的平均水平。除了医疗卫生方面,坚江省应增加教育方面的关注。2019 年坚江的净入学率仅为 77.5%,远低于全国平均的 88.6%,在各省中排名倒数第三,其中高中净入学率与全国平均水平差距更大,净入学率仅为45.7%。交通通达度方面,坚江省的交通密度指数低,省内主要以公路为主,但其密度指数仍不足 0.2,便捷度在湄公河三角洲地区内也属于较低水平,因此,坚江省整体的交通通达水平较低。城市化方面,坚江省主要以农业为主,省内共有 1036 个农场,占红河三角洲区域内农场总数的近 1/5,其中九成以上农场为养殖业。除此之外,坚江省也是谷物种植的主要省份之一,是 2020 年种植面积的第三名,达到了 5191hm²,因此坚江省的城市化水平较低。

- **H&U 限制型（I_{HU}）**

受人类发展水平和城市化水平双重因素严重限制的省份为安江。安江省土地面积为3536.7 km²,占全国土地面积的 1.07%;省内人口数量为 190.45 万人,占全国总人口数的 1.95%,人口密度为 538.50 人/km²,是人口较为密集的省份。

安江省的归一化人类发展指数为 0.862,低于全国均值。限制其人类发展水平的因素主要为教育。安江省 2020 年拥有从事直接教育教学工作的教师 18250 名,主要为小学及初中教师,而省内学生数为 36.45 万人,其中小学生人数为 18.05 万,初中生 13.10 万人,平均每位老师需要负责大约 20 位学生,教育教学压力过大。安江省的净入学率在全国也属于略低的水平,2019 年净入学率仅为 83.9%,低于全国平均净入学率的 88.6%,小学、初中、高中三个阶段的净入学率均不及全国平均水平。高等教育方面,安江省 2020 年仅有 441 名大学教师,大学生人数则有 9069 人,人均教育资源较少。

城市化方面,安江省的人口城市化指数较低,归一化后处于 0.2～0.4 区间,土地城市化率则低于 0.2。结合安江省实际情况后,我们发现湄公河流入安江省后分为前江与后江,每年为安江省带来了大量的肥沃土壤,为农业的发展奠定了坚实基础,除此之外,大自然还赋予安江省一个海产库,每年给越南供应了大量的各类鱼虾蟹,渔业养殖业、捕捞业十分发达。根据越南 2020 年统计年鉴,安江省共拥有 878 个农场,其中 811 个从事养殖业。农业方面则主要种植谷物和水稻,占地面积 1.30 万 hm² 左右,故而使得安江省被视为越南最大的米库之一，土地城市化率较低。

- **T&U 限制型（I_{TU}）**

北件、金瓯、高平、奠边、和平、谅山、宣光、安沛 8 个省份受交通通达水平和城市化水平双因素限制，限制程度严重。该 8 个省份土地面积合计 5.21 万 km^2，约合全国总面积的 15.74%，地区内人口数为 593.14 万，仅占全国总人口数的 6.08%，人口密度较低，仅为 113.83 人/km^2，是各限制型中人口密度最低的类型。

8 个省份中，除金瓯省地处湄公河三角洲外，其余 7 个省份均地处北部边境和山区，社会经济发展受地理环境影响十分严重。从森林覆盖率角度，可以发现北件、高平、奠边、和平、谅山、宣光、安沛 7 个省份的森林覆盖率均高于 40%，北件省的森林覆盖率甚至达到 73.4%。过高的森林覆盖率以及海拔较高等因素导致 7 个省主要依靠公路出行，且公路因经济状况较差，维护经费不足，基础设施老化且年久失修，交通便捷度和交通密度均处于低水平，因此交通通达水平极低。城市化发展程度方面，从贫困率指标来看，2020 年北部边境和山区是越南全国贫困率最高的区域，贫困率达到了 14.4%，而全国的贫困率仅约为 4.8%，其中北件、高平、奠边、宣光、安沛 4 个省份的贫困率远超北部边境和山区平均水平，奠边省的贫困率甚至达到了 36.7%，和平、谅山两省贫困率虽略低于区域值，但仍远高于全国平均值 4.8%。高贫困率表明该部分省份的经济发展已受到严重限制，无法保证当地居民的正常生产生活需要，又因地理环境因素限制，交通通达和城市化发展的相关投资金额和投资意愿也受到了明显抑制。

金瓯省地处湄公河三角洲地区，越南最南部的省，三面环海，土地面积 5294.9 km^2，人口数量为 119.39 万人，面积和人口数量占比均处于一般水平。截至 2018 年，金瓯省还是以农业为主，用地面积占总面积的 27.4%，其中渔业为其主要产业，2020 年时已拥有 211 个渔场，养殖面积达到 2855 hm^2。金瓯省是越南到铁路的距离最远的省份，一般以公路作为主要通达方式，水网密度也极低，交通便捷程度较差，目前，根据越南的最新规划，从金瓯到玉显的 1A 号公路正在施工中，南陵国际海港和其他一些海港与金瓯机场也正在改造中以投入使用，预计未来 5~10 内交通通达度将有明显改善。城市化方面，目前金瓯省的贫困率仍然略高于全国平均水平，且多数居民从事渔业，城市人口和建设用地面积占比均较低，城市化水平较低。

- **U 限制型（I_U）**

社会经济发展低水平区域中，受城市化水平限制的省份共有 12 个，分别为平定、河静、昆嵩、富寿、广平、广南、广义、广治、承天-顺化、太平、太原、清化。该 12 个省份的归一化城市化指数仅为 0.153，远低于全国的城市化指数均值，其占地面积为 7.49 万 km^2，占全国总面积的 22.64%；区域内有 1707.65 万人，占总人口数的 17.50%，人口密度为 227.89 人/km^2，密集程度一般。该限制的省份主要地处中北部和中部沿海地区，其余分布零星分布在红河三角洲、北部边境和山区以及西原地区。这些地区在越南国内均属于城市化水平较低的区域，地处中北部和中部沿海地区的平定、河静、广平、广南、广义、广治、承天-顺化、清化8个省和地处西原地区的昆嵩省森林覆盖率均超过了50%，部分省份甚至超过了60%，地处北部边境和山区的富寿、太原两省森林覆盖率也处于40%左右，仅有地处红河三角洲的太平省覆盖率较低，12个省的剩余面积也均主要用于种植业或者水产养殖业，建设用地面积占比极低，土地城市化率也低。又因当地居民多从事种植业或养殖业，人口基数小，农业人口多，故人口城市化率也低。因此，整体上来说，城市化水平较低。

2. 社会经济发展中水平区域

处于社会经济发展中水平区域的省份共28个，主要集中于越南红河三角洲附近及中南部，归一化社会经济发展指数均值为1.058。中水平区域面积合计11.26万 km^2，占全国总面积的34.04%；区域内共有人口4242.50万人，占全国总人数的43.48%，人口密度为376.62人/km^2。按限制性因素分类，区域内各省份分别为H限制型（II_H）、H&T限制型（II_{HT}）、T限制型（II_T），限制程度严重，以及限制程度一般的T&U限制型（II_U'）和U限制型（II_U'）。

- **H限制型（II_H）**

主要受人类发展水平严重限制的省份是隆安省。隆安省地处湄公河三角洲，归一化人类发展指数仅为0.836，处于人类发展低水平区域。其面积为4492.4 km^2，省内人口为171.37万人，人口密度为381.47人/km^2，密度较高。隆安省2020年拥有病床3920张，2019年拥有医生数1074人，人均医生数略高于全国平均水平。教育因素主要限制了隆安的人类发展水平。隆安省直接从事教育教学工作的教师数量为8544人，其中4159名教师为小学教师，2908名教师为初中教师；学生数量方面，截至2020年，隆安省普通教育阶段的学生为279955名，其中136232名为小学生，100343名为初中生，小学及初中教师人均学生数量分别为32.76名、34.50名，远高于全国小学和初中教师的人均学生数量23.1名和20.6名，人均教育资源不足。除此之外，根据2019年统计数据显示，隆安省的整体净入学率也处于全国的低水平，全教育阶段净入学率为84.4%，小学、初中、高中3个阶段的净入学率均低于全国平均水平，高中净入学率甚至低于全国平均净入学率10个百分点，这也导致了隆安省大学数量、大学教师数量、大学生数量在全国均排名较后。

- **H&T限制型（II_{HT}）**

主要受人类发展水平及交通通达水平严重限制的省份有多侬和同塔。两省土地面积合计9892.6 km^2，占全国总面积的2.99%；区域内人口数量为223.79万人，占总人口数的2.29%，人口密度为226.22人/km^2。

多侬省的人类发展水平主要受医疗卫生和教育因素限制。多侬地处于西原地区，省内铝资源丰富，已探明储量达54.8亿t，主要集中在该省南部，占世界蕴藏总量的1/5，省内铝资源开采、初加工的企业也较多，但由于铝资源开采业、冶炼业污染较为严重，一定程度上影响了当地居民的身体健康。根据越南统计局的相关数据，截至 2019 年 4 月初，多侬省的平均预期寿命仅为 70.0 岁，远低于全国的平均预期寿命 73.6 岁。除此之外，多侬省对于医疗系统的资金投入也不能完全满足当地居民的日常医疗需求。以 2020 年统计年鉴为准，多侬省 2020 年的贫困率远高于全国平均水平，达到了 9.0%。省内仅拥有 1611 张病床，医生数也仅为 493 名。一岁以下婴儿的疫苗完全接种率仅为 95.4%，低于全国的平均接种率 96.8%；五岁以下幼儿的营养不良率也高于全国平均水平，达到了 19.1%。教育方面，多侬省仅有 233 所学校，其中小学占 52.36%，学校数量远低于各省应有数量；入学率方面，多侬省的净入学率为 83.6%，低于全国平均净入学率 5 个百分点，初中和高中入学率较全国平均水平差距较大。交通通达度方面，多侬省主要依赖公路系统，无铁路和水路网络，同时距离公路、铁路、机场和港口的距离也较远，交通便捷度较低，整体的通达水平较低。

同塔省位于湄公河三角洲区域，人类发展水平主要受教育因素影响。从净入学率角度分析，同塔省的净入学率也远低于全国平均水平，为 83.5%，初中和高中入学率较全国平均水平差距较大。基础教育阶段的学生数为 286130 名，直接从事教育教学工作的老师数量为 7424 人，教师人均负责的学生数高达 38.6 人，远高于全国平均的 15.3 名，人均教育资源较少。交通通达方面，同塔省是湄公河三角洲地区交通便捷度最低的省份，省内无铁路，公路和水路密度也较低，虽然与柬埔寨接壤，货物可从同塔运往柬埔寨，但省内公路通行状况较差，几乎均为土路，因此同塔省的交通通达度较低。

- **T 限制型（II_T）**

主要受交通通达水平严重限制的省份共有 4 个，分别为平福、多乐、林同、广宁。4 个省的交通便捷指数处于较高水平，但距离公路、铁路、机场、港口的最短距离四项指标中均有一项或两项指数的数值较小，比如平福省就距离机场较远，广宁省距离公路和机场较远，这影响了该省份的整体便捷程度。广宁省无水网线路，平福、多乐和林同则仅有公路，这导致 4 个省的交通密度均处于 0～0.2 区间，在越南国内处于低水平区域。整体来说，中等的交通便捷度和极低的交通密度导致平福、多乐、林同、广宁 4 个省的交通通达水平较低。

- **T&U 限制型（II_{TU}'）**

主要受交通通达水平及城市化水平限制的省份共有 12 个，分别为薄寮、北江、嘉莱、后江、庆和、宁平、宁顺、朔庄、前江、茶荣、永隆、永福，限制程度一般。虽然这 12 个省份均处于人类发展高水平区域，但其交通通达程度及城市化程度仍处于越南的中水平区域，一定程度上拉低了其社会经济发展综合水平。交通通达方面，属于本限制型的 12 个省份主要受交通密度限制，其归一化交通密度指数均低于 0.6，从各项密度指数来看，处于湄公河三角洲的薄寮、后江、朔庄、前江、茶荣、永隆 6 个省份只有公路交通网络密度较高，但均低于 0.2。地处红河三角洲的宁平、永福两省中，宁平铁路密度低，无水网密度；永福三项密度指数均较低。地处中北部和中部沿海地区的庆和、宁顺以及地处北部边境和山区的北江省公路和铁路密度较低，无水网密度。地处西原地区的嘉莱省公路密度低且无铁路和水网密度。

城市化发展方面，属于交通通达水平及城市化水平限制的 12 个省份，经济均不是十分发达，且均大多地处于平原区，以农业为支柱产业，有部分工业基础，但建设面积较少，当地居民主要从事农业，城市人口数量少，建设面积少，城市化率整体较低。

- **U 限制型（IIU′）**

主要受城市化水平限制的省份共有 9 个，分别为北江、槟椥、芹苴、海阳、河内、河南、兴安、南定和富安，限制程度一般。这 9 个省份的城市化指数高于全国的平均水平，但因其人类发展程度和交通通达程度均处于高水平阶段，仅有城市化程度处于中水平，这在一定程度上限制了其社会经济的发展。受城市化水平限制的这 9 个省份分别位于红河三角洲、中北部和中部沿海地区以及湄公河三角洲，均为经济水平较为发达的地区，且人口密度较高，达到了 1045.66 人/km²。但是根据各省份的实际情况来看，在人口城市化率方面，9 个省份均处于 0.2～0.6 之间，属于国内的中等水平，土地城市化方面，虽然近年来随着工业和服务业的发展，城市建设用地面积呈现增加趋势，但根据统计年鉴的数据，截至 2018 年，9 个省份的农业用地面积占比仍接近或超过半数，农业仍为该部分省份的主要经济产业，土地城市化率较低。因此，北江、槟椥、芹苴、海阳、河内、河南、兴安、南定和富安的社会经济发展水平目前仍受城市化水平限制。

3. 社会经济发展高水平区域

处于社会经济发展高水平区域的省份共有 8 个，分别为巴地-头顿、平阳、平顺、同奈、岘港、海防、胡志明和西宁，这些地区主要集中于越南的东南地区，其归一化社会经济发展指数均值为 1.226。高水平区域面积合计 2.73 万 km²，占全国总面积的 8.26%；区域内共有人口 2179.41 万人，占全国总人数的 22.33%，人口密度为 796.91 人/km²。按限制性因素分类，区域内各省份分别为限制程度严重的 H 限制型（IIIH）、限制程度一般的 T 限制型（IIIT′）以及均衡型（IV）。

- **H 限制型（IIIH）**

受人类发展水平严重限制的省份为西宁省。西宁省地处东南地区，土地面积为 4039.7 km²，区域内人口数量 117.83 万人，人口密度略高，达到了 291.68 人/km²。西宁省的归一化人类发展指数为 0.829，处于全国低水平区域，通过分析后发现，限制其人类发展水平的因素主要为教育。西宁省内有 336 所进行基础教育的学校，其中教师数为 8884 名，小学和初中教师数分别占比 50.69% 及 33.88%；学生数量为 197637 名，其中小学生人数为 99020 人，初中生人数为 69556 人，小学及初中教师人均需要教育的学生数分别为 21.99 名和 23.11 名，初中阶段教师教育压力较大。从净入学率角度分析，发现西宁省的净入学率排名较低，仅为 82.5%，远低于全国的 88.6%，其中高中的净入学率仅为 54.7%，明显低于全国的平均高中净入学率。

● **T 限制型（III$_{T}'$）**

受交通通达水平限制的省份为巴地-头顿、平顺、同奈，限制程度一般，3 个省的归一化交通通达指数为 0.508，低于经济发展高水平地区的平均交通通达指数。除交通通达水平外，3 个省其余两个指标均在全国处于高水平区域，因此交通通达水平一定程度上限制了其综合社会发展水平。平顺地处中北部和中部沿海地区，巴地-头顿和同奈两省则地处于东南地区，3 个省的交通通达水平均受交通密度指数影响较为严重，平顺和同奈两省省内的水路密度极低，虽有公路和铁路，但密度较低；巴地-头顿省则仅有公路网络，另外两项的交通密度均为 0。因此，综合考虑，认为 3 个省的社会经济发展水平受交通通达水平限制。

● **无限制（IV）**

平阳、岘港、海防、胡志明 4 个省份不受人类发展水平、交通通达水平及城市化水平三项因素的限制，三个维度的评价中均处于高水平区域。这 4 个省份均为越南国内经济发达的省份，平阳省是越南国内外资主要投资的省份，中国、美国、日本、韩国等国的投资意愿均较高，是外国投资者认为的越南国内最具经济竞争力省份，比如 2022 年第一季度，该省引进外国直接投资资金约达 16 亿美元，是去年同期的 3.6 倍，国内注册资本达 36 万亿越盾，同比增长 16.9%，迄今为止，平阳省在吸引外资方面排名全国第二（仅次于胡志明市），注册投资总额达 377 亿美元，占全国总投资额的 9.1%左右，吸引了丹麦乐高集团、三菱商事株式会社等企业进行投资、建设。

岘港市是越南中南部的最重要的交通枢纽城市以及港口城市，拥有全国第三大国际机场——岘港（Da Nang）国际机场和中部最大海港——仙沙港（Tien sa），交通通达度较高。岘港市还拥有溪沙滩、巴拿山、山茶半岛等著名景点，目前重点发展旅游服务业、高新工业、信息技术、物流业以及海洋经济等，现有 6 个工业区、1 个高新技术产业开发区和 1 个信息产业园区。同时，岘港市也是越南中部重要的工业中心，拥有许多大中型企业，如纺织、橡胶、造船、化工等行业。岘港市的旅游业和商业也较为发达，吸引了来自于全世界的游客来此观光游览。

海防市是越南北部的最重要交通枢纽城市，市内的海防港作为国家级综合海事港口、越南最大的海港之一，也是国际航海路线的重要港口之一，与新加坡、中国香港、东南亚及东北亚多个大型港口联结。除了海港之外，海防还有于 20 世纪初建设河内-海防铁路以及作为北方第一机场的海防国际吉碑机场，交通通达度较高。除此之外，海防市的工农业均较发达，主要工业有船舶制造和维修、机械、水泥、塑料、化工和纺织等。海防市的水产捕捞业也较为发达，有大大小小 20 个码头，各类渔船达 4000 余艘。

胡志明市作为原"南越"的首都，商业发达，曾有"东方巴黎"之称，19 世纪末发展成东南亚著名港口和米市，社会经济发展水平极高。目前，胡志明市作为越南的心脏地带和核心商业区，其生产总值在国内一直属于第一梯队，是越南国内人口最密集的城市。截至 2020 年，胡志明市已经有接近万个外资项目落地，投资金额累计已达到 48.22 亿美元，占全国总投资的 12.49%，2019 年外资代理企业经营额已经达到近 6000 万亿越南盾，是全国总经营额的 22.76%，在本市及周围城市建立了一批工业区和出口加工业，立志于成为新一个"世界工厂"。交通方面，胡志明市作为全国主要交通枢纽之一，陆、海、空运输均较便利，有越南最大的内河港口和国际航空港，商业吞吐港西贡港，年吞吐量可达 450 万～550 万 t。铁路可通往河内及其他大、中城市，公路可通往全国各地，经公路或水路可通往柬埔寨和老挝。有便捷的国际航空港，可通往曼谷、吉隆坡、马尼拉等国际著名城市。城市化方面，胡志明市人口城市化率和土地城市化率均处于国内的高水平地区，是越南国内城市化水平第三高的城市。

2.3　问题与对策

2.3.1　关键问题

越南自 1975 年建立以来，始终以发展经济为中心，关注国民的医疗卫生、教育、日常生活等多方面的需求。多年来，越南历届政府通过如"革新开放"的政策，吸引他国资本来越投资、建厂，帮助越南建设、完善基础设施，提高就业水平，促进本国的经济发展。越南凭借自身优越的人力资源和自然资源，逐渐调整经济结构、找准定位，从一个农业国转变成为了一个工农业共同迅速发展的"亚洲明日之星"，并继续以建设高技术、产品高附加值的现代型国家的方向而努力。但是，目前越南仍有以下问题亟待解决：

第一，各省市经济发展水平差异较大，过于依赖外资。

首先是因为经济结构发展的不全面，虽然通过近年来的招商引资等努力，越南的经济得到一定的发展，但是目前整个国家的经济支柱产业仍是农业以及基础加工制造业，较为依赖人力资源红利，没有较多技术性企业，同时缺少高附加值的产品的开发。目前，以胡志明市为首的几个经济较发达的省份与其他省份的经济水平差异巨大，导致许多越南人均前往胡志明市生活、学习、打工，越南的人口高度集中于首都、北部政治中心河内市以及南部经济中心胡志明市，且集聚效应愈发明显。过多的人员流失导致本省较为缺乏高质量人才，无法实现经济健康发展，长此以往恶性循环，以胡志明市为首的经济发达省份与其他经济不发达省份的差距将会越来越大，难以弥合。

其次是当前越南的经济过于依赖外资。据越南计划投资部外国投资局统计，截至 2021 年年底，越南全国新批、新增外国直接投资和股权并购金额 311.5 亿美元，同比增长 9.2%。其中，新批外商投资项目 1738 个，协议金额逾 152 亿美元，项目数同比下降 31.1%，协议金额同比增长 4.1%。外商对越投资涉及越南 21 个国民经济领域中的 18 个，其中，加工制造业吸收外资最多逾 181 亿美元，占越南吸收外资总额的 58.2%；电力生产和输送居第二位达 5.7 亿美元，占 18.3%；房地产、批发和零售业分别吸收外资逾 26 亿美元和 14 亿美元。过度依赖外商投资，并通过法律法规以及相关政策继续开放外商投资领域及维度导致目前越南本土企业生存越发艰难，不利于培养出代表越南实力的闻名企业。并且，大多数外资进入越南主要是因为越南具有的廉价劳动力以及较低廉的原料价格，随着越南经济水平的不断提高，人口增长率必然下滑，到时候越南的各个产业将何去何从，这也是越南政府急需考虑的问题。除此之外，过多的外资涌入，吸引了诸多年轻的劳动力选择进厂工作而不是继续接受教育，这一现象对于越南未来整体的劳动力市场将造成严重不良影响。

第二，交通基础设施建设亟待加强。越南国内交通网络主要以河内市和胡志明市为中心向四周蔓延，除港口城市外，其他地区均主要以公路为主要出行方式，目前各省之间均有公路相通，多数县和乡之间也有公路相连接。但受经济状况影响，越南的公路密度较低且基础设施老旧，只有基础性道路（碎石路或土路），整体路况让人担忧，日常保养的经费也经常不能按时、准确拨付，全国南北通行极度依赖于 1A 号公路，即河内市至胡志明市的公路。铁路主要有 7 条干线和多条支线，但里程数近年来也变化较小，交通基础设施大多使用年限较长以及机车车辆陈旧老化，安全隐患较大且直接影响到行驶速度和运输能力，严重影响了国内的交通通达水平。水路方面，越南地处热带，水网极其丰富，且海岸线绵长，内河运输和海洋运输均较为便捷，也是越南居民主要的出行方式之一。但目前，内河流域的码头普遍较小且老旧，船队的牵引力也较弱，运输效率较低；海运的船队则主要由国内自产新船和国外进口二手船组成，维修和日常护理的频率和强度也不能满足当前日渐增长的远距离运输需要。

第三，城市化进程缓慢。受地理位置及气候影响，越南近半数土地非常适宜耕种，且当前越南的土地利用类型还是以农林牧渔业为主，除河内和胡志明市之外，其他省份的土地城市化率较低。又因社会经济发展原因，人口大多集中于农村从事农业劳动，或集中于基础制造业较为发达的地区，社会经济发展两极化较为严重，整体人口城市化率较低，空间分布上差异较大。

2.3.2 对策建议

20 世纪 90 年代初，在东欧剧变、苏联解体的严重冲击下，越南认识到自身在国际舞台上应该寻找新的定位。结合了自身实际情况与预想定位，越南政府实行了"遵循社会主义方向，由国家管制的市场机制"的治国方针和策略，主张推行"革新和融入"相结合路线。结合本国人口基数大、增长率快以及地理位置等优势，越南将自身定位为希望成为新一代"世界工厂"，通过利用外资来进行投资建厂、基础设施建设和迭代，拉动本国经济的迅速发展并吸纳更多国民就业。越南政府为此在政策和法律上也做出相应调整，使得越南的经济发展取得了一定成效，社会保持稳定，国民生活满意度以及生存条件都有较大的提升。

但目前越南在社会经济方面仍有诸多问题，结合越南的实际情况，提出以下建议：

第一，人口和社会保障方面，越南政府在发展过程中已经意识到人口快速增长为国家经济建设、社会保障和环境保护等方面造成的巨大压力，因此推行了计划生育、提倡晚婚晚育等政策，除此之外，越南的人口素质也是制约其社会经济发展的因素之一。建议越南政府继续推行计划生育的政策，加大对教育方面的投资，在维持人口红利的优势下开展岗前培训和技能培训，并鼓励继续教育，提高越南整体劳动力的素质。在医疗卫生方面，建议越南政府加强医疗保障及医药产业的投资，建立健全的社会保障体系，点对点地培养目前急需的人才和产业，加快人才培养的周期流转，实现专业人才高质量增长。未来，越南应继续将人才培养和优化产业结构摆在经济、社会发展的重要位置，增强国家的科研实力及成果转化能力，完善目前拥有的产业链条，同时发展本国的代表性产业，提高产品附加值，将经济建设重心从低端制造业转移到依靠科技进步和技术转型的轨道上来，保障经济结构的稳定性及抗风险能力。

第二，产业结构调整与升级方面，要突破目前产业布局的陷阱，延长本国的产业链，成为世界制造的重要一环，就必须加强基础设施建设，开展国际合作，畅通各种经济要素的空间流动。越南应积极参加"一带一路"项目，引进优质资本和技术对本国主要产业进行结构调整和升级，同时加强工人素质和技能培养，培养出更多本国的管理层人才，以满足日益增加的国际需求。同时，注重提高经济发展的质量和综合效率，加强国内各个地区与国际各国之间的合作与交流，积极发挥各地区优势，促进地区间的协调发展，推动优势行业、产品走出去，保障农业、制造加工、旅游等产业有序、平稳发展，从而进一步拉动本国经济发展。为吸引更多企业入驻越南、提高市场的运行效率，越南政府应尽快推行相关指导性政策和建议，尽快建设、完善交通运输网络，并引领外资在水、电和通信等领域的基础设施建设和更新迭代，从而增加越南国内的货物和服务的流动性，促进企业扩大生产，增加竞争能力和赢利能力，为国家创造更多税收。

第三，依靠自身地理位置及自然资源、人文资源的独特优势，加强国际合作，加快促进旅游业、特色商业等第三产业的发展。越南旅游资源丰富，有 5 处风景名胜被联合国教科文组织列为世界文化和自然遗产，吸引了许多日韩及欧美等国游客前往，旅游业增长迅速，经济效益显著。旅游业作为朝阳产业，不仅在拉动内需、推进产业结构调整、促进贫困地区发展、提高人民生活质量等方面做出了突出贡献，在扩大社会就业、缓解就业压力方面也发挥了巨大作用。越南国内自然风光优美，为发展旅游业奠定了坚实基础，政府也发现了发展旅游业的光明前景和明显优势，但因宣传不足、国际认知度低等原因，目前越南仍不是诸多旅行者的首选目的地。因此，越南应与国际旅游组织机构、外国旅游公司积极合作，研究如何开发和宣传旅游资源和知名旅游景点，制定、完善相关的法律法规和服务标准，同时重点关注人才培养，增加本国宣传资金，面对目标群体有针对性地扩大宣传范围，争取在世界旅游市场上打开市场、站稳脚跟。

2.4　本章小结

越南作为我国自古以来就关系密切的邻邦，同时也是"一带一路"项目上的重要节点国家，拥有着珍贵的人文和自然资源。整个国家地形狭长，地势西高东低，北部和西北部以山区为主，中南部为平原，高温多雨，是典型的热带季风气候。越南拥有纵横交错的无数河流（10km 长以上的江河有 2360 条），河流流向主要为西北—东南的两个方向，最大的两条——湄公河和红河，形成了广阔及肥沃的两大平原，十分适合耕种。

    越南是一个人口基数大、增长率快、民族多的国家，青壮年劳动力较多，人口红利十分明显。革新开放之后，越南正在以"制造业大国"为目标高速发展，积极调整经济结构，吸引外资来越投资建厂、吸纳就业，基础制造业以及第三产业正处于蓬勃发展时期。从社会经济发展角度来说，越南整体人类发展水平一般，各省份之间差异较为明显，大多地区主要受经济发展和教育水平限制；交通通达度略低，主要以公路和铁路运输为主，南方还比较依赖内河运输和海洋运输，但基础设施规模较小且老旧，公路和铁路里程数近年来变化较少，且公路和铁路网络主要以河内和胡志明两市为中心向外辐射，集中于经济发达地区，大部分农村地区交通通达度较低；城市化进程较慢，城市人口主要集中于河内和胡志明两市及经济较繁荣地区，多数土地仍为耕地和森林。整体上来看，越南的社会经济发展水平存在严重的两极化趋势，整体呈现"南高北低"的态势，平阳省、岘港市、海防市和胡志明市4个省份的社会经济发展水平整体高于其他地区。

    因此，有必要坚持继续开展计划生育政策，减缓人口增速，同时改进目前的教育体系，跟上知识革新的步伐，提高劳动力素质，完善劳动力基础素质教育和技能培训体系，提高整体的劳动人口素质培养更多专业的技术型人才，为产业升级提供坚实的保障；应增加医疗领域的资金投入，加快完善医疗医药卫生体系，缩短农村地区与城市间的医疗资源差异；要从交通基础设施建设、产业布局等多角度，配合本国地理位置及资源禀赋优势，促进本国优势行业发展，从而缩小国家内部的区域差异，实现各个省份、地区的均衡发展，带动更多国民就业。除此之外，建议对接中国"一带一路"倡议，借助自身地理、文化等方面的优势，提出有方向、有针对性的政策合理规划本国经济发展模式，调整产业布局结构，使越南综合经济社会水平得到全面提升。

第 3 章　人居环境适宜性评价与适宜性分区

越南人居环境适宜性与分区评价，是在基于地形起伏度的地形适宜性评价、基于温湿指数的气候适宜性评价、基于水文指数的水文适宜性评价、基于地被指数的地被适宜性评价四个单要素自然适宜性评价的基础上，利用地形起伏度、温湿指数、水文指数、地被指数加权构建人居环境指数，同时根据地形、气候、水文与地被 4 个单要素自然适宜性分区评价结果进行因子组合，基于人居环境指数与因子组合相结合的方法完成的。人居环境适宜性评价是开展区域资源环境承载力评价的基础，旨在摸清区域资源环境的承载"底线"。

3.1　地形起伏度与地形适宜性

地形适宜性评价（suitability assessment of topography，SAT）是人居环境自然适宜性评价的基础与核心内容之一，它着重探讨一个区域地形地貌特征对该区域人类生活、生产与发展的影响与制约。地形起伏度（relief degree of land surface，RDLS）又称地表起伏度，是区域海拔高度和地表切割程度的综合表征。地形起伏度是影响区域人口分布的重要因素之一，本节将其纳入越南人居环境地形适宜性评价体系。在系统梳理国内外地形起伏度研究的基础上，本节采用全球数字高程模型数据（ASTER GDEM，http://reverb. echo.nasa.gov/reverb/）构建了人居环境地形适宜性评价模型，利用 ArcGIS 空间分析等方法，提取了越南 1km×1km 栅格大小的地形起伏度，并从海拔等方面开展了越南人居环境地形适宜性评价。具体方法流程可参考《绿色丝绸之路：人居环境适宜性评价》（封志明等，2022）。

3.1.1　概况

地形起伏度（RDLS）试图定量刻画区域地形地貌特征，可以通过海拔和平地比例等基础地理数据来定量表达。本节获取了越南的平均海拔及其空间分布状况，为地形起伏度分析提供了基础。

根据海拔和相对高差统计分析，越南地势整体上西高东低，平均海拔 397 m（图 1-2）。其中 200 m 以下平原地区面积占比约 45%，主要分布在东部沿海地区以及南部地区；地形高于 200 m 的地区主要分布在北部和中西部，其中 200～500 m 的丘陵地区面积占比为 21.41%；海拔高于 500 m 的山区占到 33.12%。越南平均相对高差超 3000 m，西部以长山山脉为主，其在南部形成多乐高原，北部承接哀牢山向南延伸形成越北山地，东部沿海为狭长的沿海平原，长山山脉以南地区地形起伏和缓。

3.1.2 地形起伏度

利用越南 ASTER GDEM 数据产品，根据其地形分布特征，基于海拔、高差与平地等数据，采用窗口分析法与条件函数等空间分析方法，对越南的地形起伏度进行提取分析。

1. 越南平均地形起伏度 0.69，全国地势起伏差异显著

基于地形起伏度统计分析，越南地形起伏度介于 0～15.25（图 3-1），区域差异相对较大。平均地形起伏度为 0.69，以低值为主，表明越南整体地势起伏较平坦。空间上，地形起伏度低值区连片分布于长山山脉以东、以南的沿海平原；受越北山地和多乐高原影响，该国北部和中南部地形起伏度相对较高。

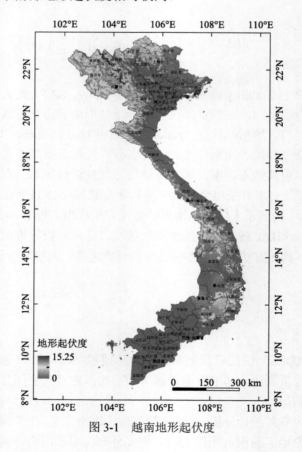

图 3-1　越南地形起伏度

2. 越南地形起伏度地域差异大

统计表明，当地形起伏度为 1.0 时（即 RDLS≤1.0），土地面积占比达 71.12%，相

应人口占比 96.47%。当地形起伏度为 2.0 时（即 RDLS≤2.0），累计土地面积占比达91.81%，人口数量超过 99%。当 RDLS 大于 2.0 时，土地仅占 8.19%，人口数量不足 1%。就分区而言，莱州省平均地形起伏度最高为 2.10，其次是老街、奠边、河江、山萝、安沛、昆嵩、林同和高平 8 个省份，平均地形起伏度介于 1.0~2.0，其余各省份平均地形起伏度均小于 1.0。越南各省份地形起伏度变化幅度存在较大差异，承天-顺化和岘港两省份的地形起伏度差最大，分别为 15.25 和 15.07，人口仅占全国人口的 2.26%；其次为老街和莱州两省，地形起伏度差分别为 5.05、5.01，人口数量不足 2%。北部北江、北宁、海阳、兴安、太平、河南、南定、宁平 8 个省份和海防市以及平福、同奈、巴地-头顿 3个省份及其以南地区地形起伏度差小于 2.0，全国超半数人口分布于此。

3.1.3　地形适宜性评价

根据越南地形起伏度空间分布特征，完成了越南基于地形起伏度的人居环境地形适宜性评价和适宜性分区（图 3-2，表 3-1）。结果表明，越南地形条件优越，地形一般适宜及以上地区占比近 98%，相应人口占到 99.90%。越南人口分布与其人居环境地形适宜性空间一致性较高，其中以南北两大三角洲平原尤其突出。

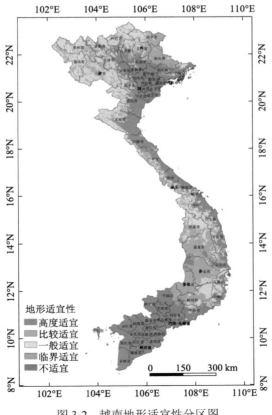

图 3-2　越南地形适宜性分区图

1. 地形高度适宜地区

越南地形高度适宜地区土地面积占全国面积的 44.45%，在各适宜类型中面积占比最大，相应人口占比达全境的 87.57%。空间上连片分布在东部沿海地带以及南部平原地区。就各区而言，薄寮、北宁、槟椥、平阳、金瓯、同塔、后江、兴安、隆安、南定、朔庄、太平、前江、茶荣和永隆 15 个省（直辖市）以及芹苴、海防、胡志明 3 个直辖市均为高度适宜地区；巴地-头顿、海阳、西宁、河南、坚江、安江、河内、宁平和同奈 9 个省（直辖市）高度适宜区的面积占各省（直辖市）面积的 90% 以上，越南近半数人口分布于上述 27 个省（直辖市）。相比之下，北件、林同、昆嵩、高平、多侬、山萝 6 个省（直辖市）的地形高度适宜区不足各省面积的 5%，奠边、莱州两省境内地形高度适宜区极少。

2. 地形比较适宜地区

越南地形比较适宜地区土地面积约为全境的 26.52%，相应人口约为全境的 8.93%。相较于地形高度适宜区，地形比较适宜性的人口承载量明显偏少。空间上主要分布在越北山地低海拔地区和多乐高原地形起伏相对和缓的区域。多侬省地形比较适宜区面积占比最高，占该省面积的 96.02%，人口不足全国的 1%；谅山、嘉莱、多乐、高平、北件和林同 6 个省（直辖市）地形比较适宜区在各省面积的占比介于 50%～90%，人口仅占全国的 6.70%；除境内均为地形高度适宜区的 18 个省（直辖市）外，安江和西宁两省地形比较适宜区极少。

3. 地形一般适宜地区

越南地形一般适宜地区土地面积约占全国面积的 27.04%，相应人口约占全国总人口的 3.40%。相较于地形高度适宜区，地形一般适宜性的人口承载量明显偏少，亦略低于比较适宜地区相应人口密度。越南地形一般适宜地区主要分布在越北山地和多乐高原边缘地区。越南各省（直辖市）地形一般适宜地区在各省（直辖市）面积占比均小于 70%，其中，奠边、山萝、河江、莱州、老街和昆嵩 6 个省地形一般适宜区占比超 50%，人口占比不足全国人口的 5%；北江、谅山、多侬、安江、同奈、西宁、坚江、海阳、巴地-头顿、宁平 10 个省和河内市均有少量分布（面积占比小于 5%）。

4. 地形临界适宜地区

越南地形临界适宜地区土地面积不足全国面积的 2%，相应人口占比仅为 0.10%。其主要分布在越北山地高海拔地区，同时在多乐高原也有零星分布。越南各省（直辖市）地形临界适宜地区面积分布较少，其中莱州省分布最多；其次是老街和安沛两省。其余各省（直辖市）地形临界适宜地区均不足各省（直辖市）面积的 10%。

5. 地形不适宜地区

越南地形不适宜地区土地面积最小，仅占全境的 0.01%，人烟稀少。仅在莱州和老街省交界以及承天-顺化省和岘港市交界有零星分布。

表 3-1　越南地形适宜性评价统计结果　　　　　　　　　　（单位：%）

省级单元	不适宜地区面积占比	临界适宜地区面积占比	一般适宜地区面积占比	比较适宜地区面积占比	高度适宜地区面积占比
安江省	0.00	0.00	1.02	0.00	98.98
薄寮省	0.00	0.00	0.00	0.00	100.00
北江省	0.00	0.00	4.37	11.79	83.85
北件省	0.00	0.12	36.99	58.99	3.89
北宁省	0.00	0.00	0.00	0.00	100.00
槟椥省	0.00	0.00	0.00	0.00	100.00
巴地-头顿省	0.00	0.00	0.11	0.47	99.42
平定省	0.00	0.00	27.15	21.62	51.22
平阳省	0.00	0.00	0.00	0.00	100.00
平福省	0.00	0.00	0.00	34.69	65.31
平顺省	0.00	0.03	16.01	17.13	66.83
芹苴市	0.00	0.00	0.00	0.00	100.00
金瓯省	0.00	0.00	0.00	0.00	100.00
高平省	0.00	0.64	39.12	59.85	0.39
多乐省	0.00	0.66	12.07	74.11	13.16
多侬省	0.00	0.05	3.84	96.02	0.09
同奈省	0.00	0.00	0.87	6.71	92.42
同塔省	0.00	0.00	0.00	0.00	100.00
岘港市	0.41	1.44	44.46	6.37	47.33
奠边省	0.00	2.98	69.35	27.67	0.00
嘉莱省	0.00	0.02	14.07	74.94	10.97
海阳省	0.00	0.00	0.18	0.42	99.40
海防市	0.00	0.00	0.00	0.00	100.00
后江省	0.00	0.00	0.00	0.00	100.00
胡志明市	0.00	0.00	0.00	0.00	100.00
河江省	0.00	7.56	66.73	13.45	12.26
河内市	0.00	0.00	2.62	0.12	97.26
河南省	0.00	0.00	0.00	0.92	99.08
河静省	0.00	0.88	15.92	6.36	76.84
和平省	0.00	0.00	36.90	22.07	41.03
兴安省	0.00	0.00	0.00	0.00	100.00
庆和省	0.00	0.91	48.38	7.61	43.10
坚江省	0.00	0.00	0.22	0.75	99.03
昆嵩省	0.00	1.81	53.62	43.87	0.69

省级单元	不适宜地区面积 占比	临界适宜地区面积 占比	一般适宜地区面积 占比	比较适宜地区面积 占比	高度适宜地区面积 占比
谅山省	0.00	0.00	4.12	84.10	11.78
莱州省	0.04	20.24	63.73	15.98	0.00
林同省	0.00	0.10	44.36	51.76	3.77
老街省	0.11	18.45	55.57	13.45	12.43
隆安省	0.00	0.00	0.00	0.00	100.00
南定省	0.00	0.00	0.00	0.00	100.00
义安省	0.00	2.12	38.55	18.75	40.58
宁平省	0.00	0.00	0.07	7.09	92.84
宁顺省	0.00	0.95	43.92	10.49	44.64
富寿省	0.00	0.00	16.67	11.41	71.92
富安省	0.00	0.00	18.51	31.20	50.30
广平省	0.00	0.29	21.77	33.07	44.86
广南省	0.00	1.76	45.21	20.62	32.41
广义省	0.00	0.04	38.57	13.65	47.74
广宁省	0.00	0.00	15.75	11.58	72.67
广治省	0.00	0.11	16.57	30.28	53.04
朔庄省	0.00	0.00	0.00	0.00	100.00
山萝省	0.00	4.68	67.97	27.27	0.09
西宁省	0.00	0.00	0.72	0.00	99.28
承天-顺化省	0.36	0.40	31.34	18.94	48.96
太平省	0.00	0.00	0.00	0.00	100.00
太原省	0.00	0.00	11.82	17.12	71.06
清化省	0.00	0.15	32.49	10.84	56.52
前江省	0.00	0.00	0.00	0.00	100.00
茶荣省	0.00	0.00	0.00	0.00	100.00
宣光省	0.00	0.07	32.91	23.83	43.19
永隆省	0.00	0.00	0.00	0.00	100.00
永福省	0.00	0.08	13.23	1.38	85.31
安沛省	0.00	12.29	46.97	12.88	27.86

3.2 温湿指数与气候适宜性

气候适宜性评价（suitability assessment of climate，SAC）是针对气候对区域人口承载能力的评估，是人居环境自然适宜性评价的基础与核心内容之一。本节利用气温和相对湿度数据计算了越南的温湿指数，采用地理空间统计等方法开展了越南人居环境气候适宜性评价。本节所采用的气温数据源自于瑞士联邦研究所提供的地球陆表高分辨率气候数据（The Climatologies at High Resolution for the Earth's Land Surface，CHELSA）（Karger et al.，2017），相对湿度数据来自国家气象科学数据中心。

3.2.1　概况

气温和相对湿度是计算温湿指数的基础气候要素，本节分析了越南的气温和相对湿度的空间分布状况，为温湿指数分析提供了研究基础。

1. 越南年均气温介于 9～27℃，年均温 25℃以上地区人口超半数

根据多年平均温度数据统计，越南年均气温为 23℃，各地区年均气温介于 9～27℃。越南年均温度低于 20℃的地区面积占比为 10.42%，相应人口占比为 1.41%，主要分布在海拔相对较高的越北山地和南部多乐高原地区。年均气温介于 20～25℃（不包括 25℃）的地区面积占比为 55.55%，相应人口占比为 47.31%，主要分布在长山山脉以东以及中南部地形平坦的地区。年均气温高于 25℃（包括 25℃）的地区占越南国土的 34.03%，集中了该国 51.28%人口，主要分布在南部及东南部沿海平原。

2. 越南年均相对湿度介于 74%～81%，相对湿度介于 74%～79%地区人口超七成

越南年均相对湿度为 77%，各地区年均相对湿度介于 74%～81%，整体上呈现出东高西低的空间分布态势。年均相对湿度低于 74%的地区面积占比为 7.53%，位于越北山地西北部，全国仅 2.30%的人口分布于此。越南近 80%的地区年均相对湿度介于 74%～79%，相应人口占比为 71.86%。年均相对湿度高于 79%的地区面积占全国的 13.22%，人口约占全国总人口的 1/4，在空间上主要分布在东部沿海平原。

3.2.2　温湿指数

基于平均气温和相对湿度数据计算了越南温湿指数（图 3-3）。结果表明，越南温湿指数介于 49～78，平均温湿指数为 72，属于气候较为舒适地区（表 3-2）。温湿指数高于 75 的地区气候炎热，占全国面积的 27.31%，相应人口占比为 49.23%，主要位于东部和南部沿海平原。温湿指数为 60～75 的地区气候温暖，体感较为舒适，分布面积最广，北至越北山地，南至多乐高原，占全国面积的 71.60%，全国约 51%的人口分布于此。温湿指数低于 60 的气候较为湿冷，占地仅 1.09%，相应人口占比不足 0.1%。越南各省（直辖市）平均温湿指数范围为 66～78，莱州省温湿指数最低，茶荣省温湿指数最高。各省（直辖市）温湿指数变化幅度存在较大差异，北部北江、北宁、兴安、海阳、太平、河南、南定、宁平 8 个省，河内、海防两市以及南部平福、同奈、巴地-头顿 3 个省及其以南共19 个省（直辖市）表现出较小的温湿指数差异（均小于 10），山萝、安沛、老街、莱州、

广南、义安和昆嵩 7 个省温湿指数变化幅度较大，变化范围超过 20。

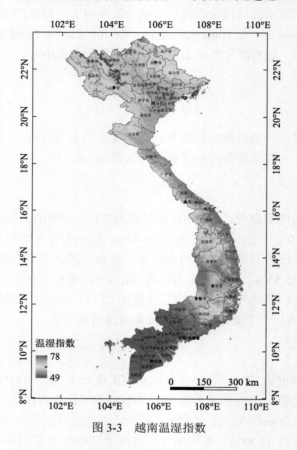

图 3-3 越南温湿指数

表 3-2 基于温湿指数的气候适宜性分级指标

温湿指数	人体感觉程度	气候适宜性
≤35，>80	极冷，极其闷热	不适宜
35~45，77~80	寒冷，闷热	临界适宜
45~55，75~77	偏冷，炎热	一般适宜
55~60，72~75	清爽，偏热	比较适宜
60~72	清爽或温暖	高度适宜

3.2.3 气候适宜性评价

依据越南气候区域特征及差异，参考温湿指数生理气候分级标准，开展了人居环境的气候适宜性评价，即基于温湿指数的越南人居环境气候适宜性评价。参考气候以及相对湿度的区域特征和差异，将人居环境气候适宜程度分为不适宜、临界适宜、一般适宜、比较适宜和高度适宜 5 种类型。

　　根据人居环境气候适宜性分区标准（表 3-2），完成了越南基于温湿指数的人居环境气候适宜性评价（图 3-4，表 3-3）。结果表明，越南气候适宜性主要包括高度适宜、比较适宜、一般适宜和临界适宜 4 类，整体以气候高度适宜、气候比较适宜为主，两者占地分别为 48.88%、23.65%，对应人口占比分别为 14.97%、35.8%。气候一般适宜区和气候临界适宜区面积占比分别为 10.50%、16.97%。

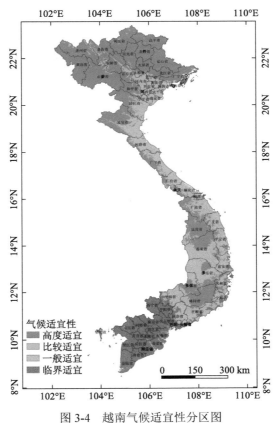

图 3-4　越南气候适宜性分区图

表 3-3　越南气候适宜性评价统计结果　　　　　　　　　（单位：%）

省级单元	临界适宜地区面积占比	一般适宜地区面积占比	比较适宜地区面积占比	高度适宜地区面积占比
安江省	97.36	1.73	0.88	0.03
薄寮省	100.00	0.00	0.00	0.00
北江省	0.00	0.00	8.14	91.86
北件省	0.00	0.00	0.06	99.94
北宁省	0.00	0.00	98.29	1.71
槟椥省	100.00	0.00	0.00	0.00
巴地-头顿省	57.96	41.17	0.87	0.00
平定省	8.46	44.38	28.41	18.74

续表

省级单元	临界适宜地区面积占比	一般适宜地区面积占比	比较适宜地区面积占比	高度适宜地区面积占比
平阳省	98.52	1.48	0.00	0.00
平福省	25.54	49.73	24.67	0.06
平顺省	18.19	51.65	19.43	10.72
芹苴市	100.00	0.00	0.00	0.00
金瓯省	99.98	0.02	0.00	0.00
高平省	0.00	0.00	0.73	99.27
多乐省	0.00	20.45	51.32	28.23
多侬省	0.00	0.89	40.61	58.50
同奈省	34.66	60.35	4.92	0.07
同塔省	100.00	0.00	0.00	0.00
岘港市	0.00	40.19	33.79	26.02
奠边省	0.00	0.00	0.44	99.56
嘉莱省	0.00	16.62	42.53	40.85
海阳省	0.00	0.00	86.19	13.81
海防市	0.00	0.00	80.55	19.45
后江省	100.00	0.00	0.00	0.00
胡志明市	100.00	0.00	0.00	0.00
河江省	0.00	0.10	4.90	95.00
河内市	0.00	0.00	91.94	8.06
河南省	0.00	0.00	89.81	10.19
河静省	0.00	0.00	78.95	21.05
和平省	0.00	0.00	16.34	83.66
兴安省	0.00	0.00	100.00	0.00
庆和省	10.15	37.81	21.40	30.64
坚江省	96.89	2.21	0.90	0.00
昆嵩省	0.00	1.48	15.58	82.93
谅山省	0.00	0.00	0.00	100.00
莱州省	0.00	1.93	8.36	89.71
林同省	0.00	5.55	13.83	80.61
老街省	0.00	2.64	14.14	83.21
隆安省	100.00	0.00	0.00	0.00
南定省	0.00	0.00	100.00	0.00
义安省	0.00	0.01	38.61	61.38
宁平省	0.00	0.00	82.70	17.30
宁顺省	12.25	37.46	24.64	25.66

续表

省级单元	临界适宜地区面积占比	一般适宜地区面积占比	比较适宜地区面积占比	高度适宜地区面积占比
富寿省	0.00	0.00	42.76	57.24
富安省	10.58	39.54	38.01	11.87
广平省	0.00	0.00	59.56	40.44
广南省	0.00	26.96	29.38	43.66
广义省	0.00	44.76	32.94	22.29
广宁省	0.00	0.00	1.52	98.48
朔庄省	100.00	0.00	0.00	0.00
山萝省	0.00	0.59	2.85	96.55
西宁省	99.53	0.27	0.15	0.05
承天-顺化省	0.00	32.75	36.75	30.50
太平省	0.00	0.00	100.00	0.00
太原省	0.00	0.00	1.84	98.16
清化省	0.00	0.00	44.77	55.23
前江省	100.00	0.00	0.00	0.00
茶荣省	100.00	0.00	0.00	0.00
宣光省	0.00	0.00	2.67	97.33
永隆省	100.00	0.00	0.00	0.00
永福省	0.00	0.00	58.20	41.80
安沛省	0.00	1.67	14.15	84.18

1. 气候高度适宜地区

基于温湿指数的人居环境自然适宜性评价结果表明，越南高度适宜地区土地面积占全国土地总面积的 **48.88%**，是占地最广的气候适宜性类型，相应人口占比为 **14.97%**。在空间上分布于越北山地、长山山脉及多乐高原。就各省（直辖市）而言，谅山、北件、奠边、高平、广宁、太原、宣光、山萝、河江以及北江 10 个省的气候高度适宜地区占地均超 90%，其中谅山省内均为气候高度适宜区。北宁、同奈、平福、西宁和安江等省内也有少量分布，但均不足 2%。平阳省、巴地-头顿省、胡志明市及其以南省（直辖市）气候高度适宜区极少。

2. 气候比较适宜地区

越南气候比较适宜地区约占全国面积的 **23.65%**，全国约 **35.80%**的人口分布于此。空间上主要分布于长山山脉以东的沿海平原以及多乐高原中部地势低平区域。全国约 76%的省（直辖市）分布有气候比较适宜区，其中气候比较适宜区在兴安、南定和太平 3 个省占比达 100%，北宁省和河内市的气候比较适宜地区占比超过 90%，坚江、安江、巴地-头顿、高平、奠边、西宁以及北件 7 个省的气候比较适宜地区不足 1%。

3. 气候一般适宜地区

越南气候一般适宜地区土地面积约占全国面积的 10.50%,相应人口占比为 10.77%,主要分布在广平省以南的东部沿海平原。越南约 46%的省(直辖市)分布有气候一般适宜地区,其中同奈省和平顺省气候一般适宜区面积占比最高,分别为 60.35%、51.65%。多侬、山萝、西宁、河江、金瓯和义安 6 个省的气候一般适宜地区面积不足各省面积的 1%。

4. 气候临界适宜地区

越南气候临界适宜地区占全国总面积的 16.97%,该区域人口分布最为密集,相应人口占比为 38.47%。该地区主要集中分布在多乐高原以南的平原,永隆、朔庄、同塔、芹苴、前江、隆安、后江、茶荣、槟椥、薄寮 10 个省以及胡志明市气候临界适宜区面积达100%,金瓯、西宁、平阳、安江和坚江 5 个省的气候临界适宜地区面积占比均超 90%。平定、富安、庆和、宁顺、平顺东部等地也有少量分布,面积占比在 8%~26%不等。

3.3 水文指数与水文适宜性

水文适宜性评价(suitability assessment of hydrology,SAH)是针对水文、水资源对区域人口承载能力的评估,是人居环境自然适宜性评价的重要内容之一。它着重探讨一个区域水文与水资源特征对该区域人类生活、生产与发展的影响与制约。水文指数亦称地表水丰缺指数(land surface water abundance index,LSWAI)是区域降水量和地表水状况的综合表征。本节将基于水文指数的水文适宜性评价纳入越南人居环境适宜性评价体系。本节采用降水量和地表水分指数(land surface water index,LSWI)构建了人居环境水文适宜性评价模型。利用 ArcGIS 空间分析等方法,提取了越南 1km×1km 栅格大小的水文指数,并从降水量、地表水分指数等方面开展了越南人居环境水文适宜性评价。

3.3.1 概况

1. 越南降水丰富,年均降水量高于 800 mm,为湿润区

越南气候湿润,年均降水量介于 954~1506 mm,在空间上整体表现出由东向西、由平原向山地递减的态势。越南各省(直辖市)的年均降雨量均高于 1000 mm。具体而言,河江和平福两省年均降水量最低,分别为 1072 mm 与 1083 mm。年均降水量在 1100~1200 mm 之间的省(直辖市)占全国的 48%,主要分布在越北山地和多乐高原。全国有21 个省级行政单元的年均降水量介于 1200~1300 mm,除同塔、隆安、永隆、后江 4 个省外,其余各省(直辖市)均位于东部沿海地区。南部胡志明市、巴地-头顿、安江、芹苴、槟椥、茶荣及其以南省(直辖市)的年均降水量高于 1300 mm。

2. 越南地表水分指数均值达 0.6，空间分布不均衡

越南地表水分指数介于–0.2～0.9，均值达 0.6，空间差异较大。越南超半数的地区地表水分指数介于 0.4～0.6，近 41%的地区地表水分指数介于 0.6～0.8。各省（直辖市）的平均地表水分指数均高于 0.4，除南部的平顺、巴地-头顿两省、胡志明市以及北部的永福、北宁、兴安、海阳、河南、南定和太平 7 个省以及河内市和海防市外，其余各省地表水分指数均值高于 0.5。广南省地表水资源最为丰富，其地表水分指数均值为 0.65，其次是承天-顺化、昆嵩和北件 3 个省。

3.3.2　水文指数

1. 越南全境水文指数均值为 0.78，以湿润类型为主

越南水文指数为 0.34～0.97（图 3-5），均值为 0.78。越南各省（直辖市）水文指数均值介于 0.67～0.85。其中，水文指数均值介于 0.7～0.8 的省（直辖市）最多，共 38 个，主要分布在北部和中南部；其次是水文指数高于 0.8 的省（直辖市），计 20 个，以中部和南部省（直辖市）为主；全国仅兴安、永福、北宁、海防、河内 5 个省（直辖市）水文指数均值低于 0.7。

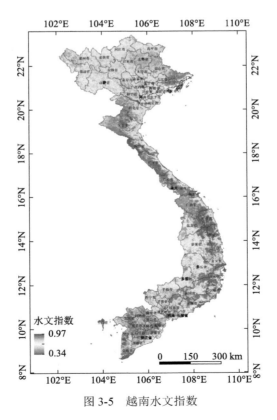

图 3-5　越南水文指数

2. 越南全境水文指数主要介于 0.7~0.9，占地约 4/5

越南水文指数低于 0.6 的区域仅占全国面积的 2.68%，零星分布在东部沿海平原，越南近 1/5 的人口分布于此；水文指数为 0.6~0.7 的地区分布在越南北部以及中南部，面积占全国的 12.57%，相应人口占比为 23.88%；水文指数介于 0.7~0.8 地区面积最为广泛，占全国面积的 42.57%，各省均有分布，该区域人口分布最多，约占全国总人口的 39.30%；水文指数介于 0.8~0.9 的地区约占越南面积的 2/5，在长山山脉以及东南部沿海地区有连片分布，人口占全国的 15.39%；越南水文指数高于 0.9 的地区面积仅占 2.15%，零星分布在河静、广义、嘉莱、巴地-头顿等省（直辖市），人口占比不足 1%。

3.3.3　水文适宜性评价

基于水文指数的越南人居环境水文适宜性评价表明（图 3-6，表 3-4），越南的水文适宜性主要包括水文高度适宜、水文比较适宜、水文一般适宜和水文不适宜 4 类，其中以水文高度适宜地区面积最广，相应土地面积占 96.65%，其次是水文一般适宜地区，面积占比为 2.44%，水文比较适宜地区和水文不适宜地区占比均不足 1%。

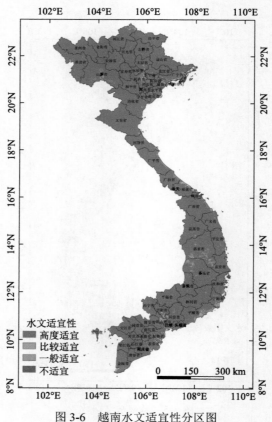

图 3-6　越南水文适宜性分区图

1. 水文高度适宜地区

水文高度适宜地区土地面积最广，占地 96.65%，全国近 4/5 的人口分布于此。水文高度适宜地区在越南的每个省（直辖市）均有分布，相应面积占各省（直辖市）面积的 81%~100% 不等，其中后江省是唯一一个水文高度适宜地区占比为 100% 的省份。相比之下，平阳、广宁、北宁、平顺、宁顺 5 个省以及岘港、河内、海防、胡志明 4 个直辖市的水文高度适宜地区面积占比相对较低（小于 90%）。就面积而言，义安水文高度适宜地区最广，占全国水文高度适宜区的 5.18%，相应人口占比为 3.4%；其次是嘉莱省和山萝省，占比分别为 4.5%、4.3%；北宁省面积最小，水文高度适宜区仅占 0.23%，人口占比为 1.19%。

2. 水文比较适宜地区

水文比较适宜地区面积占全国总面积的 0.58%，相应人口比例为 8.76%。除后江、北件、和平、安江、同塔、多侬、金瓯和槟椥 8 个省外，其余各省均分布有水文比较适宜区。水文比较适宜区在各省的面积占比均小于 10%，其在胡志明市的面积占比最大，约占该省面积的 7.31%，相应人口占比 8.37%；其次为平顺省，其水文比较适宜区占该省的 6.14%，相应人口占比为 1.34%。就面积而言，约 1/4 的水文比较适宜地区分布在平顺省，主要集中在该省东北部沿海地带；其次是宁顺省和胡志明市，分别占全国水文比较适宜区的 7.66%、7.56%。

3. 水文一般适宜地区

水文一般适宜地区面积约占全国面积的 2.43%，人口占比为 10.91%，空间分布相对分散。除后江省外，越南其余各省（直辖市）均分布有水文一般适宜区，其在各省面积占比在 0.02%~12.87% 不等。宁顺省和河内市水文一般适宜地区面积占比最大，分别为 12.87%、12.72%，相应人口占比分别为 0.66%、7.56%；其次是北宁省，水文一般适宜区占该省面积的 10.81%，该省人口占全国总人口的 1.19%。就占比面积而言，嘉莱省水文一般适宜区最广，占水文一般适宜区总面积的 16.42%；其次是多乐、平顺、山萝、宁顺和河内，其面积在水文一般适宜区的占比分别为 9.66%、8.18%、6.93%、5.39%、5.33%，相应人口占比分别为 2.02%、1.34%、1.26%、0.66%、7.56%。

4. 水文不适宜地区

水文不适宜地区的面积占比为 0.34%，人口稀少，占比不足 1%。全国共 34 个省（直辖市）分布有水文不适宜地区，该类型土地主要分布在东部沿海省份。广宁省和海防市分布最为广泛，相应土地面积分别占各省（直辖市）面积的 8.90%、8.50%，两省人口占比分别为 1.29%、2.14%。其余各省（直辖市）水文不适宜地区面积占比均小于 4%。就占地面积而言，超 30% 的水文不适宜地区分布在广宁省，海防市水文不适宜地形占水文不适宜地区总面积的 7.03%。

表 3-4　越南水文适宜性评价统计结果　　　　　　（单位：%）

省级单元	不适宜地区面积占比	一般适宜地区面积占比	比较适宜地区面积占比	高度适宜地区面积占比
安江省	0.00	0.31	0.00	99.69
薄寮省	0.73	0.49	0.04	98.74
北江省	0.00	1.74	0.18	98.08
北件省	0.00	0.02	0.00	99.98
北宁省	0.00	10.81	2.31	86.88
槟椥省	2.86	0.05	0.00	97.09
巴地-头顿省	3.25	4.69	0.37	91.69
平定省	0.23	1.85	0.78	97.13
平阳省	0.00	7.53	2.97	89.51
平福省	0.00	0.60	0.03	99.37
平顺省	0.87	8.25	6.14	84.74
芹苴市	0.00	1.25	0.28	98.48
金瓯省	1.40	0.10	0.00	98.50
高平省	0.00	0.15	0.03	99.82
多乐省	0.02	5.95	0.08	93.95
多侬省	0.00	0.58	0.00	99.42
同奈省	0.32	2.96	0.70	96.02
同塔省	0.21	0.27	0.00	99.53
岘港市	2.07	7.76	4.87	85.30
奠边省	0.00	0.54	0.01	99.45
嘉莱省	0.00	8.48	0.11	91.42
海阳省	0.00	5.07	0.72	94.21
海防市	8.50	8.03	1.81	81.67
后江省	0.00	0.00	0.00	100.00
胡志明市	2.10	9.37	7.31	81.21
河江省	0.00	3.79	0.09	96.12
河内市	0.00	12.72	2.95	84.34
河南省	0.00	3.13	1.16	95.71
河静省	0.42	1.66	0.42	97.50
和平省	0.00	0.17	0.00	99.83
兴安省	0.00	7.52	0.54	91.94
庆和省	1.58	3.97	1.71	92.74
坚江省	1.08	0.41	0.03	98.48
昆嵩省	0.00	0.82	0.09	99.09

续表

省级单元	不适宜地区面积占比	一般适宜地区面积占比	比较适宜地区面积占比	高度适宜地区面积占比
谅山省	0.00	0.20	0.06	99.74
莱州省	0.00	0.26	0.04	99.69
林同省	0.00	0.42	0.05	99.53
老街省	0.00	0.44	0.05	99.51
隆安省	0.02	0.58	0.18	99.22
南定省	2.28	2.99	0.65	94.08
乂安省	0.11	0.49	0.13	99.28
宁平省	0.60	2.04	0.30	97.06
宁顺省	0.69	12.87	4.41	82.03
富寿省	0.00	1.81	0.37	97.82
富安省	0.24	2.83	0.40	96.53
广平省	0.06	1.42	1.56	96.96
广南省	0.12	1.57	0.88	97.42
广义省	0.23	1.30	0.19	98.27
广宁省	8.90	3.10	1.09	86.91
广治省	0.04	2.33	1.67	95.95
朔庄省	1.27	0.13	0.03	98.57
山萝省	0.00	3.93	0.01	96.06
西宁省	0.05	1.39	0.20	98.37
承天-顺化省	1.71	3.57	1.27	93.45
太平省	1.62	1.81	0.26	96.31
太原省	0.00	2.51	0.48	97.01
清化省	0.36	0.68	0.18	98.78
前江省	0.95	0.13	0.04	98.88
茶荣省	1.94	0.38	0.05	97.64
宣光省	0.00	0.12	0.02	99.86
永隆省	0.54	0.61	0.07	98.79
永福省	0.00	7.76	1.22	91.02
安沛省	0.00	0.25	0.06	99.70

3.4　地被指数与地被适宜性

地被适宜性评价（suitability assessment of vegetation，SAV）是针对植被、土地利用对区域人口承载能力的评估，是人居环境自然适宜性评价的重要内容之一。它着重探讨一个区域地被覆盖特征对该区域人类生活、生产与发展的影响与制约。本节利用土地覆被类型和归一化植被指数（NDVI）的乘积构建越南的地被指数，采用空间统计等方法，对越南的地被适宜性进行评价分析。本节采用的土地覆被类型数据来源于国家科技资源共享服务平台——国家地球系统科学数据中心（http://www.geodata.cn），数据时间为 2017 年，空间分辨率为 30m。MOD13A1 数据（V006，包括 NDVI）来源于美国航空航天局（NASA）EarthData 平台，时间跨度为 2013～2017 年，空间分辨率为 1km。

3.4.1　概况

基于越南 2017 年土地覆盖数据（包括农田、森林、草地、灌丛、湿地、水体、不透水层、裸地等类型）以及归一化植被指数（NDVI）数据进行了统计分析，为计算地被指数提供了基础。

1. 越南主要土地覆被类型为森林和农田

越南全境的土地覆盖类型包括农田、森林、草地、灌丛、湿地、水体、不透水层和裸地 8 类（图 3-7）。其中，森林覆盖最为广泛，占国土面积的 54.39%，相应人口占比为 11.45%；该地类基本贯穿南北，北起北部国境线，南抵多乐高原南段，呈连片分布。农田面积占比近 1/3，集中了全国约 54.39% 的人口，在空间上主要分布在越北山地及长山山脉以东的狭长平原、多乐高原中部以及南部平原。草地面积占 5.06%，相应人口占比为 3.72%，多分布于森林和农田周围。灌丛面积占 1.75%，相应人口占比为 1.02%，除后江、北宁、河南、兴安、南定 5 个省外，其余各省（直辖市）均有分布。湿地面积仅占 0.06%，相应人口占比不足 0.1%，零星分布在金瓯、同奈、平福、西宁等 37 个省（直辖市）。水体面积占 3.68%，相应人口占比为 4.63%，主要集中分布在南部平原。不透水层面积占 2.63%，相应人口占比为 24.57%，平原地区分布更为密集，河内市和胡志明市分布最为广泛。裸地面积占比仅为 0.11%，相应人口占比为 0.16%，广平省东南沿海地区分布最为集中。

2. 越南全境植被指数介于–0.05～0.91，均值为 0.69

越南归一化植被指数（NDVI）多年均值为 0.69，最高为 0.91，最低为–0.05。越南 NDVI 以高值为主，NDVI 高于 0.6 的区域占全国总面积的 4/5，在空间上呈连片分布。NDVI 小于 0.5 的地区占地不足 7%，其人口占比为 29.46%；当 NDVI 介于 0.5～0.7 时，土地面积累计占到 38.46%，人口占比最大，占全国总人口的 58.49%；当 NDVI 大于 0.7 时，人口密度最低，土地面积累计占比为 55.04%，人口占比为 12.05%。越南各省（直辖市）的平均 NDVI 指数存在较大差异，介于 0.39～0.77，其中广南省平均 NDVI 最高，薄寮省最低。

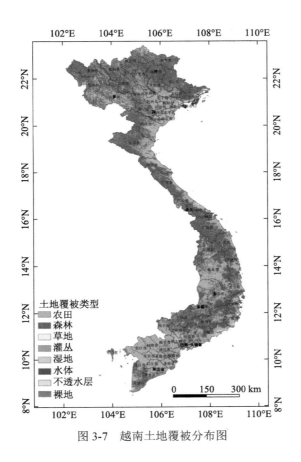

图 3-7　越南土地覆被分布图

3.4.2　地被指数

1. 越南全境地被指数均值为 0.38，以低值为主

越南全境地被指数介于 0~1，均值为 0.38，且以低值为主（图 3-8）。越南地被指数主要介于 0.1~0.3，占全国面积的 3/5。其中，地被指数介于 0.1~0.2、0.2~0.3 的地区各占 34.13%和 26.22%，主要覆被类型为森林，全国近三成人口分布于此。植被指数介于 0.3~0.7 的地区面积占比为 8.12%，该区域人口占比约为 26.18%。地被指数大于 0.7 的区域占 26.01%，人口占比为 38.21%，主要覆被类型为农田。

2. 越南各省（直辖市）平均地被指数介于 0.22~0.77，地被指数变化幅度较大

越南各省（直辖市）地被指数存在较大差异，平均地被指数介于 0.22~0.77。后江、永隆、安江、芹苴、同塔和前江 6 个省（直辖市）的平均地被指数最高，均高于 0.7；近 50%的省（直辖市）平均地被指数低于 0.4，其中莱州、奠边、北件 3 个省最低，分别为 0.22、0.23、0.25。各省（直辖市）内地被指数存在较大差异，其变化幅度均大于 0.88，

其中平顺、宁顺两省地被指数变化范围为0～1；南定和太平两省地被指数内部差异最小，地被指数变化幅度分别为0.89、0.88。

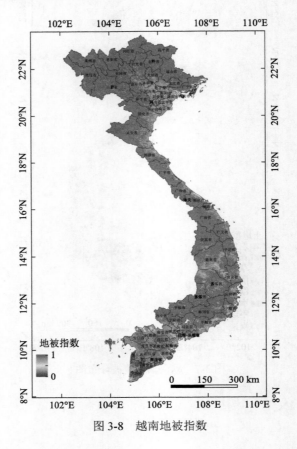

图3-8　越南地被指数

3.4.3　地被适宜性评价

根据越南地被指数空间分布特征及人居环境地被适宜性评价要素体系（表3-5），完成了越南基于地被指数的人居环境地被适宜性评价（表3-6）。基于地被指数的越南人居环境地被适宜性评价表明（图3-9）：越南属于地被适宜地区，越南地被适宜地区面积占比 93.78%，其中地被一般适宜区、地被比较适宜区和地被高度适宜区面积占比分别为5.56%、54.21%、34.01%；地被临界适宜区和地被不适宜区面积占比分别为4.62%、1.60%。

表3-5　越南地被适宜性评价分级阈值

地被指数	覆被类型	地被适宜性
<0.01	水体、裸地等未利用地	不适宜
0.02～0.1	灌丛	临界适宜
0.11～0.17	草地	一般适宜

续表

地被指数	覆被类型	地被适宜性
0.18～0.28	森林	比较适宜
>0.28	不透水层、农田	高度适宜

图 3-9　越南地被适宜性分区图

1. 地被高度适宜地区

　　越南地被高度适宜地区土地占越南国土面积的 34.01%，以农田和森林为主，集中了越南 65.42% 的人口。地被高度适宜区在空间上大致可分为三部分：东部沿海平原、嘉莱和多乐两省交界地带以及南部平原。就各省（直辖市）而言，越南各省（直辖市）均分布有面积不等的地被高度适宜区，其中嘉莱省的分布面积最为广泛，占地被高度适宜区总面积的 6.41%，其次是多乐省，占 5.01%；近半数省（直辖市）（29 个）的地被高度适宜区在总面积的占比介于 1%～2%；莱州省、北件省和岘港市三地的地被高度适宜区面积不足总面积的 1%。越南 63 个省（直辖市）中有 30 个省（直辖市）内以地被高度适宜为主，其中兴安省、后江省、芹苴市、北宁省、南定省的地被高度适宜区占各省（直辖市）面积的 90% 以上，相比之下，谅山、奠边、北件、莱州 4 个省内地被高度适宜区面积不足省面积的 10%。

2. 地被比较适宜地区

越南地被比较适宜地区土地面积约占全境的 54.21%，在各适宜类型中面积最大，覆被类型上表现为森林。该区域人口占总人口的 17.49%。越南地被比较适宜地区在空间上呈连片分布，由越北山地向南沿长山山脉延伸至多乐高原南部。地被比较适宜区在各省（直辖市）均有分布，其中义安省分布面积最广，占地被比较适宜区总面积的 6.20%；其次是山萝省，占 5.06%；太原、富寿等 32 个省地被比较适宜区面积占比均小于 1%。越南共有 33 个省（直辖市）以地被比较适宜地区为主，其中北件省 90.95%的土地属于地被比较适宜区；高平、谅山、莱州和奠边 4 个省地被比较适宜区在各省面积占比均超过80%；兴安省地被比较适宜区占比最低，仅占该省面积的 0.97%。

3. 地被一般适宜地区

越南地被一般适宜地区土地面积约占全境的 5.56%，森林为主要的覆被类型，相应人口占比为 9.87%。山萝、嘉莱和多乐 3 个省地被一般适宜区分布面积最广，分别占一般适宜区总面积的 12.62%、7.45%和 6.68%，其余各省的地被一般适宜区面积占比均低于 4%。地被一般适宜地区在各省（直辖市）面积的占比在 0.23%～16.21%不等，除山萝省、胡志明市、宁顺省、北江省外，其余各省（直辖市）地被一般适宜地区在各省面积的占比均不足 10%。

4. 地被临界适宜地区

越南地被临界适宜地区土地面积占全国面积的 4.62%，主要土地覆被类型是水体，人口占比为 5.33%。该地被适宜类型在各省（直辖市）均有分布，主要集中在南部省（直辖市），其中金瓯省分布面积最高，占地被临界适宜地区总面积的 10.52%，其余各省（直辖市）地被临界适宜地区面积占比在 0.06%～10.52%不等。金瓯省地被临界适宜地区面积占该省面积的 32.02%，仅次于该省地被高度适宜地区面积占比。薄寮、坚江、茶荣、槟椥和朔庄 5 个省超 1/10 的土地属于地被临界适宜区。

5. 地被不适宜地区

越南地被不适宜地区土地面积仅占全国面积的 1.60%，在各适宜类型中面积最小，主要土地覆被类型是水体，相应人口占比仅为 1.89%。越南地被不适宜地区分布集中在南部省（直辖市），其中近三成分布在金瓯省和薄寮省。地被不适宜地区在薄寮省的面积占比最高，达 29.74%，其次是金瓯省、槟椥省和海防市，其在各省（直辖市）的面积占比分别为 17.63%、11.63%、10.80%。宣光、河江、兴安、奠边、谅山、北件和后江 7个省境内地被不适宜地区极少。

表 3-6　越南地被适宜性评价统计结果　　　　　　（单位：%）

省级单元	不适宜地区面积占比	临界适宜地区面积占比	一般适宜地区面积占比	比较适宜地区面积占比	高度适宜地区面积占比
安江省	3.78	2.90	1.17	3.15	89.00
薄寮省	29.74	23.41	2.60	2.64	41.62
北江省	0.20	4.30	10.12	38.88	46.49
北件省	0.00	1.38	0.23	90.95	7.44
北宁省	0.61	5.24	2.20	1.10	90.85
槟椥省	11.63	10.50	4.22	18.42	55.23
巴地-头顿省	5.75	5.43	4.63	21.98	62.21
平定省	0.93	3.03	7.73	64.33	23.98
平阳省	1.11	3.40	3.92	50.04	41.53
平福省	0.71	3.70	2.71	73.60	19.27
平顺省	0.65	4.54	7.97	40.20	46.63
芹苴市	1.53	2.08	1.60	2.78	92.01
金瓯省	17.63	32.02	4.27	7.22	38.86
高平省	0.03	2.89	1.03	85.85	10.20
多乐省	0.20	3.00	9.30	44.84	42.66
多侬省	0.25	3.79	6.56	62.37	27.04
同奈省	4.05	3.93	5.59	41.72	44.71
同塔省	7.67	3.86	1.24	1.15	86.08
岘港市	4.76	1.45	3.31	67.39	23.08
奠边省	0.00	2.62	5.99	82.55	8.84
嘉莱省	0.29	1.88	8.71	43.37	45.76
海阳省	0.06	5.31	7.22	5.91	81.50
海防市	10.80	6.27	3.57	11.04	68.31
后江省	0.00	0.55	3.08	4.01	92.36
胡志明市	5.35	8.30	12.61	26.01	47.72
河江省	0.00	3.39	5.50	79.17	11.94
河内市	0.95	6.80	4.41	8.83	79.01
河南省	0.23	3.82	4.28	9.83	81.85
河静省	1.12	5.73	3.10	54.44	35.60
和平省	0.24	5.98	3.45	66.36	23.97
兴安省	0.00	2.70	3.13	0.97	93.20
庆和省	3.48	2.86	6.08	59.42	28.16
坚江省	7.93	11.95	2.98	7.46	69.67
昆嵩省	0.22	2.33	3.68	75.42	18.36

续表

省级单元	不适宜地区面积占比	临界适宜地区面积占比	一般适宜地区面积占比	比较适宜地区面积占比	高度适宜地区面积占比
谅山省	0.00	2.60	2.28	85.25	9.87
莱州省	0.03	3.56	7.31	83.62	5.47
林同省	0.07	3.35	5.97	74.83	15.78
老街省	0.03	3.41	9.06	73.99	13.51
隆安省	3.48	2.84	4.69	2.19	86.81
南定省	1.76	4.75	1.56	1.24	90.70
义安省	0.15	5.61	3.15	66.54	24.56
宁平省	0.30	3.91	4.36	20.53	70.90
宁顺省	1.46	6.05	10.77	41.37	40.35
富寿省	0.31	5.24	5.64	45.45	43.36
富安省	1.65	2.81	7.59	51.36	36.59
广平省	0.58	5.39	2.85	76.98	14.21
广南省	0.57	2.61	1.95	78.31	16.57
广义省	1.03	2.41	6.63	66.82	23.12
广宁省	9.49	4.45	7.68	59.66	18.73
广治省	0.80	5.78	3.17	56.34	33.91
朔庄省	6.83	10.00	4.16	3.40	75.62
山萝省	0.07	4.21	16.21	63.25	16.26
西宁省	1.61	4.16	2.03	32.80	59.40
承天-顺化省	3.75	4.21	2.65	68.01	21.38
太平省	2.07	4.40	2.98	1.10	89.46
太原省	0.11	1.16	9.85	48.98	39.90
清化省	0.53	5.38	3.32	56.05	34.72
前江省	3.80	3.32	3.28	7.51	82.08
茶荣省	6.90	10.82	4.63	7.18	70.48
宣光省	0.00	3.43	3.68	64.47	28.42
永隆省	2.90	3.51	0.95	4.73	87.91
永福省	0.41	3.98	4.63	20.78	70.21
安沛省	0.57	4.46	7.94	71.47	15.57

3.5 人居环境适宜性综合评价与分区研究

本节所用的越南 1km×1km 人居环境指数结果以及基于人居环境指数的人居环境适宜性评价与分区结果,均来源于《绿色丝绸之路:人居环境适宜性评价》(封志明等,2022)。该书稿是共建绿色丝绸之路国家人居环境适宜性评价研究成果的综合反映和集成表达。人居环境自然适宜性综合评价与分区研究，是开展资源环境承载力评价的基础研究。它是在基于地形起伏度的地形适宜性评价、基于温湿指数的气候适宜性评价、基于水文指数的水文适宜性评价，以及基于地被指数的地被适宜性评价基础上，利用地形起伏度、温湿指数、水文指数与地被指数通过构建人居环境指数，结合单要素适宜性与限制性因子组合，将人居环境自然适宜性划分为三大类、7 个小类。其中，人居环境指数（human settlements index，HSI）是反映人居环境地形、气候、水文与地被适宜性与限制性特征的加权综合指数。

3.5.1　概况

根据上述分析，分别将人居环境指数平均值 35 与 44 作为划分人居环境不适宜地区与临界适宜地区、临界适宜地区与适宜地区的特征阈值。在此基础上，根据人居环境地形适宜性、气候适宜性、水书适宜性与地被适宜性等四个单要素评价结果进行因子组合分析，再进行人居环境适宜性与限制性 7 个小类划分。具体而言，越南人居环境适宜性与限制性划分为三个大类、7 个小类。分别如下。

（1）人居环境不适宜地区（non-suitability area，NSA），根据地形、气候、水文、地被等限制性因子类型（即不适宜）及其组合特征，把人居环境不适宜地区再分为人居环境永久不适宜地区（permanent NSA，PNSA）和条件不适宜地区（conditional NSA，CNSA）。

（2）人居环境临界适宜（critical suitability area，CSA），根据地形、气候、水文、地被等自然限制性因子类型（即临界适宜）及其组合特征，把人居环境临界适宜地区再分为人居环境限制性临界地区（Restrictively CSA，RCSA）与适宜性临界地区（narrowly CSA，NCSA）。

（3）人居环境适宜地区（suitability area，SA），根据地形、气候、水文、地被等适宜性因子类型（主要是高度适宜与比较适宜）及其组合特征，将人居环境适宜地区再分为一般适宜地区（low suitability area，LSA）、比较适宜地区（moderate suitability area，MSA）与高度适宜地区（high suitability area，HSA）。

3.5.2　人居环境指数

分析表明，越南人居环境指数介于 25.90～95.21（图 3-10），平均值为 67.13。人居环境适宜性与限制性划分的三大类、7 个小类在该国均有分布，但以人居环境适宜性为主。

从空间上看，越南人居环境指数总体呈现出沿海向内陆递减的分布特征。人居环境指数低值区（HSI<50）主要零星分布在北部，东部沿海地区也有零星分布，对应的面积占比仅为 1.20%，相应人口占比为 7.50%；中值区（50<HSI<80）分布面积最广泛，占该国面积的 92.94%，人口数约占该国总人口的 87.35%；人居环境高值区（HSI>80）占全国面积的 5.86%，主要分布在北部省（直辖市），人口占比为 5.15%。

图 3-10　越南人居环境指数

越南 63 个省（直辖市）平均人居环境指数均为 59~75，除薄寮省外，其余各省（直辖市）平均人居环境指数均超过 60；其中平均人居环境指数为 60~70 的省（直辖市）最多，为 39 个；平均人居环境高于 70 的省（直辖市）为 23 个。平均人居环境指数最高值分布于南定省，其以西和以北 16 个省（直辖市）的地形、气候、水文以及地被条件均较为优异。越南各省（直辖市）人居环境指数变化幅度空间差异较大，变化幅度在 27.71~60.77，宁顺省人居环境指数变化幅度大于 60，省内最小值为 25.91，最大值达 86.68。与此同时，人居环境指数高幅变化的区域主要分布在越北山地、长山山脉以及多乐高原三个区域。

3.5.3　人居环境适宜性评价

根据越南人居环境指数空间分布特征及人居环境自然适宜性评价要素体系，完成了越南的人居环境适宜性评价（图 3-11）。评价结果表明（表 3-7）：越南属于人居环境适宜地区，越南人居环境适宜地区占比 99.76%，其中人居环境一般适宜、人居环境比较适宜和人居环境高度适宜三类土地占比分别为 8.77%、58.08%、32.91%；人居环境不适宜地区和人居环境临界适宜地区占比分别为 0.09%、0.15%。

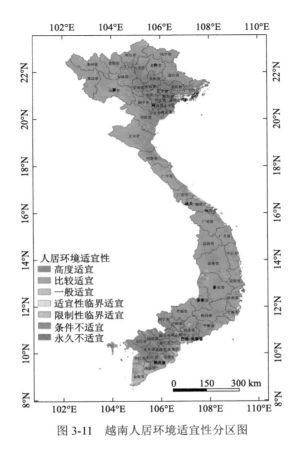

图 3-11　越南人居环境适宜性分区图

1. 人居环境高度适宜地区

越南人居环境高度适宜地区面积为越南国土总面积的 **32.91%**，是人口分布最多的地方，相应人口占比为 **57.62%**，人口集中程度非常高。人居环境高度适宜区在空间上集中分布在北部和南部的平原地区。东部沿海地区也有零星分布，该区域地形平坦、土地覆被以农业为主，人居环境以高度适宜类型为主，人口密集。越南各省均分布有 0.15%～4.50% 的人居环境高度适宜区，其中清化省和义安省人居环境高度适宜地区面积在类型总面积的占比最大，分别为 4.50%、4.24%；岘港市占比最低。后江省和芹苴市超 90% 的区域为人居环境高度适宜区；相比之下，越南西北莱州、奠边两省内人居环境高度适宜区面积不足 10%。

2. 人居环境比较适宜地区

人居环境比较适宜地区在越南面积最大，占全国面积的 **58.08%**，约 1/4 的人口分布于此。人居环境比较适宜地区在空间上呈带状分布在西部和北部山区，水热条件适宜，森林广布。越南各省（直辖市）人居环境比较适宜地区的面积存在较大差异，超 1/5 的人居环境比较适宜区集中在嘉莱、义安、多乐和山萝 4 个省，其余各省（直辖市）人居环境适宜区面积均不足该类型总面积的 5%，其中广宁省等 33 个省（直辖市）面积占比

不足 1%。人居环境比较适宜区在各省（直辖市）面积的占比均小于 90%，越南 32 个省
（直辖市）内以人居环境比较适宜地区为主，其在北件省和高平省内的占比分别为
88.94%、88.53%；南部后江、朔庄、安江、薄寮、芹苴、隆安和同塔等省（直辖市）内
人居环境比较适宜区占比较少，不足各省（直辖市）面积的 5%。

3. 人居环境一般适宜地区

越南人居环境一般适宜地区面积占全境面积的 8.77%，相应人口占比为 16.20%。人
居环境一般适宜地区镶嵌分布于人居环境高度适宜区和人居环境比较适宜区内，其在西
北部山区和东南沿海地区分布相对分散，仅在南部有集中分布。从面积来看，金瓯省和
山萝省的人居环境一般适宜地区面积最广，分别占该类型总面积的 9.05%、7.58%；北宁、
河南、宁平和兴安省面积最小。就适宜类型在各省（直辖市）面积占比而言，薄寮和金
瓯两省以人居环境一般适宜地区为主，占各省面积的 55.66%、53.04%。

4. 人居环境适宜性临界适宜地区

越南人居环境适宜性临界适宜地区面积占比仅为 0.07%，相应人口占比为 0.21%。
全国共 31 个省（直辖市）分布有人居环境适宜性临界适宜地区，其中近 1/3 分布在广宁
省。人居环境适宜性临界适宜地区在各省（直辖市）的面积占比较低，介于 0.01%～1.95%。

5. 人居环境限制性临界适宜地区

越南人居环境限制性临界适宜地区面积占全国面积的 0.08%，相应人口占比为
0.17%。越南全国仅 18 个省（直辖市）分布有该适宜类型，其中超 80% 的人居环境限制
性临界适宜地区分布在广宁、莱州、海防、老街、安沛和平顺 6 个省。

6. 人居环境条件不适宜地区

越南人居环境条件不适宜地区在越南的分布面积最小，仅占该国面积的 0.03%，人
口分布也最少，仅为 0.05%。其在云南各省（直辖市）的面积占比不足 1%，主要分布在
平顺、金瓯、庆和、巴地-头顿、坚江等省份。

7. 人居环境永久不适宜地区

越南人居环境永久不适宜地区面积占比为 0.06%，相应人口占比为 0.06%。该类型
土地分布较零星，近半成分布在承天-顺化、巴地-头顿、庆和、平顺、同奈等省。人居
环境永久不适宜地区在各省的面积占比介于 0.01%～1.52%。

表 3-7　越南人居环境适宜性评价统计结果　　（单位：%）

省级单元	永久不适宜地区面积占比	条件不适宜地区面积占比	限制性临界地区面积占比	适宜性临界地区面积占比	一般适宜地区面积占比	比较适宜地区面积占比	高度适宜地区面积占比
安江省	0.00	0.00	0.00	0.00	8.52	2.75	88.72

续表

省级单元	永久不适宜地区面积占比	条件不适宜地区面积占比	限制性临界地区面积占比	适宜性临界地区面积占比	一般适宜地区面积占比	比较适宜地区面积占比	高度适宜地区面积占比
薄寮省	0.04	0.41	0.00	0.16	55.66	2.57	41.16
北江省	0.00	0.00	0.00	0.00	0.33	17.01	82.65
北件省	0.00	0.00	0.00	0.00	0.70	88.94	10.36
北宁省	0.00	0.00	0.00	0.00	1.33	18.02	80.65
槟椥省	0.69	0.30	0.00	0.10	23.27	19.11	56.53
巴地-头顿省	1.52	0.65	0.00	0.49	17.00	20.68	59.66
平定省	0.12	0.02	0.03	0.18	16.15	62.21	21.29
平阳省	0.00	0.00	0.00	0.04	14.50	50.33	35.13
平福省	0.00	0.00	0.00	0.00	7.14	78.21	14.65
平顺省	0.25	0.40	0.15	0.53	20.36	43.77	34.54
芹苴市	0.07	0.00	0.00	0.00	6.38	2.36	91.19
金瓯省	0.29	0.63	0.00	0.06	53.04	7.19	38.79
高平省	0.00	0.00	0.00	0.00	1.31	88.53	10.16
多乐省	0.01	0.01	0.00	0.00	6.44	82.44	11.11
多侬省	0.00	0.00	0.00	0.00	0.61	85.08	14.30
同奈省	0.32	0.00	0.00	0.07	15.48	42.21	41.92
同塔省	0.15	0.00	0.00	0.00	12.51	1.12	86.22
岘港市	0.94	0.21	0.00	0.52	15.72	65.93	16.67
奠边省	0.00	0.00	0.00	0.00	6.78	84.53	8.69
嘉莱省	0.00	0.00	0.00	0.00	7.73	77.07	15.19
海阳省	0.00	0.00	0.00	0.00	1.02	14.44	84.54
海防市	0.00	0.00	3.14	1.36	4.16	17.90	73.45
后江省	0.00	0.00	0.00	0.00	3.77	4.01	92.22
胡志明市	0.86	0.41	0.10	0.05	32.39	23.72	42.47
河江省	0.00	0.00	0.00	0.00	10.21	68.87	20.92
河内市	0.00	0.00	0.00	0.00	2.12	27.91	69.98
河南省	0.00	0.00	0.00	0.00	0.82	12.94	86.25
河静省	0.10	0.08	0.00	0.03	1.45	61.99	36.34
和平省	0.00	0.00	0.00	0.00	2.47	55.36	42.17
兴安省	0.00	0.00	0.00	0.00	0.32	13.41	86.27
庆和省	0.45	0.30	0.11	0.61	20.01	57.99	20.53
坚江省	0.23	0.20	0.00	0.05	21.93	7.15	70.44
昆嵩省	0.00	0.00	0.00	0.00	1.78	83.57	14.65
谅山省	0.00	0.00	0.00	0.00	0.16	80.89	18.95

续表

省级单元	永久不适宜地区面积占比	条件不适宜地区面积占比	限制性临界地区面积占比	适宜性临界地区面积占比	一般适宜地区面积占比	比较适宜地区面积占比	高度适宜地区面积占比
莱州省	0.00	0.00	0.49	0.00	9.32	84.87	5.33
林同省	0.00	0.00	0.00	0.00	4.19	81.86	13.95
老街省	0.00	0.00	0.53	0.00	10.51	69.55	19.40
隆安省	0.02	0.00	0.00	0.00	11.52	2.30	86.16
南定省	0.00	0.00	0.73	0.86	1.72	8.58	88.12
义安省	0.00	0.00	0.02	0.02	1.92	70.55	27.48
宁平省	0.00	0.00	0.08	0.15	0.38	22.61	76.79
宁顺省	0.18	0.24	0.24	0.39	27.61	49.99	21.35
富寿省	0.00	0.00	0.00	0.00	1.47	36.27	62.26
富安省	0.16	0.02	0.02	0.16	12.38	60.62	26.65
广平省	0.06	0.01	0.00	0.01	1.38	85.94	12.59
广南省	0.01	0.01	0.00	0.01	6.56	80.25	13.16
广义省	0.06	0.00	0.00	0.04	12.43	67.17	20.31
广宁省	0.00	0.00	2.65	1.95	2.07	34.16	59.17
广治省	0.02	0.00	0.00	0.04	6.62	66.35	26.97
朔庄省	0.33	0.33	0.00	0.16	19.51	3.45	76.24
山萝省	0.00	0.00	0.07	0.00	15.46	69.48	14.99
西宁省	0.02	0.02	0.00	0.10	9.36	32.52	57.96
承天-顺化省	0.72	0.06	0.02	0.23	11.13	70.29	17.55
太平省	0.00	0.00	0.72	0.20	1.05	9.41	88.61
太原省	0.00	0.00	0.00	0.00	1.16	25.50	73.34
清化省	0.00	0.00	0.08	0.07	2.16	54.14	43.54
前江省	0.31	0.09	0.00	0.09	9.50	7.62	82.40
茶荣省	0.15	0.20	0.00	0.15	21.45	7.26	70.79
宣光省	0.00	0.00	0.00	0.00	1.62	48.61	49.77
永隆省	0.14	0.00	0.00	0.00	6.31	5.00	88.55
永福省	0.00	0.00	0.00	0.00	1.62	25.30	73.07
安沛省	0.00	0.00	0.23	0.00	6.81	63.01	29.95

3.6 本章小结

利用地形起伏度、温湿指数、水文指数、地被指数加权构建人居环境指数，对越南地形适宜性、气候适宜性、水文适宜性与地被适宜性及人居环境适宜性进行分区评价，基于 ArcGIS 进行地理空间统计，通过综合分析得到以下结论：

（1）越南人居环境适宜地区占据绝对比例。越南人居环境适宜类型、人居环境临界适宜类型与人居环境不适宜类型相应土地面积占比分别为 99.76%、0.15%、0.09%。该国超半数人口分布在人居环境高度适宜区，人居环境比较适宜区次之。

（2）越南的地形、气候、水文和地被要素都表现为适宜性（表 3-8）。四个自然要素中，水文适宜类型面积占比最大，为 97.23%；其次是地被适宜性，占比为 88.22%；气候和地形适宜类型占比分别为 72.53%、70.97%。

（3）越南人居环境自然适宜性程度极高，未对其资源环境承载能力构成明显约束。

表 3-8　越南四种自然要素适宜性评价结果　　　　　　　（单位：%）

	面积占比			
	地形	气候	水文	地被
高度适宜	44.45	48.88	96.65	34.01
比较适宜	26.52	23.65	0.58	54.21
一般适宜	27.04	10.50	2.43	5.56
临界适宜	1.98	16.97	0.00	4.62
不适宜	0.01	0.00	0.34	1.60

第4章 土地资源承载力评价与区域谐适策略

土地资源承载力评价是资源环境承载能力研究的组成部分和重要内容,旨在厘清越南的土地资源承载力与承载状态,为资源环境承载力综合评价奠定基础。本章以分省为基本研究单元,从土地资源承载力基础考察与实地调查出发,建立了基于人粮平衡的耕地资源承载力模型和基于热量平衡的土地资源承载力模型,从越南全国、到分区、再到分省等不同尺度,定量评价了越南的土地资源承载力,系统揭示了越南土地资源承载力的时空差异,提出了越南促进土地粮食与人口协调发展的对策建议。

4.1 土地资源利用及其变化

本节基于遥感数据,定量分析了 2000 年以来越南土地资源利用及其变化情况,研究越南耕地资源利用状况,为开展土地资源供需评价奠定了基础。研究的数据主要来源于欧空局,其空间分辨率为 30 m。

4.1.1 土地利用现状

越南位于中南半岛东部,濒临泰国湾、北部湾和南海,毗邻中国、老挝和柬埔寨。地势西北高,东南低,中部长山山脉纵贯南北,境内 3/4 为山地和高原。红河三角洲和湄公河三角洲是越南最重要的两大平原,面积分别约为 2 万 km^2 和 5 万 km^2,是越南的主要农业产区。

根据越南 2019 年土地利用现状数据,林地为越南主要的土地类型,其面积超过 24 万 km^2,约占越南总土地面积的 62%。越南耕地资源丰富,其面积仅次于林地,2019 年约为 8.4 万 km^2,为越南的农业发展奠定了良好的资源基础。越南裸地规模最低,2019 年仅约为 221 km^2,占比为 0.06%(表 4-1)。

表 4-1 2019 年越南土地利用概况

土地利用类型	面积/km^2	占比/%
耕地	83712.84	21.27
林地	244056.03	62.02
灌木	46868.64	11.91

续表

土地利用类型	面积/km²	占比/%
草地	977.03	0.25
湿地	3359.64	0.85
不透水层	4389.90	1.12
裸地	221.43	0.06
水域	9928.10	2.52

数据来源：欧空局土地利用数据

　　越南整体可划分为北部边境和山区、红河三角洲、中北部和中部沿海地区、西原地区、东南地区以及湄公河三角洲六大片区。从空间分布上看，作为主要土地利用类型的林地，总体呈纵向分布，主要分布在北部边境和山区、中北部和中部沿海地区、西原地区和东南地区，涉及纬度范围较大；耕地主要分布在湄公河三角洲和红河三角洲地区，分布相对较为集中（图 4-1）。

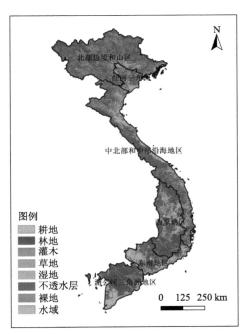
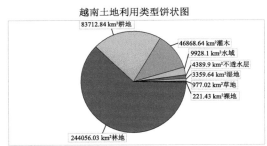
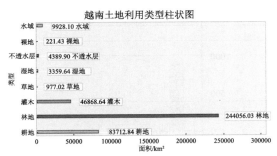

图 4-1　2019 年越南土地利用概况图

4.1.2　土地利用类型变化

　　基于 2000 年、2010 年及 2019 年越南土地利用数据，构建土地利用转移矩阵（表 4-2 和表 4-3，图 4-2 和图 4-3），探讨了 2000 年以来越南的土地利用类型变化情况。

表 4-2　2000～2010 年土地利用转移矩阵　　　　　（单位：km²）

指标	耕地	林地	灌木	草地	湿地	不透水层	裸地	水域
耕地	83976.12	685.58	1261.52	10.55	32.09	5.57	0.00	72.00
林地	364.63	240196.67	3005.08	15.45	27.37	8.48	0.42	56.61
灌木	45.96	3860.79	43078.30	0.00	0.94	0.00	0.00	1.23
草地	10.44	11.94	5.00	946.23	1.71	0.12	0.01	39.54
湿地	33.04	126.36	26.07	0.68	2880.90	0.02	0.00	60.78
不透水层	601.40	504.21	4.85	20.81	3.50	1432.27	0.03	51.02
裸地	0.66	0.99	0.00	0.00	0.00	0.00	217.87	0.19
水域	21.39	71.50	4.07	6.63	6.69	2.36	0.00	9715.94

数据来源：欧空局土地利用数据

表 4-3　2010～2019 年土地利用转移矩阵　　　　　（单位：km²）

指标	耕地	林地	灌木	草地	湿地	不透水层	裸地	水域
耕地	82880.60	582.63	186.42	2.28	18.13	14.89	0.11	27.77
林地	1945.87	239409.89	2588.94	22.38	45.28	20.07	0.02	23.59
灌木	204.00	2468.47	44194.86	0.05	0.91	0.09	0.00	0.26
草地	8.96	11.12	0.22	952.91	0.44	0.20	0.25	2.93
湿地	88.97	199.63	10.74	8.11	3029.66	0.20	0.00	22.32
不透水层	830.61	908.70	3.04	24.35	7.22	2580.20	0.85	34.92
裸地	1.82	1.05	0.00	0.07	0.00	0.00	218.49	0.00
水域	82.98	87.56	2.66	5.14	27.41	4.44	0.03	9717.90

数据来源：欧空局土地利用数据

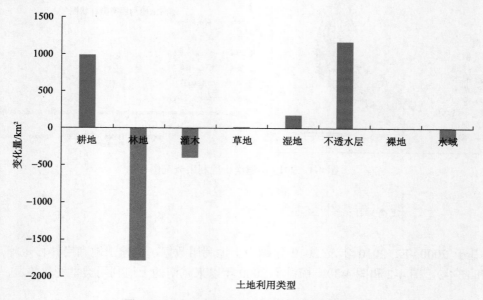

图 4-2　2000～2010 年土地利用类型变化情况

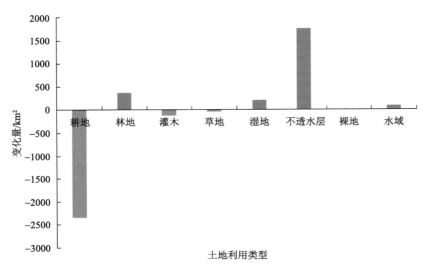

图 4-3　2010～2019 年土地利用变化情况

2000～2010 年，越南土地利用变化最明显的特征为林地减少，以及耕地和不透水层面积的增加。具体而言，相较于 2000 年，2010 年越南林地减少了 1783.3 km²，耕地面积和不透水层面积分别增加了 989.8 km² 和 1169.3 km²。灌木、湿地和水域的变化规模次之，其中灌木面积减少 397.6 km²，水域减少 168.7 km²，湿地面积增加 174.6 km²；草地和裸地的变化规模较小。

2010～2019 年，越南土地利用变化最为明显的特征是耕地面积的减少以及不透水层面积的增加。具体而言，相较于 2010 年，2019 年耕地面积在 10 年内减少了 2330.6 km²，不透水层面积增加了 1771.8 km²。林地和湿地的变化规模次之，相对于 2010 年分别增加了 381.3 km² 和 231.8 km²。灌木和水域的变化规模相对较小，其相对于 2010 年灌木面积减少了 118.6km²，水域面积增加了 99.5 km²，草地和裸地的变化规模较小。

4.1.3　耕地资源分析

2000～2019 年越南耕地面积变化幅度较大，整体而言呈现出先减后增的趋势。2014 年以前越南耕地面积相对较少，2000 年为 620 万 hm²，是近 20 年最低水平；2015～2019 年，越南耕地资源数量相对前几年有了一定的提升，在 2015 年达到了 700.28 万 hm²。就人均耕地资源量而言，2000 年，越南人均耕地资源 0.08 hm²，尽管 2000 年以来耕地资源数量整体增加，但受人口数量同步增加的影响，2019 年越南人均耕地资源 0.07 万 hm²，较 2000 年有所降低（图 4-4）。

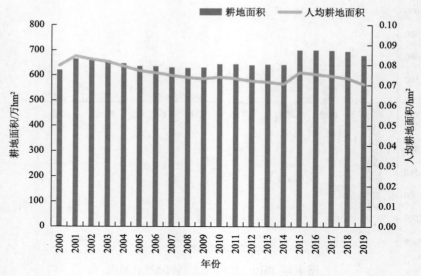

图 4-4　2000～2019 年耕地和人均耕地面积

数据来源：联合国粮食及农业组织的农业统计数据

4.2　食物生产和贸易

　　本节探讨了 2000～2019 年越南的粮食供应和生产能力，以及植物性食物和动物性食物的供给水平，并基于 2012～2020 年越南的粮食进出口情况，研究了越南的粮食贸易发展现状，为研究越南耕地、土地资源承载能力奠定了基础。

4.2.1　粮食生产能力

　　从粮食总产量来看，2000～2019 年，越南粮食产量由 3920 万 t 上升至 6102 万 t，增加了 2182 万 t，粮食总产量呈波动上升趋势。其中，2015 年粮食总产量最高，达 6376 万 t。从粮食单产的情况来看，也呈现出明显的上升趋势，从 2000 年的 4.11 t/hm^2 上升至 2019 年的 5.70 t/hm^2，年均增长 0.08 t/hm^2（图 4-5）。

　　从主要粮食作物（农作物）生产情况来看，水稻、木薯、玉米、红薯、豆类等是越南主要的粮食产物。从产量来看，水稻是产量最高的粮食作物，其 2019 年的产量为 4344.90 万 t，且在 2000～2019 年间呈现出增长的趋势；木薯、玉米及红薯的产量分别位列第二、第三及第四，但从数量上来看，与水稻的产量相差甚远，在 2019 年的产量仅为 1010.50 万 t、475.60 万 t 和 140.20 万 t（图 4-6）。

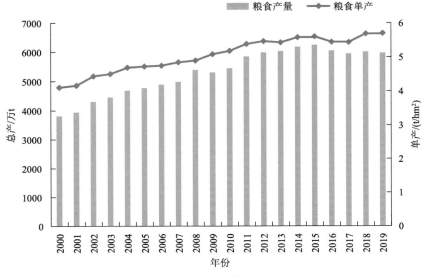

图 4-5 2000～2019 年粮食总产和单产

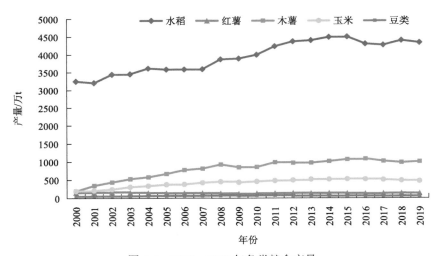

图 4-6 2000～2019 年各类粮食产量

　　从种植面积上来看，水稻种植面积最大，2000～2019 年种植面积均在 7000 hm² 以上，其中 2013 年达到最大，接近 8000 hm²。红薯、玉米和木薯种植面积次之，且相较于水稻而言，种植面积相差数倍。具体而言，红薯种植面积在 1300～1900 hm² 变化；玉米种植面积在 700～1200 hm² 变化；木薯种植面积在 200～600 hm² 变化。从作物单产来看，木薯单产最高，且表现出明显的逐年增长趋势，由 2000 年的 0.84 万 t/hm² 增加至 2019 年的 1.95 万 t/hm²。水稻、玉米和红薯的单产小于木薯，也多呈增加趋势，但变化幅度不明显（图 4-7）。

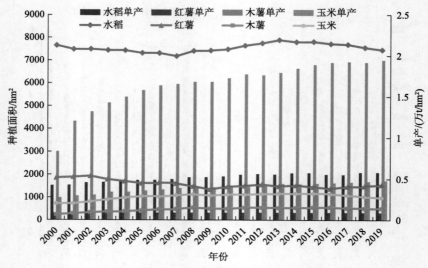

图 4-7　2000～2019 年主要粮食种植面积

从动物性食物的生产情况来看，2000～2019 年，越南猪、牛、家禽等动物的生产量整体呈上升态势，羊和马的变化趋势不明显。其中，猪肉生产量保持在 100 万 t 以上，2000～2019 年间产量年均增长 10.06 万 t，2019 年达到 332.88 万 t；家禽和牛年均增长量略低于猪，其年均增长量分别为 3.81 万 t 和 1.39 万 t（图 4-8）。从肉蛋奶三类产品来看，肉类产品的产量远大于蛋类和奶类（图 4-9）。

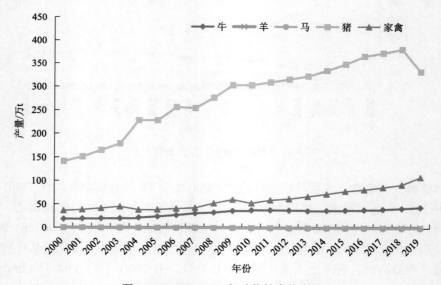

图 4-8　2000～2019 年动物性食物产量

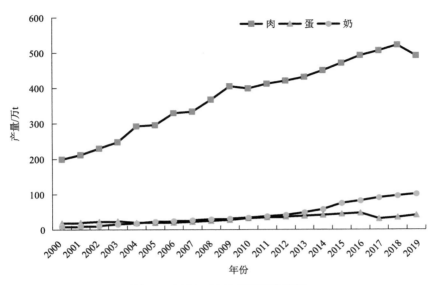

图 4-9　2000~2019 年肉蛋奶产量

4.2.2　粮食贸易情况

从主要粮食进出口贸易额情况来看，越南进口额波动上升，由 2014 年的 228.75 亿美元增加至 2020 年的 371.29 亿美元。出口规模有所下降，减少了近一半的金额，与 2012 年的出口额相比，2020 年减少了 403.19 亿美元。总体上来看，2016~2020 年间，越南主要粮食进口额逐渐大于出口额粮食贸易顺差转变为贸易逆差。从越南对外粮食出口与国民生产总值比较情况来看，其对外依存度波动下降，由 2012 年的 0.47 下降至 2020 年的 0.11，其中 2012~2014 年间下降最为明显，降幅为 62%。（图 4-10）。

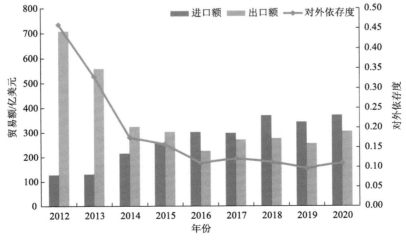

图 4-10　越南主要粮食进出口贸易情况

　　从粮食进出口数量情况来看，越南主要进口粮食为玉米和小麦，其中，玉米进口量波动上升，且上升幅度较大，由 2014 年 476.10 万 t 增加至 2019 年的 1144.77 万 t，增加了 668.67 万 t。小麦进口数量变化幅度较大，2018 年前逐年上升，相对 2014 年增加了 258.75 万 t，2019 年又下降至 276.01 万 t。越南主要出口粮食为水稻和木薯。其中，水稻出口数量先降后升，在 2016 年下降至最低值——即 433.71 万 t 之后，在 2019 年又上升至 537.23 万 t。木薯出口数量先升后降，在 2015 年升至最高（183.34 万 t），在 2019 年又下降至 40.88 万 t（图 4-11 和图 4-12）。

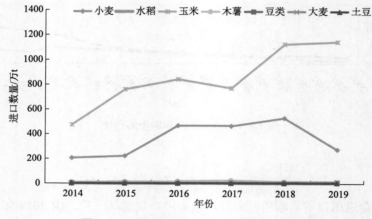

图 4-11　2014～2019 年主要粮食进口数量

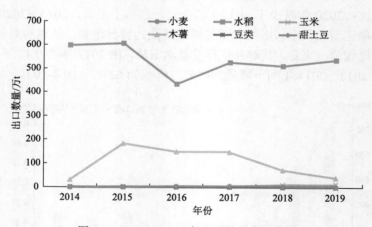

图 4-12　2014～2019 年主要粮食出口数量

　　从与我国的主要粮食贸易情况来看，越南对我国的出口额远大于进口额，2020 年，越南出口到我国的贸易额为 58241.50 万美元，进口贸易额为 5604.50 万美元，出口额为进口额的 10 倍，越南与我国存在较大的贸易顺差。2012 年越南出口到我国的贸易额为 178526.20 万美元，与我国的进口贸易额为 279.30 万美元，相比于 2020 年，2012 年的贸易顺差更大（图 4-13）。

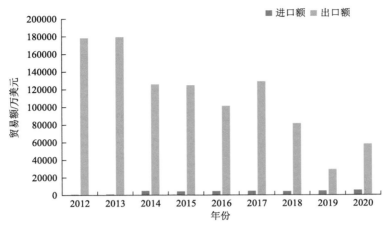

图 4-13　越南与我国主要粮食进出口贸易情况

不包括我国港、澳、台数据

4.3　食物结构与热量水平

本节首先分析了越南居民的食物消费结构，在此基础上，定量计算了 2000～2019 年越南居民的食物热量摄入水平。通过对动物性、植物性食物消费情况的分析，探析了越南的食物消费水平，为越南土地资源承载力评价奠定了基础。

4.3.1　食物消费结构

2019 年，越南居民人均口粮消费 487.16 kg，其中谷物占粮食消费量的 99.12%。2000～2019 年间，越南粮食人均消费量具有较大增长，相对于 2000 年的 267.10 kg 增长了 220.06 kg（图 4-14）。

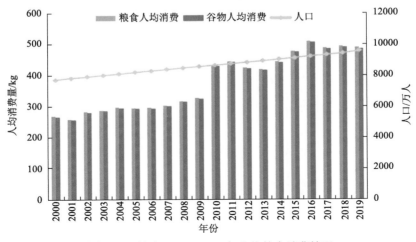

图 4-14　越南 2000～2019 年人均粮食消费情况

　　除粮食外，蔬菜、水果、肉类和海鲜是越南消费量较高的食物，2019 年，人均消费量分别是 188.05 kg、82.12 kg、57.05 kg 和 48.31 kg。在 2000~2019 年间，随着经济的发展，各类食物的人均消费量都逐渐升高，2000~2019 年蔬菜消费量增加了一倍，由于其消费基数最大，因此上升趋势最为明显；海鲜、肉类的人均消费量也具有较大的增加趋势（图 4-15）。

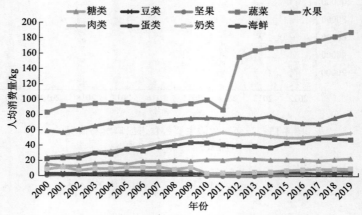

图 4-15　越南 2000~2019 年各类食物消费情况

4.3.2　热量水平

　　越南居民热量消费水平约为 2900 kcal/（人·d）（kilocalories，千卡），2000~2019 年间，越南居民热量消费水平不断上升，由 2000 年 2368 kcal/（人·d）上升至 2019 年 3219 kcal/（人·d）。

　　从热量来源看，水稻是最主要的热量供给来源，占比高达 77.69%，其次为玉米、木薯和甘蔗，占比分别为 9.31%、4.35% 和 2.37%（图 4-16）。

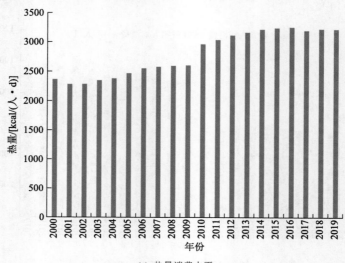

(a) 热量消费水平

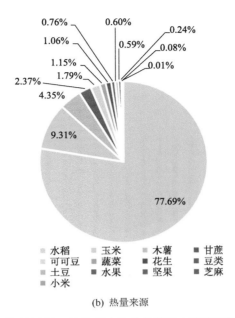

0.76%　0.60%
1.06%　0.59%　0.24%
1.15%　　0.08%
1.79%　　0.01%
2.37%
4.35%

9.31%

77.69%

■ 水稻　■ 玉米　■ 木薯　■ 甘蔗
■ 可可豆　■ 蔬菜　■ 花生　■ 豆类
■ 土豆　■ 水果　■ 坚果　■ 芝麻
■ 小米

(b) 热量来源

图 4-16　越南 2000～2019 年人均热量消费水平及热量来源情况

4.4　基于人粮平衡的耕地资源承载力

从人粮关系出发，构建基于人粮平衡的耕地资源承载力与耕地承载指数模型，依据人均消费粮食标准，系统评价了人粮平衡情景下越南全国、分区和分省尺度的耕地资源承载力，定量揭示了越南不同地区的耕地承载状态及其空间格局。

4.4.1　全国水平

基于人粮关系的耕地资源承载力研究表明，以 2019 年越南 490 kg/a 的越南人均粮食消费计，2000 年，越南可承载人口数为 7048.39 万人，低于实际人口 714.70 万人。2000～2019 年，随着粮食产量的逐步增加，耕地资源承载能力持续上升，截至 2019 年越南耕地承载力为 9843.17 万人，高于现实人口数 222.27 万人（图 4-17）。

2000～2019 年越南耕地承载密度呈现先上升后下降的趋势。其中，2000～2014 年波动上升，由 2000 年的 1.14 人/hm^2 上升为 2014 年的 1.60 人/hm^2；2014～2020 年波动下降，但降幅不大，为 0.15 人/hm^2，2019 年承载密度为 1.45 人/hm^2（图 4-17）。

2019 年，越南耕地承载指数为 0.98，整体处于人粮平衡状态，粮食相对充足，基本能够满足人口对粮食的需求。2000～2012 年，随着粮食产量的逐步增加，越南耕地资源承载能力随之提高，耕地承载指数逐步下降，由 1.10 下降至 0.89，人粮关系好转；2012～2015 年，耕地承载能力较为稳定，耕地承载指数保持在 0.89；2015 年之后，随着人口数量的增加，越南耕地承载指数小幅上升，但变化幅度不大，耕地承载状态仍处于人粮平衡状态（图 4-18）。

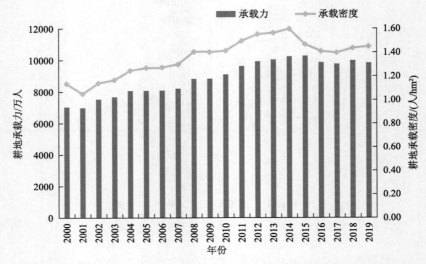

图 4-17　2000～2019 年基于人粮平衡的越南全国耕地资源承载力和承载密度

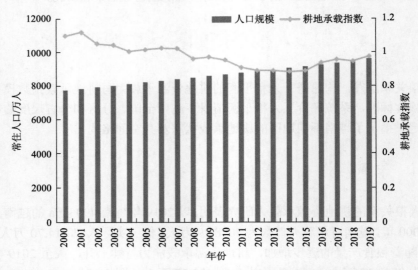

图 4-18　2000～2019 年基于人粮平衡的越南全国耕地承载指数

4.4.2　分区尺度

从总量来看，越南各区承载力差异显著，承载力较高区域与承载力较低区域之间相差数倍。

湄公河三角洲 2000～2019 年耕地承载力均超过 3000 万人，承载人口为 6 个区中最多；从变化情况来看，湄公河三角洲呈现增长趋势且增长数量最多，由 2000 年的 3419.33 万人增长为 2019 年的 4997.61 万人（表 4-4）。

2000～2019 年，中北部和中部沿海地区及红河三角洲的耕地资源承载力处于 1000 万～1600 万人之间。其中，中北部和中部沿海地区承载力较高，仅次于湄公河三角洲，2019 年达到 1574.49 万人；从变化情况来看，中北部和中部沿海地区承载力呈现波动上升趋势，2019 年较 2000 年上升了 487.33 万人。红河三角洲 2019 年耕地资源承载力为 1324.39 万人，较 2000 年变化不大，稳定在 1300 万人左右（表 4-4）。

北部边境和山区、西原地区和东南地区耕地承载力处于较低水平，2019 年耕地资源承载力均低于 1100 万人。北部边境和山区在 2019 年的耕地承载力为 1040.98 万人，从变化情况来看，北部边境和山区承载力呈现波动上升趋势，2000～2019 年上升了 442.25 万人。西原地区 2019 年耕地承载力为 530.39 万人，较 2000 年增长了 345.27 万人。东南地区 2019 年耕地承载力最低，为 375.18 万人，2000～2019 年东南地区耕地承载力变化幅度相对较小增长约 56.96 万人（表 4-4）。

表 4-4　2000～2019 年基于人粮平衡的越南分区耕地资源承载力（单位：万人）

区域	2000 年	2005 年	2010 年	2015 年	2019 年
湄公河三角洲	3419.33	3977.18	4448.16	5265.98	4997.61
中北部和中部沿海地区	1087.16	1253.67	1429.02	1588.73	1574.49
红河三角洲	1440.18	1378.57	1478.90	1462.90	1324.39
北部边境和山区	598.73	797.61	943.57	1071.29	1040.98
西原地区	185.12	342.94	454.35	511.33	530.39
东南地区	318.22	336.06	354.61	381.31	375.18

从承载密度来看，越南各区承载密度差异显著，高低相差接近 10 倍，以各区 2019 年耕地承载密度均值 1.5 人/hm² 为标准，上下浮动 65% 作为中等阈值，可将越南 6 个区相对区分出耕地资源承载密度较强（>2.5 人/hm²）、中等（0.5～2.5 人/hm²）和较弱（<0.5 人/hm²）3 种类型（表 4-5）。

湄公河三角洲和红河三角洲地区处于较高水平，2019 年耕地承载密度均超过 2.5 人/hm²。湄公河三角洲 2019 年的承载密度为 6 个区中最高，为 3.24 人/hm²；从变化来看，湄公河三角洲承载密度增长量最大，从 2000～2019 年增长了 0.82 人/hm²。红河三角洲 2019 年承载密度为 2.84 人/hm²，仅次于湄公河三角洲；从变化来看，2000～2019 年红河三角洲承载密度呈现下降趋势，2019 年较 2000 年下降了 0.54 人/hm²（表 4-5）。

表 4-5　2000～2019 年基于人粮平衡的越南分区承载密度

区域	2000 年		2010 年		2019 年	
	承载密度/（人/hm²）	耕地面积/万 hm²	承载密度/（人/hm²）	耕地面积/万 hm²	承载密度/（人/hm²）	耕地面积/万 hm²
湄公河三角洲	2.42	1410	3.04	1464	3.24	1543
红河三角洲	3.38	426	3.34	442	2.84	466
中北部和中部沿海地区	0.92	1180	1.17	1226	1.22	1292
东南地区	0.44	731	0.47	759	0.47	800

续表

区域	2000 年		2010 年		2019 年	
	承载密度/（人/hm²）	耕地面积/万 hm²	承载密度/（人/hm²）	耕地面积/万 hm²	承载密度/（人/hm²）	耕地面积/万 hm²
北部边境和山区	0.52	1142	0.80	1186	0.83	1250
西原地区	0.14	1309	0.33	1359	0.37	1432

中北部和中部沿海地区、北部边境和山区的耕地承载密度处于中等水平，其在 2019 年的承载密度分别为 1.22 人/hm² 和 0.83 人/hm²。从变化上来看，两者在 2000~2019 年间的承载密度均有所上升，其中北部边境和山区由 0.52 人/hm² 上升至 0.83 人/hm²，中北部和中部沿海地区由 0.92 人/hm² 上升至 1.22 人/hm²，变化规模相当。

东南地区和西原地区的耕地承载密度均处于较低水平。东南地区和西原地区 2019 年承载密度为 0.47 人/hm² 和 0.37 人/hm²。从变化上来看，2000~2019 年东南地区的耕地承载密度增长幅度较小但呈增长趋势，增长了 0.03 人/hm²；西原地区承载密度呈现增长趋势且增长幅度较大，由 0.14 人/hm² 升至 0.37 人/hm² 增长了近两倍（表 4-5）。

基于耕地承载指数的分区耕地资源承载力研究表明，湄公河三角洲粮食盈余（耕地承载指数小于 0.875），西原地区人粮平衡（耕地承载指数处于 0.875~1.125），北部边境和山区、中北部和中部沿海地区、红河三角洲和东南地区粮食亏缺（耕地承载指数大于 1.125）（表 4-6）。

表 4-6　2000~2019 年基于人粮平衡的越南分区耕地承载指数

区域	2000 年		2010 年		2019 年	
	承载指数	承载人口/万人	承载指数	承载人口/万人	承载指数	承载人口/万人
湄公河三角洲	0.48	3419.33	0.39	4448.16	0.35	4997.61
西原地区	2.29	185.12	1.15	454.35	1.10	530.39
北部边境和山区	1.70	598.73	1.19	943.57	1.20	1040.98
中北部和中部沿海地区	1.68	1087.16	1.33	1429.02	1.28	1574.49
红河三角洲	1.25	1440.18	1.34	1478.90	1.70	1324.39
东南地区	3.33	318.22	4.08	354.61	4.75	375.18

湄公河三角洲耕地承载指数小于 0.875，耕地资源承载力盈余，粮食产出大于人口需求。具体而言，2000~2019 年湄公河三角洲耕地承载指数一直低于 0.5，属于富富有余的状态，粮食产出远大于人口需求。从变化来看，湄公河三角洲的耕地承载指数逐年下降，2000~2019 年，耕地承载指数下降了 0.13。

西原地区耕地承载指数由 2000 年的 2.29 下降到 2019 年的 1.10，承载状态由粮食亏缺转变为人粮平衡，出现了一定的好转。说明目前西原地区的粮食和人口平衡有余，人粮关系较为协调（表 4-6）。

北部边境和山区、中北部和中部沿海地区、红河三角洲和东南地区的耕地承载指数大于 1.125，2019 年耕地承载指数分别为 1.20、1.28、1.70 和 4.75，亏缺粮食产出不能满足人口需求（表 4-6）。其中，东南地区尤为严重，远远超过了严重亏缺的阈值 1.5。从变化上来看，红河三角洲和东南地区耕地承载能力都出现了降低，其中红河三角洲的下降可能是由于人口的增加和粮食产量的下降共同导致的，而东南地区的耕地承载能力下降则主要是由人口迅速增加导致的，过去 20 年内，东南地区的人口从 1060 万增加到 1783 万，增幅接近一倍。从具体变化情况来看，红河三角洲表现为轻度亏缺向严重亏缺转化，而东南地区则一直处于严重亏缺状态，且亏缺程度越来越严重。

4.4.3　分省格局

从各省的承载力总量来看，越南各省承载力差异显著。在承载力总量水平上，坚江、同塔、安江、隆安、朔庄、清化、芹苴、茶荣、后江、多乐 10 个省的耕地承载力均大于 250 万人。他们绝大多数省都位于湄公河三角洲地区，该地区的耕地数量相对较为丰富，气候条件适宜农业发展。北件、莱州、广宁、奠边、高平等 16 个省的耕地承载力较弱。其中平阳省的耕地承载力最低，为 7.63 万人。

从变化来看，大部分省份的耕地承载力都表现出增加的趋势，其中安江、坚江、同塔、隆安、多乐、河内及朔庄 7 个省份增长趋势明显，承载力增长量在 100 万人以上；16 个省份的耕地承载力呈现出减少，其中后江、芹苴、金瓯 3 个省份的减少明显，减少量在 60 万人以上。

从承载密度来看，2000～2019 年越南各省的承载密度存在显著差异。以各省 2019 年耕地承载密度均值 1.70 人/hm² 为标准，上下浮动 50%，可将 2019 年越南各省承载密度分为较高（>2.55 人/hm²）、中等（0.85～2.55 人/hm²）、较低（<0.85 人/hm²）三种状况。

越南耕地资源承载力较强的省份有 18 个，耕地承载密度 2.55 人/hm² 以上，高于越南平均水平。安江、同塔、芹苴及太平 4 个省份的承载密度较强，均超过 4.00 人/hm²，其中安江省的承载密度最高，2019 年的承载密度为 4.85 人/hm²。从变化情况来看，大多数省份的承载密度有所降低，其中芹苴、后江、兴安 3 个省减少的最为明显，相对 2000年，其 2019 年的耕地承载密度分别下降了 2.13 人/hm²、2.00 人/hm²、1.07 人/hm²；而其他位于湄公河三角洲地区的省份则呈现承载密度上升，且安江、同塔、坚江及隆安 4 个省份的上升规模较大，均在 1.00 人/hm² 以上（表 4-7，图 4-19）。

表 4-7　耕地资源承载力较强省份耕地承载密度

区域	省份	2000 年		2019 年	
		承载密度/（人/hm²）	耕地面积/万 hm²	承载密度/（人/hm²）	耕地面积/万 hm²
红河三角洲	宁平	2.76	3.29	2.67	3.60
	河南	3.71	2.25	3.49	2.46
	太平	4.36	5.01	4.03	5.48

区域	省份	2000 年		2019 年	
		承载密度/（人/hm²)	耕地面积/万 hm²	承载密度/（人/hm²)	耕地面积/万 hm²
红河三角洲	南定	4.07	4.90	3.45	5.36
	北宁	4.04	2.29	3.35	2.51
	海防	3.69	2.72	2.86	2.98
	海阳	3.72	4.62	2.85	5.06
	兴安	3.88	2.89	2.81	3.16
湄公河三角洲	安江	2.93	15.24	4.85	16.67
	同塔	2.75	14.03	4.51	15.35
	坚江	1.87	24.97	3.21	27.32
	隆安	1.88	17.11	3.03	18.72
	朔庄	2.89	11.46	3.56	12.54
	薄寮	3.32	5.49	3.90	6.01
	茶荣	2.44	7.96	3.00	8.71
	永隆	2.98	6.45	2.64	7.06
	后江	5.26	7.32	3.26	8.01
	芹苴	6.36	6.05	4.23	6.62

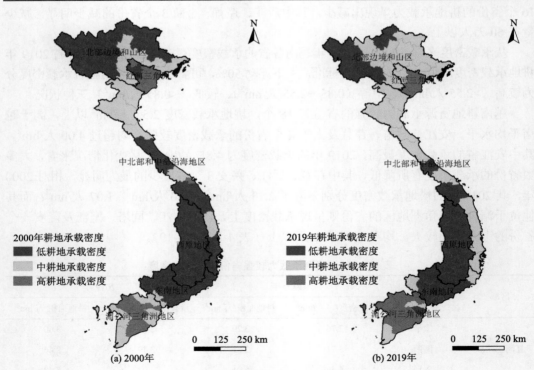

图 4-19　2000 年和 2019 年耕地承载密度

越南耕地资源承载力中等的省份有 27 个，耕地承载密度在 0.43~2.76 人/hm²，接近越南平均水平。从变化情况来看，2019 年大多数省份的耕地承载密度较 2000 年有所上升，其中河内的增加趋势最大，为 1.72 人/hm²，北件、承天-顺化、宁顺次之，分别为 1.39 人/hm²、1.67 人/hm² 及 1.30 人/hm²。岘港、金瓯、前江及永福承载密度表现出下降趋势，分别下降了 1.36 人/hm²、0.97 人/hm²、0.57 人/hm² 及 0.33 人/hm²（表 4-8）。

表 4-8　耕地资源承载力中等省份耕地承载密度

区域	省份	2000 年		2019 年	
		承载密度 /（人/hm²）	耕地面积 /万 hm²	承载密度 /（人/hm²）	耕地面积 /万 hm²
北部边境和山区	北件	0.75	2.38	1.39	2.61
	和平	0.91	4.77	1.38	5.22
	老街	0.43	7.20	0.86	7.88
	太原	1.00	6.04	1.43	6.61
	安沛	0.54	6.48	0.90	7.09
	宣光	0.89	5.11	1.25	5.59
	高平	0.57	5.89	0.88	6.44
	谅山	0.65	5.97	0.94	6.54
	富寿	1.04	6.37	1.25	6.97
	北江	1.29	7.95	1.49	8.70
	广宁	1.18	3.28	1.28	3.59
东南地区	宁顺	0.76	4.45	1.30	4.87
	西宁	0.78	14.57	1.07	15.94
红河三角洲	河内	0.63	8.32	2.35	9.10
	永福	2.59	3.01	2.26	3.30
湄公河三角洲	前江	2.76	9.67	2.19	10.58
	金瓯	2.25	7.72	1.28	8.44
中北部和中部沿海地区	承天-顺化	1.10	3.71	1.67	4.06
	清化	1.87	13.35	2.25	14.60
	义安	1.05	16.11	1.34	17.62
	广义	0.84	8.14	1.13	8.90
	平定	1.47	7.37	1.74	8.07
	河静	1.01	8.14	1.26	8.91
	广平	0.85	4.84	1.10	5.30
	庆和	0.73	5.40	0.94	5.91
	富安	0.68	8.40	0.88	9.19
	岘港	3.03	0.36	1.67	0.39

越南耕地资源承载力较弱的省份有 18 个，耕地承载密度大多在 0.00～0.80 人/hm² 之间，远低于越南平均水平。平福、平阳、昆嵩、林同、奠边和嘉莱 6 个省份的承载密度最低，基本低于 0.30 人/hm²，承载密度处于较弱水平。从变化情况来看，大部分省份的耕地承载密度处于升高的状态，但幅度普遍较小；胡志明、槟椥、平阳及多侬 4 个省份的耕地承载密度均在降低，相对于 2000 年，其 2019 年的耕地承载密度分别降低了 0.94 hm²、0.44 hm²、0.08 hm² 和 0.06 人/hm²（表 4-9）。

表 4-9　耕地资源承载力较弱省份耕地承载密度

区域	省份	2000 年		2019 年	
		承载密度/（人/hm²）	耕地面积/万 hm²	承载密度/（人/hm²）	耕地面积/万 hm²
北部边境和山区	河江	0.38	10.48	0.72	11.47
	山萝	0.25	19.84	0.55	21.71
	莱州	0.60	5.99	0.69	6.55
	奠边	0.18	19.75	0.25	21.61
东南地区	平顺	0.37	19.43	0.76	21.26
	巴地-头顿	0.53	5.66	0.68	6.19
	同奈	0.69	14.93	0.79	16.33
	平福	0.04	24.01	0.04	26.27
	平阳	0.13	10.46	0.05	11.44
	胡志明	1.38	3.53	0.44	3.86
湄公河三角洲	槟椥	0.97	7.57	0.53	8.28
西原地区	多乐	0.27	33.81	0.70	36.99
	嘉莱	0.11	43.17	0.26	47.24
	昆嵩	0.09	14.35	0.15	15.71
	林同	0.16	19.81	0.18	21.68
	多侬	0.47	19.76	0.41	21.62
中北部和中部沿海地区	广治	0.61	6.52	0.82	7.13
	广南	0.61	11.84	0.80	12.95

2000～2019 年越南各省份耕地承载状态差异也较大，与其所处的地理分区有明显的相关性。按照耕地资源承载力评价标准，可以将越南各省的耕地资源承载状态分为粮食盈余（≤0.875）、人粮平衡（0.875～1.125）和粮食亏缺（>1.125）三种类型；其中，粮食盈余可细分为富富有余（≤0.5）、富裕（0.5～0.75）及盈余（0.75～0.875）三种级别；人粮平衡可以细分为平衡有余（0.875～1）、临界亏缺（1～1.125）两种级别；粮食亏缺可以细分为轻度亏缺（1.125～1.25）、亏缺（1.25～1.5）及严重亏缺（>1.5）三种级别。

越南耕地资源承载力盈余的省份有 17 个，耕地承载状态以盈余为主，粮食产出可以满足人口需求。其中位于湄公河三角洲的坚江、同塔、安江、朔庄、后江、隆安、茶荣、薄寮和芹苴耕地承载指数最小，均低于 0.5，与湄公河三角洲的耕地承载状态基本一致。从变化情况来看，大多数省份的承载指数在降低，说明人地关系有所改善；位于湄公河三角洲地区的省份承载状态变化不大，位于北部边境和山区、西原地区、东南地区的省份耕地承载力由严重亏缺或亏缺状态向富裕和盈余优化（表 4-10、图 4-20）。

表 4-10　耕地资源承载力盈余省份耕地承载指数

区域	省份	2000 年			2019 年		
		承载力/万人	承载指数	承载状态	承载力/万人	承载指数	承载状态
湄公河三角洲	坚江	466.18	0.33	富富有余	876.10	0.20	富富有余
	同塔	385.51	0.41	富富有余	692.51	0.23	富富有余
	安江	446.57	0.46	富富有余	808.86	0.24	富富有余
	朔庄	331.57	0.36	富富有余	446.90	0.27	富富有余
	后江	384.98	0.19	富富有余	260.80	0.28	富富有余
	隆安	321.35	0.41	富富有余	567.10	0.30	富富有余
	茶荣	194.37	0.50	富富有余	261.10	0.39	富富有余
	薄寮	182.51	0.41	富富有余	234.41	0.39	富富有余
	芹苴	384.98	0.29	富富有余	279.78	0.44	富富有余
	永隆	192.29	0.53	富裕	186.20	0.55	富裕
	前江	266.84	0.60	富裕	232.12	0.76	盈余
东南地区	西宁	113.35	0.87	平衡有余	170.39	0.69	富裕
西原地区	多侬	92.10	0.50	富富有余	87.88	0.71	富裕
	多乐	92.10	1.53	严重亏缺	257.86	0.72	富裕
东南地区	平顺	72.67	1.46	亏缺	162.06	0.76	盈余
红河三角洲	太平	218.61	0.82	平衡有余	221.06	0.84	盈余
北部边境和山区	北件	17.86	1.56	严重亏缺	36.35	0.86	盈余

越南耕地资源处于人粮平衡状态的省份有 16 个，粮食供应能基本维持人口需求。其中，2019 年宁顺、高平、南定和河南处于平衡有余，宁平、莱州、河江、山萝、平定和老街等 12 个省份则临界亏缺。从变化来看，大多数省份的耕地承载指数都在降低，其中河江、高平、宁顺、山萝和老街五省的减少规模超过了 0.5，由严重亏缺或亏缺向平衡有余和临界亏缺转化；金瓯、莱州二省的耕地承载能力则出现了降低，耕地承载指数分别增加了 0.46 和 0.33，承载状态由富裕向临界亏缺（表 4-11）。

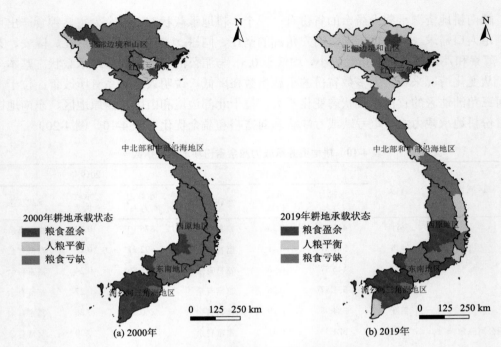

图 4-20　2000 年和 2019 年耕地承载状态

表 4-11　耕地资源承载力平衡省份耕地承载指数

区域	省份	2000 年			2019 年		
		承载力/万人	承载指数	承载状态	承载力/万人	承载指数	承载状态
东南地区	宁顺	33.90	1.52	严重亏缺	63.41	0.93	平衡有余
北部边境和山区	高平	33.51	1.47	亏缺	56.92	0.93	平衡有余
红河三角洲	南定	199.29	0.95	临界亏缺	184.88	0.96	平衡有余
红河三角洲	河南	83.45	0.95	临界亏缺	85.92	0.99	平衡有余
红河三角洲	宁平	90.92	0.98	临界亏缺	96.10	1.02	临界亏缺
北部边境和山区	莱州	35.67	0.69	富裕	45.00	1.02	临界亏缺
北部边境和山区	河江	39.45	1.57	严重亏缺	82.82	1.03	临界亏缺
北部边境和山区	山萝	49.78	1.83	严重亏缺	118.80	1.05	临界亏缺
中北部和中部沿海地区	平定	108.67	1.35	亏缺	140.61	1.06	临界亏缺
北部边境和山区	老街	30.90	1.97	严重亏缺	67.94	1.08	临界亏缺
中北部和中部沿海地区	富安	57.22	1.40	亏缺	81.04	1.08	临界亏缺
中北部和中部沿海地区	广治	39.67	1.46	亏缺	58.59	1.08	临界亏缺
北部边境和山区	奠边	35.67	1.04	临界亏缺	54.12	1.11	临界亏缺

续表

区域	省份	2000 年			2019 年		
		承载力 /万人	承载指数	承载状态	承载力 /万人	承载指数	承载状态
湄公河三角洲	金瓯	173.80	0.65	富裕	107.82	1.11	临界亏缺
中北部和中部沿 海地区	清化	249.49	1.39	亏缺	327.98	1.11	临界亏缺
北部边境和山区	宣光	45.53	1.50	亏缺	69.94	1.12	临界亏缺

越南耕地资源承载力亏缺的省份有 30 个,耕地承载指数大多在 1.5 以上,粮食产出不能或远不能满足人口需求。其中,位于东南地区的胡志明市、平阳省、平福省及位于中北部和中部沿海地区的岘港市等 4 个省份历年的耕地承载指数均远大于 1.5,处于严重亏缺的耕地承载状态。从变化情况来看,亏缺的省份中有 12 个省份土地承载指数处于升高趋势,其中胡志明市和平阳省承载指数增加最为明显,上升规模分别为 41.88 和 35.44;和平、安沛、嘉莱、承天-顺化和河内等 18 个省份承载指数处于下降趋势,其中河内下降趋势最明显,规模达到 6.17(表 4-12)。

表 4-12　耕地资源承载力亏缺省份耕地承载指数

区域	省份	2000 年			2019 年		
		承载力 /万人	承载指数	承载状态	承载力 /万人	承载指数	承载状态
中北部和中部沿海地区	河静	81.96	1.55	严重亏缺	112.47	1.15	轻度亏缺
北部边境和山区	和平	43.41	1.78	严重亏缺	71.78	1.19	轻度亏缺
中北部和中部沿海地区	广义	68.69	1.74	严重亏缺	100.16	1.23	轻度亏缺
西原地区	嘉莱	48.94	2.10	严重亏缺	121.10	1.25	轻度亏缺
北部边境和山区	谅山	38.67	1.83	严重亏缺	61.67	1.27	亏缺
北部边境和山区	安沛	34.71	1.98	严重亏缺	64.12	1.28	亏缺
红河三角洲	海阳	172.02	0.96	临界亏缺	143.92	1.31	亏缺
北部边境和山区	太原	60.47	1.75	严重亏缺	94.67	1.36	亏缺
北部边境和山区	北江	102.49	1.47	亏缺	129.57	1.39	亏缺
中北部和中部沿海地区	义安	169.88	1.69	严重亏缺	236.82	1.41	亏缺
红河三角洲	兴安	112.06	0.96	临界亏缺	88.78	1.41	亏缺
中北部和中部沿海地区	广南	72.73	1.90	严重亏缺	103.24	1.45	亏缺
红河三角洲	永福	77.94	1.42	亏缺	74.63	1.54	严重亏缺
中北部和中部沿海地区	广平	41.14	1.95	严重亏缺	58.04	1.54	严重亏缺
红河三角洲	北宁	92.47	1.03	临界亏缺	83.94	1.63	严重亏缺
中北部和中部沿海地区	承天-顺化	40.65	2.59	严重亏缺	67.98	1.66	严重亏缺
北部边境和山区	富寿	66.29	1.92	严重亏缺	87.29	1.68	严重亏缺

续表

区域	省份	2000 年			2019 年		
		承载力/万人	承载指数	承载状态	承载力/万人	承载指数	承载状态
中北部和中部沿海地区	庆和	39.69	2.64	严重亏缺	55.57	2.22	严重亏缺
西原地区	昆嵩	13.24	2.48	严重亏缺	23.65	2.28	严重亏缺
红河三角洲	海防	100.43	1.68	严重亏缺	85.27	2.38	严重亏缺
东南地区	同奈	102.69	2.00	严重亏缺	128.35	2.41	严重亏缺
东南地区	巴地-头顿	30.22	2.75	严重亏缺	42.18	2.72	严重亏缺
北部边境和山区	广宁	38.57	2.66	严重亏缺	46.08	2.87	严重亏缺
湄公河三角洲	槟椥	73.37	1.77	严重亏缺	43.92	2.93	严重亏缺
西原地区	林同	30.84	3.34	严重亏缺	39.90	3.25	严重亏缺
红河三角洲	河内	52.31	9.94	严重亏缺	213.82	3.77	严重亏缺
东南地区	平福	9.22	7.40	严重亏缺	11.29	8.81	严重亏缺
中北部和中部沿海地区	岘港	10.78	6.55	严重亏缺	6.51	17.42	严重亏缺
东南地区	平阳	14.02	5.56	严重亏缺	5.92	41.00	严重亏缺
东南地区	胡志明	48.71	10.83	严重亏缺	17.06	52.71	严重亏缺

4.5 基于热量平衡的土地资源承载力

构建基于热量平衡的土地资源承载力与土地承载指数模型，依据人均消费热量标准，系统评价了热量平衡情景下越南全国、分区和分省尺度的土地资源承载力，定量揭示了越南不同地区的土地承载状态及其空间格局。

4.5.1 全国水平

从热量供给与消耗的角度来看，按最近 5 年，即 2015～2019 年，越南人均所需热量标准[3200 kcal/（人·d）]计，2000～2019 年越南土地资源承载力总体呈现上升趋势。2000 年基于热量平衡的土地资源承载力为 7073.32 万人，至 2015 年其上升为 10650.93 万人，随后发生轻度下降，2019 年为 10208.50 万人（图 4-21）。

2000～2019 年越南土地承载密度呈现波动上升的趋势。其中，2000～2015 年承载密度明显上升，由 2000 年的 2.15 人/hm² 上升为 2015 年的 3.22 人/hm²；2015～2020 年波动下降，但降幅不大，为 0.14 人/hm²，2019 年承载密度为 3.08 人/hm²（图 4-21）。

2019 年，越南土地资源承载指数为 0.94，整体处于平衡状态，食物供给相对充足，能够满足人口需求。2000～2019 年越南土地承载指数整体呈现波动下降趋势，相对于 2000 年的 1.10 下降了 0.16。2000～2012 年，随着食物供给能力的逐步提升，越南土地

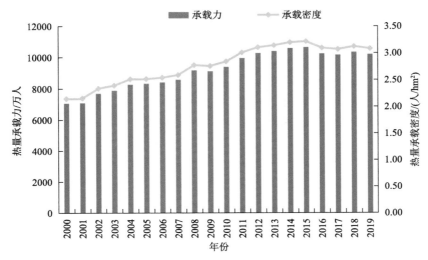

图 4-21　2000～2019 年基于热量平衡的越南全国土地资源承载力和承载密度

承载指数逐步下降，由 1.10 下降至 0.86，人地关系好转；2012～2015 年，土地承载指数保持在 0.86 左右；2015 年之后，越南土地资源承载指数小幅上升，但变化幅度不大，仍处在平衡状态（图 4-22）。

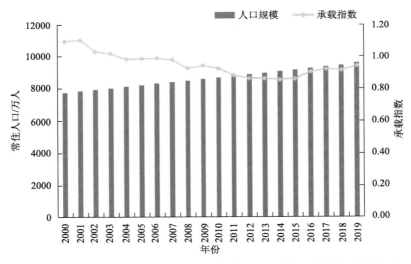

图 4-22　2000～2019 年基于热量平衡的越南全国土地资源承载指数

4.5.2　分区尺度

分区来看，越南各区基于热量平衡的土地资源承载力总量差异显著。湄公河三角洲处于较高水平，2000～2019 土地承载力均超过 4000 万人，其中 2019 年承载人口最多，达 5933.18 万人。中北部和中部沿海地区、红河三角洲以及北部边境和山区的土地承载力处于中等水平，2019 年土地资源承载力分别为 2200.63 万人、1594.00 万人和 1466.46 万人。西原地区和东南地区土地承载力处于较低水平，2019 年土地承载力均低于 1100 万人，分别为 1015.17 万人和 704.64 万人。

从变化来看，2000～2019 年越南各地区基于热量平衡的土地资源承载力普遍增长。其中，湄公河三角洲增长数量最多，由 2000 年的 4032.42 万人增长为 2019 年的 5933.18 万人，增长了 1900.76 万人。西原地区承载力增长幅度最大，从 2000 年的 274.78 万人增长到 2019 年的 1050.17 万人，增长了近 3 倍。红河三角洲地区承载力变化相对较小，基本稳定在 1600 万人左右。中北部和中部沿海地区、北部边境和山区以及东南地区承载力均呈现波动上升，2019 年较 2000 年分别上升 795.74 万人、636.99 万人和 292.33 万人（表 4-13）。

表 4-13　2000～2019 年基于热量平衡的越南分区土地资源承载力（单位：万人）

区域	2000 年	2005 年	2010 年	2015 年	2019 年
湄公河三角洲	4032.42	4706.16	5266.85	6244.73	5933.18
中北部和中部沿海地区	1404.89	1732.53	2000.03	2239.15	2200.63
红河三角洲	1753.70	1672.33	1788.88	1766.10	1594.00
北部边境和山区	829.47	1118.12	1348.14	1540.45	1466.46
西原地区	274.78	607.27	828.46	958.16	1015.17
东南地区	412.31	636.00	660.07	759.20	704.64

从承载密度来看，2019 年各个区域承载密度均值约为 5 人/hm²，以此为标准上下浮动 50%，将 2.5 人/hm² 和 7.5 人/hm² 作为分界，可将 2019 年越南各区基于热量的土地资源承载密度分为高水平、中等水平和低水平三种状况。湄公河三角洲、红河三角洲的承载密度较高，其 2019 年承载密度分别为 14.63 人/hm² 和 7.57 人/hm²；东南地区为中等水平，承载密度为 2.99 人/hm²；中北部和中部沿海地区、西原地区以及北部边境和山区最低，2019 年承载密度分别为 2.30 人/hm²、1.86 人/hm² 和 1.70 人/hm²。从变化来看，2000～2019 年越南各区承载力密度呈现变化与各区基于热量平衡的土地资源承载力变化状况基本一致，普遍增长。其中湄公河三角洲增长数量最多，增长了 4.69 人/hm²，西原地区承载密度增长幅度最大，从 2000 年的 0.50 人/hm² 增长到 1.86 人/hm²，增长了 2 倍多。红河三角洲和北部边境与山区承载密度变化不大，波动幅度较小（表 4-14）。

表 4-14　2000～2019 年基于热量平衡的越南分区土地资源承载密度（单位：人/hm²）

区域	2000 年	2005 年	2010 年	2015 年	2019 年
湄公河三角洲	9.94	11.61	12.99	15.40	14.63
中北部和中部沿海地区	1.47	1.81	2.09	2.34	2.30
红河三角洲	8.32	7.94	8.49	8.38	7.57
北部边境和山区	0.87	1.17	1.42	1.62	1.70
西原地区	0.50	1.11	1.52	1.75	1.86
东南地区	1.75	2.70	2.80	3.22	2.99

2000～2019 年越南各区土地承载状态各不相同，差异较大。按照土地资源承载力评价标准，土地承载指数小于 0.875 则承载力盈余，处于 0.875～1.125 之间则承载力平衡，大于 1.125 则承载力亏缺。2019 年湄公河三角洲、西原地区以及北部边境和山区均处于承载力盈余状态，中北部和中部沿海地区承载力平衡，东南地区和红河三角洲承载力亏缺。2000～2019 年湄公河三角洲土地承载指数一直低于 0.5，属于富富有余的状态；西原地区土地承载指数由 1.55 下降至 0.58，人地关系得到了较大的缓解；北部边境和山区、中北部和中部沿海地区土地承载指数逐年下降，由亏缺向平衡和盈余优化；红河三角洲地区土地承载指数在波动中上升，由平衡转亏缺；东南地区历年的土地承载指数均大于 1.5，2000～2019 年承载指数先下降后上升，一直处于严重亏缺状态（表 4-15）。

表 4-15　2000～2019 年基于热量平衡的越南各区土地资源承载指数

区域	2000 年		2010 年		2019 年	
	承载指数	承载人口/万人	承载指数	承载人口/万人	承载指数	承载人口/万人
湄公河三角洲	0.40	4032.42	0.33	5266.85	0.29	5933.18
中北部和中部沿海地区	1.30	1404.89	0.95	2000.03	0.92	2200.63
红河三角洲	1.03	1753.70	1.11	1788.88	1.41	1594.00
北部边境和山区	1.23	829.47	0.83	1348.14	0.85	1466.46
西原地区	1.55	274.78	0.63	828.46	0.58	1015.17
东南地区	2.57	412.31	2.19	660.07	2.53	704.64

4.5.3　分省格局

从基于热量平衡的越南分省土地资源承载力来看，越南各省的承载力差异较大。坚江、安江、同塔、隆安和朔庄 5 个省的土地承载力总量均超过 500 万人，处于较高水平。其中坚江省承载人口最多，为 1032.73 万人；安江省次之，为 955.10 万人。多乐、清化、西宁、芹苴和义安等 35 个省份的土地承载力总量为中等水平，处于 100 万～500 万人之间。北件、平福、胡志明、老街和岘港等 23 个省份的土地承载力总量则较低，其中岘港的土地承载力总量低至 7.86 万人。

从变化情况来看，2000～2019 年越南大多数省份的承载力总量在上升，坚江、安江、同塔三省的上升规模超过了 370 万人；后江、兴安和永福等 14 个省份的承载力总量则有所下降，其中后江和芹苴的下降趋势较为明显，下降规模分别达到了 145.23 万人和 123.98 万人。

从承载密度来看，2000～2019 年越南各省基于热量平衡的土地资源承载密度存在显著差异。2019 年各省土地承载密度均值约为 7 人/hm²，上下浮动 50%，以 3.5 人/hm² 和 10.5 人/hm² 为分界，可将 2019 年越南各省份承载密度分为强、中、弱三种状况。

土地承载密度较强的省份有 16 个，其中多乐、安江、同塔和芹苴 4 个省份的承载密度大于 20.00 人/hm²，强于其他省份（表 4-16、图 4-23）。

表 4-16　土地资源承载力较强省份土地承载密度

区域	省份	2000 年	2019 年	土地面积 /万 hm²
		承载密度/（人/hm²）	承载密度/（人/hm²）	
西原地区	多乐	9.83	33.38	131.25
湄公河三角洲	安江	14.89	27.01	35.37
湄公河三角洲	同塔	13.44	24.40	33.77
湄公河三角洲	芹苴	32.15	23.35	14.09
湄公河三角洲	后江	28.27	19.20	16.03
湄公河三角洲	永隆	15.36	16.70	14.97
湄公河三角洲	坚江	8.65	16.27	63.49
湄公河三角洲	朔庄	11.81	15.92	33.12
湄公河三角洲	隆安	8.42	14.90	44.92
红河三角洲	南定	14.47	13.30	16.51
湄公河三角洲	茶荣	9.85	13.22	23.41
红河三角洲	北宁	13.58	12.07	8.23
红河三角洲	河南	11.78	12.05	8.61
红河三角洲	兴安	14.63	11.54	9.26
湄公河三角洲	薄寮	8.69	11.17	24.69
湄公河三角洲	前江	12.52	10.93	25.08

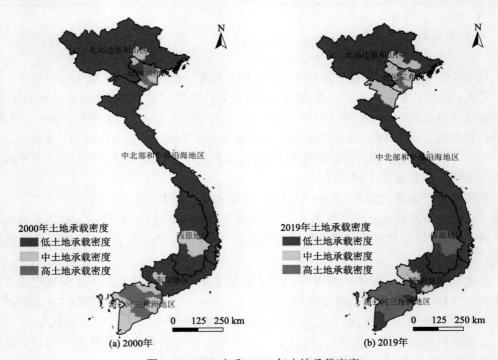

图 4-23　2000 年和 2019 年土地承载密度

海阳、西宁、宁平、河内和太原等 12 个省份的承载密度处于 3.5～10.5 人/hm² 之间，承载密度处于中等水平。从变化来看，除个别省份以外，2000～2019 年越南各省承载密度普遍增长。西宁省的承载密度增长规模最大，从 2000 年的 3.36 人/hm² 增长到 2019 年的 8.87 人/hm²，其他如河内、太原、平定及巴地-头顿等省份也出现了较为明显的增长，增长幅度在 1.00 人/hm² 以上；海防和海阳则表现出较大规模的下降，分别为 1.31 人/hm² 和 2.28 人/hm²（表 4-17）。

表 4-17　土地资源承载力中等省份土地承载密度

区域	省份	2000 年	2019 年	土地面积/万 hm²
		承载密度 /（人/hm²）	承载密度 /（人/hm²）	
红河三角洲	海阳	12.62	10.34	16.56
东南地区	西宁	3.36	8.87	40.40
红河三角洲	宁平	7.88	8.28	13.90
红河三角洲	河内	2.81	7.81	33.29
北部边境和山区	太原	5.11	7.72	15.70
红河三角洲	太平	7.49	7.56	35.32
红河三角洲	永福	7.98	7.52	12.37
中北部和中部沿海地区	平定	5.08	7.37	26.94
红河三角洲	海防	7.95	6.64	15.23
北部边境和山区	北江	3.50	4.24	38.44
中北部和中部沿海地区	清化	2.86	3.81	111.32
东南地区	巴地-头顿	2.28	3.60	19.90

同奈、富寿、平顺、富安、广南和金瓯等 35 个省份的承载密度较低，均低于 3.5 人/hm²，承载密度处于较弱水平，其中平阳承载密度最低，为 0.24 人/hm²。从变化来看，大多数省份承载密度的变化都呈现上升态势，上升规模在 0.10～2.00 人/hm²；其中增加最多的为平顺，增量为 1.92 人/hm²，增加最少的为林同，增量为 0.12 人/hm²。平阳、岘港、金瓯、槟椥和胡志明承载密度有所下降，2019 年较 2000 年分别降低了 0.06 人/hm²、0.43 人/hm²、1.46 人/hm²、1.50 人/hm² 和 1.78 人/hm²（表 4-18）。

表 4-18　土地资源承载力较弱省份土地承载密度

区域	省份	2000 年	2019 年	土地面积/万 hm²
		承载密度 /（人/hm²）	承载密度 /（人/hm²）	
东南地区	同奈	2.41	3.46	59.07
北部边境和山区	富寿	2.54	3.34	35.33
东南地区	平顺	1.20	3.12	78.13

续表

区域	省份	2000 年 承载密度 /（人/hm²）	2019 年 承载密度 /（人/hm²）	土地面积/万 hm²
中北部和中部沿海地区	富安	1.38	2.96	50.61
中北部和中部沿海地区	广南	1.97	2.78	51.53
湄公河三角洲	金瓯	3.86	2.40	52.95
中北部和中部沿海地区	河静	1.78	2.35	59.97
北部边境和山区	和平	1.36	2.32	46.09
东南地区	宁顺	1.22	2.31	33.58
西原地区	多侬	1.94	2.28	65.16
湄公河三角洲	槟椥	3.69	2.19	23.61
中北部和中部沿海地区	义安	1.35	1.97	164.94
西原地区	嘉莱	0.50	1.93	155.37
中北部和中部沿海地区	广义	1.11	1.91	80.65
中北部和中部沿海地区	广治	1.11	1.89	47.40
中北部和中部沿海地区	承天-顺化	1.04	1.82	50.33
北部边境和山区	宣光	1.03	1.57	58.67
北部边境和山区	老街	0.70	1.53	63.84
北部边境和山区	安沛	0.72	1.46	68.86
北部边境和山区	山萝	0.56	1.45	141.74
北部边境和山区	河江	0.67	1.45	79.15
中北部和中部沿海地区	庆和	0.99	1.38	52.18
北部边境和山区	高平	0.69	1.21	67.08
北部边境和山区	北件	0.51	0.98	48.59
北部边境和山区	谅山	0.63	0.98	83.21
东南地区	胡志明	2.75	0.97	20.96
北部边境和山区	广宁	0.81	0.94	61.02
西原地区	昆嵩	0.31	0.88	96.90
北部边境和山区	奠边	0.53	0.79	95.63
中北部和中部沿海地区	广平	0.52	0.78	104.38
北部边境和山区	莱州	0.56	0.68	90.69
中北部和中部沿海地区	岘港	1.04	0.61	12.85
西原地区	林同	0.42	0.54	97.74
东南地区	平福	0.20	0.52	68.72
东南地区	平阳	0.30	0.24	60.51

基于土地资源承载指数的越南分省土地资源承载力评价表明，2019 年越南省份土地资源承载力以盈余为主要特征。坚江、同塔、广义、富安、山萝及昆嵩等 37 个省份的土地承载指数均低于 0.875，土地承载状况处于盈余状况。其中安江、朔庄、后江、隆安及茶荣等 15 个省份承载力特征为富富有余；坚江土地承载指数最低为 0.17，是所有省份中承载状态最好的（表 4-19、图 4-24）。

表 4-19　土地资源承载力盈余省份土地承载指数表

区域	省份	2000 年			2019 年		
		承载力/万人	承载指数	承载状态	承载力/万人	承载指数	承载状态
湄公河三角洲	坚江	549.20	0.28	富富有余	1032.73	0.17	富富有余
湄公河三角洲	同塔	453.74	0.35	富富有余	824.04	0.19	富富有余
湄公河三角洲	安江	526.46	0.39	富富有余	955.10	0.20	富富有余
湄公河三角洲	朔庄	391.02	0.31	富富有余	527.33	0.23	富富有余
湄公河三角洲	后江	452.95	0.16	富富有余	307.72	0.24	富富有余
湄公河三角洲	隆安	378.32	0.35	富富有余	669.46	0.25	富富有余
湄公河三角洲	茶荣	230.61	0.42	富富有余	309.53	0.33	富富有余
东南地区	西宁	135.67	0.72	富裕	358.24	0.33	富富有余
湄公河三角洲	薄寮	214.53	0.35	富富有余	275.68	0.33	富富有余
湄公河三角洲	芹苴	452.95	0.24	富富有余	328.97	0.38	富富有余
湄公河三角洲	永隆	229.88	0.44	富富有余	249.89	0.41	富富有余
西原地区	多侬	126.37	0.36	富富有余	148.55	0.42	富富有余
西原地区	多乐	126.37	1.11	临界亏缺	429.09	0.44	富富有余
北部边境和山区	太原	264.39	0.40	富富有余	266.98	0.48	富富有余
东南地区	平顺	93.85	1.13	轻度亏缺	244.01	0.50	富富有余
西原地区	嘉莱	77.20	1.33	严重亏缺	299.21	0.51	富裕
中北部和中部沿海地区	广平	89.39	0.90	平衡有余	154.30	0.58	富裕
中北部和中部沿海地区	富安	69.95	1.14	轻度亏缺	149.78	0.58	富裕
北部边境和山区	山萝	79.55	1.14	轻度亏缺	205.42	0.61	富裕
西原地区	昆嵩	29.91	1.10	临界亏缺	85.36	0.63	富裕
湄公河三角洲	前江	314.08	0.51	富裕	274.08	0.64	富裕
北部边境和山区	高平	46.11	1.07	临界亏缺	81.09	0.65	富裕
北部边境和山区	北件	24.97	1.12	临界亏缺	47.55	0.66	富裕
中北部和中部沿海地区	广治	52.47	1.10	临界亏缺	89.69	0.71	富裕
北部边境和山区	河江	53.27	1.16	轻度亏缺	114.62	0.75	富裕
北部边境和山区	老街	44.88	1.35	严重亏缺	97.89	0.75	富裕

续表

区域	省份	2000 年			2019 年		
		承载力/万人	承载指数	承载状态	承载力/万人	承载指数	承载状态
北部边境和山区	莱州	50.69	0.49	富富有余	61.65	0.75	富裕
东南地区	宁顺	41.10	1.26	严重亏缺	77.74	0.76	盈余
北部边境和山区	奠边	50.69	0.73	富裕	75.43	0.79	盈余
北部边境和山区	和平	62.56	1.23	轻度亏缺	106.90	0.80	盈余
红河三角洲	南定	238.91	0.79	盈余	219.60	0.81	盈余
北部边境和山区	安沛	49.40	1.39	严重亏缺	100.61	0.82	盈余
红河三角洲	河南	101.36	0.78	盈余	103.73	0.82	盈余
北部边境和山区	宣光	60.73	1.13	轻度亏缺	92.15	0.85	盈余
红河三角洲	宁平	109.52	0.81	盈余	115.06	0.85	盈余
中北部和中部沿海地区	清化	318.87	1.09	临界亏缺	424.05	0.86	盈余
中北部和中部沿海地区	广义	101.55	1.18	轻度亏缺	143.38	0.86	盈余

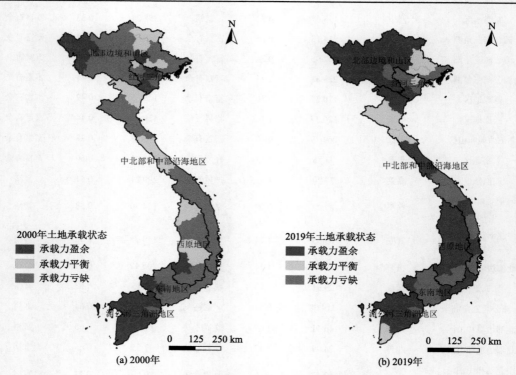

图 4-24　2000 年和 2019 年土地承载状态

河静、金瓯、谅山、义安、海阳、北江及兴安 7 个省份的土地承载指数处于 0.875～

1.125 之间，土地承载力中等，处于土地承载力平衡状态（表 4-20）。其中河静、金瓯、谅山土地承载指数不大于 1，食物供给平衡有余，其余 4 个省份则临界亏缺，存在一定的承载力亏缺风险，具有潜在的人地供求矛盾。

表 4-20　土地资源承载力平衡省份土地承载指数表

区域	省份	2000 年			2019 年		
		承载力/万人	承载指数	承载状态	承载力/万人	承载指数	承载状态
中北部和中部沿海地区	河静	106.58	1.19	轻度亏缺	141.08	0.91	平衡有余
湄公河三角洲	金瓯	204.55	0.55	富裕	126.93	0.94	平衡有余
北部边境和山区	谅山	52.72	1.34	严重亏缺	81.24	0.96	平衡有余
中北部和中部沿海地区	义安	222.73	1.29	严重亏缺	324.45	1.03	临界亏缺
红河三角洲	海阳	209.01	0.79	盈余	171.21	1.11	临界亏缺
北部边境和山区	北江	134.42	1.12	临界亏缺	162.87	1.11	临界亏缺
红河三角洲	兴安	135.48	0.80	盈余	106.85	1.17	临界亏缺

平阳、承天-顺化、永福、富寿和北宁等 19 个省份的承载指数大于 1.125，处于亏缺状态。从 2000～2019 年的变化情况来看，19 个省份中土地承载状态变化各异，其中林同、富寿、巴地-头顿、庆和和太平等 9 个省份土地承载指数有所下降，胡志明、岘港、平定、槟椥和平阳等 10 个省份土地承载指数有较大幅度上升，平阳和胡志明两个省份受人口集聚的影响最为显著（表 4-21）。

表 4-21　土地资源承载力亏缺省份承载指数表

区域	省份	2000 年			2019 年		
		承载力/万人	承载指数	承载状态	承载力/万人	承载指数	承载状态
东南地区	平阳	136.99	0.57	富裕	198.62	1.22	轻度亏缺
中北部和中部沿海地区	承天-顺化	52.15	2.02	严重亏缺	91.76	1.23	轻度亏缺
红河三角洲	永福	98.67	1.12	临界亏缺	93.04	1.24	轻度亏缺
北部边境和山区	富寿	89.89	1.41	严重亏缺	117.88	1.24	轻度亏缺
红河三角洲	北宁	111.73	0.85	盈余	99.28	1.38	亏缺
东南地区	同奈	142.13	1.45	严重亏缺	204.60	1.51	严重亏缺
红河三角洲	太平	80.29	2.23	严重亏缺	121.18	1.54	严重亏缺
东南地区	巴地-头顿	45.35	1.83	严重亏缺	71.57	1.60	严重亏缺
中北部和中部沿海地区	庆和	51.49	2.04	严重亏缺	71.99	1.71	严重亏缺
中北部和中部沿海地区	广南	54.39	2.54	严重亏缺	81.92	1.83	严重亏缺
红河三角洲	海防	121.06	1.40	严重亏缺	101.13	2.01	严重亏缺
北部边境和山区	广宁	49.23	2.08	严重亏缺	57.18	2.31	严重亏缺
西原地区	林同	41.30	2.50	严重亏缺	52.96	2.45	严重亏缺

续表

区域	省份	2000 年			2019 年		
		承载力/万人	承载指数	承载状态	承载力/万人	承载指数	承载状态
湄公河三角洲	槟椥	87.08	1.49	严重亏缺	51.72	2.49	严重亏缺
东南地区	平福	13.45	5.08	严重亏缺	35.40	2.81	严重亏缺
红河三角洲	河内	93.46	5.56	严重亏缺	259.94	3.10	严重亏缺
中北部和中部沿海地区	平定	18.16	8.07	严重亏缺	14.59	10.19	严重亏缺
中北部和中部沿海地区	岘港	13.37	5.28	严重亏缺	7.86	14.43	严重亏缺
东南地区	胡志明	57.55	9.17	严重亏缺	20.24	44.42	严重亏缺

4.6 基本结论与对策建议

4.6.1 基本结论

越南土地资源承载力研究从全国、分区和分省三个层次，基于人粮平衡和热量平衡关系，定量评估了越南的土地资源承载力及其承载状态，探讨了越南土地资源承载力的时空格局，主要得出以下结论：

1. 耕地承载能力有所上升，耕地资源处于平衡状态，能基本满足人口需求

2000 年以来越南耕地资源承载力在波动中增加，2019 年达 9843.17 万人，超过现实人口 222.27 万人。2000～2019 年耕地承载指数波动下降，由 2000 年的 1.10 下降至 2019 年的 0.98，其耕地承载状态也由临界亏缺向平衡有余优化。从分区情况来看，湄公河三角洲和红河三角洲地区处于较高水平，中北部和中部沿海地区、北部边境和山区的耕地承载密度处于中等水平，东南地区和西原地区的耕地承载密度均处于较低水平。湄公河三角洲地区的自然禀赋优越，承载力为 4997.61 万人，提供了全区 1727 万常住人口的粮食需求；中北部和中部沿海地区承载力较高，仅次于湄公河三角洲，2019 年达到 1574.49 万人；红河三角洲 2019 年耕地资源承载力为 1324.39 万人，北部边境和山区、西原地区和东南地区耕地承载力处于较低水平，2019 年耕地承载力均低于 1100 万人。除红河三角洲以外，其他地区整体呈现承载力上升趋势。从分省情况来看，大多数省份承载力处于中等水平，只有少部分省份承载力水平较高，大部分省份承载状态临界亏缺或轻度亏缺，但存在一定的好转趋势。

2. 越南人地关系以盈余为主要特征，食物热量供给可满足人口需求

2000～2019 年越南土地资源承载力总体呈现上升趋势，2000 年基于热量平衡的土地资源承载力为 7073.32 万人，至 2019 年上升为 10208.50 万人。2000～2019 年土地承

载指数呈现波动下降，由 2000 年的 1.10 下降至 2019 年的 0.94，变化规模为 0.16，整体处于承载力平衡状态。分区来看，越南各区基于热量平衡的土地资源承载力总量差异显著。湄公河三角洲处于较高水平，2019 年承载人口达 5933.18 万人；中北部和中部沿海地区、红河三角洲以及北部边境和山区的土地承载力处于中等水平；西原地区和东南地区土地承载力处于较低水平。各区的土地资源承载力指数在 20 年间均出现一定的下降趋势，至 2019 年，湄公河三角洲、西原地区以及北部边境和山区均处于承载力盈余状态，中北部和中部沿海地区承载力平衡，东南地区和红河三角洲承载力匮缺亏缺。从分省的情况来看，大多数省份土地资源承载力处于中等水平，与耕地承载力现状较为一致，而土地资源承载状态则表现为大多数省份土地承载力盈余，说明越南的热量摄入结构较为多样化，食物种类逐渐丰富，除主要粮食外，有较多的其他热量获取途径。

4.6.2　对策建议

1. 部分区域人口聚集较快，人均耕地面积逐年减少，需加强农业技术创新和应用，提高生产效率

基于人粮平衡的耕地资源承载力研究表明，越南资源承载力发展差异明显，在部分省份耕地资源承载能力增强的同时，也存在一些省份承载能力衰退的情况。具体来看，有 1/4 的省份粮食盈余，1/2 的省份耕地资源承载力轻度亏缺或严重亏缺，说明粮食生产分布不均，空间分布差异明显，因此亟需促进实现省份间的粮食供给跨区均匀分配。从耕地变化来看，随着人口增加，人均耕地逐年减少，而胡志明市、河内市等直辖市人口聚集迅速，相对 2000 年，2019 年的人口增长超过了 50%，人口的迅速增加致使当地耕地承载指数迅速升高，人均耕地面积已远不能满足当地人口的粮食需求。

因此，应进行农业发展布局，合理规划主体功能区，对于胡志明市、平阳等人口增长迅速，人均耕地面积下降的省份，加强土地利用效率，对于位于湄公河三角洲、红河三角洲等的高农业适宜性省份，应提高农业生产效率，同时加强经济发展相对较快的地区积极开展与粮食盈余地区的协调合作，通过技术供给等方式促进跨区域的资源交流，促进农业集约化发展，实现区域可持续发展。

2. 热量供给分布不均，区域差异明显，需因地制宜发展多样化农业，缓解局部地区土地资源承载力下降趋势

基于热量平衡的土地资源承载力研究表明，越南土地资源承载力发展不均，承载力退化与优化地区错综分布，差异明显。具体来看，有近 3/5 的省份承载力盈余，约 3/10 的省份土地资源承载力轻度亏缺或严重亏缺，其中胡志明、岘港和平定等省份土地资源严重亏缺，且土地承载指数逐年增加，土地承载能力提升速度远小于人口增加速度。坚江、同塔、安江、朔庄和后江等省份则土地承载能力良好，能满足常住人口所需热量。

虽然相对于耕地承载状态，土地承载状态相对较好，但也存在部分地区土地承载指

数较高的情况，如北部边境和山区、中北部和中部沿海等地区、东南地区等，该类区域承载力处于亏缺状态。一方面是由于人口的密度增大，另一方面受制于气候和地形条件的限制，耕地资源较少。基于此，需要因地制宜，需要根据土地资源承载力亏缺类型和地域差异，分类施策，统筹解决不同地区、不同类型的土地资源承载力亏缺问题。如北部边境和山区和东南地区虽然耕地资源相对稀缺，但林地资源丰富，可加强技术创新，发展林下经济，增加可供给食物来源，提高土地资源承载能力；中北部和中部沿海作为海岸地带，除丰富的林业资源外，还具有发展渔业和休闲农业的区位优势，十分利于生态渔业和生态农业的发展，与旅游业相结合，可促进农、渔、商一体化发展。

第 5 章　水资源承载力评价 与区域谐适策略

本章利用越南遥感数据和统计资料,从供给侧(水资源可利用量)和需求侧(用水量)两个角度对越南水资源进行分析和评价,计算越南各分区水资源可利用量、用水量等;在此基础上,建立水资源承载力评估模型,对越南各分区水资源承载力及承载状态进行评价;最后,对不同未来技术情景下水资源承载力进行分析,实现对越南水资源安全风险预警,并根据越南主要存在的水资源问题提出相应的水资源承载力增强和调控策略。

5.1　水资源基础及其供给能力

本节从水资源供给端对越南水资源基础和供给能力进行分析和评价,是对越南水资源本底状况的认识,包括越南的主要河流水系的介绍,水资源承载力评价的分区,降水量、水资源量、水资源可利用量等数量的评价和分析。

5.1.1　河流水系与分区

越南位于中南半岛,它濒临泰国湾、北部湾和南海,毗邻中国、老挝和柬埔寨。越南属于热带季风气候,年平均湿度达到 84%。由于纬度以及地形地貌的显著差异,各地的气候也存在着较大差异。从 11 月到翌年 4 月,受冬季风影响,为旱季,气候干旱,5~10 月,受夏季风影响,为降雨季节,气候湿润,接近 90%的降水发生在这一时间。

越南拥有纵横交错的无数河流,其中长度在 10 km 以上的江河有 2360 条,河流流向以西北、东南两个方向为主。越南有 16 个主要流域,其中 9 个流域占国土总面积的90%。

越南最大的河流是湄公河和红河。湄公河和红河形成了广阔及肥沃的两大平原。湄公河,发源于中国唐古拉山的东北坡,在中国境内叫澜沧江,流入中南半岛后的河段称为湄公河。红河为中国云南省至越南跨境水系,是唯一发源于云南境内的一条重要国际性河流,也是越南北部最大河流。

越南国土面积为 33.10 万 km²,根据行政区划,越南共有 63 个省级行政单元,包括

5 个直辖市和 58 个省。越南按地域划分为 6 个地理分区，分别为红河三角洲、北部边境和山区、中北部和中部沿海地区、西原地区、东南地区、湄公河三角洲。本次水资源承载力评价以 63 个省级行政单位为评价基本单元，对越南 6 个分区和全国进行评价。

5.1.2　水资源数量

本部分对越南降水量、径流量、水资源量、水资源可利用量时空分布进行评价，厘清越南水资源基础和供给能力，是开展越南水资源承载力评价的关键基础和重要内容。本节用到的降水数据来源于 MSWEP v2.8 降水数据集（Beck et al.，2017）；水资源量的数据是根据 Yan 等（2019）的方法计算所得；水资源可利用量是根据当地的经济和技术发展水平、生态环境需水量、汛期不可利用水资源量等进行推算得到。

1. 降水

越南地处北回归线以南，属于热带季风气候，高温多雨、雨量大、湿度高。越南不同纬度地区的气候也稍有不同，北半部的季节差异比南半部分明。在海云关以北的省份受到亚洲陆地来的东北风及东南风影响，湿度高，四季分明；在岘港市海云关以南的省份，由于受季风的影响小，因此气候比较温和、四季高温并分成旱季与雨季的两个季节，大部分地区 5～10 月为雨季，11 月至翌年 4 月为旱季。越南气候随着季节、南北、东西的不同而变化。由于深受东北季风的影响，越南年均温度低于亚洲同纬度带各国的年均温度。

1）全国降水充沛

越南降水丰富，是世界上降水量最多的国家之一，全国多年平均降水量为 1803.2 mm。从降水量分布来看（图 5-1），中南部、北部和南部部分省份降水量较少，中北部和东南部部分省份降水较多。降水量不足 1500 mm 的省（直辖市）有 9 个，其中中北部和中部沿海地区的宁顺省和庆和省降水量最少，年平均降水量分别为 1209.9 mm 和 1368.6 mm；降水量超过 2000 mm 的省（直辖市）有 15 个，其中中北部和中部沿海地区的承天-顺化省和东南地区的平福省降水量最多，年平均降水量分别为 2492.5 mm 和 2394.4 mm。从分区看，东南地区降水量最多，多年平均降水量为 2202.2 mm；其次为西原地区，平均降水量分别为 1860.6 mm。降水量最少的分区为北部边境和山区，平均降水量为 1676.9 mm（表 5-1）。

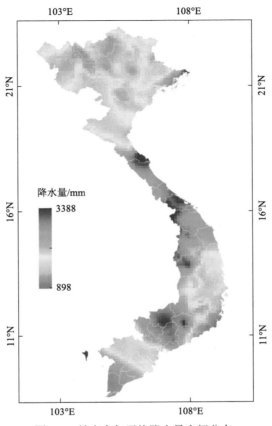

图 5-1　越南多年平均降水量空间分布

表 5-1　越南各分区多年平均降水量统计

分区	降水量/mm	水资源量/亿 m³
红河三角洲	1782.8	375.60
北部边境和山区	1676.9	1597.53
中北部和中部沿海地区	1813.4	1737.89
西原地区	1860.6	1016.63
东南地区	2202.2	519.67
湄公河三角洲	1777.3	720.65
全国	1803.2	5967.97

2）不同纬度地区年内降水差异明显

全国月平均降水来看（图 5-2），越南 5～10 月降水多，11 月至翌年 4 月降水少；全国平均 9 月降水最多，月降水为 267.7 mm，2 月份降水最少，月降水 22.9 mm。从空间上看，越南不同纬度地区年内降水特征差异明显：北部四季分明，6～8 月降水多，12 月至翌年 2 月降水少；南部气候温和、四季高温，形成旱季与雨季两个季节，5～11

降水多，12 月至翌年 4 月降水少。从月平均降水量最大值发生月份看，从北到南，平均降水最大值发生月份逐步推后。从分区看，北部边境和山区平均降水量 7 月最多，红河三角洲为 8 月最多，东南地区和最南部的湄公河三角洲为 9 月最多，中北部和中部沿海地区以及西原地区均为 10 月最多（表 5-2）。从月平均降水量最小值发生月份看，北部的两个分区（红河三角洲、北部边境和山区）月平均降水量最小值均发生在 12 月，而南部的四个分区月平均降水量最小值均发生在 2 月。

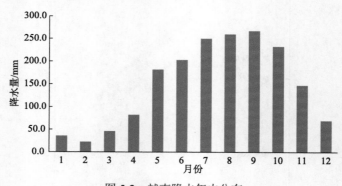

图 5-2　越南降水年内分布

表 5-2　越南各分区多年平均月降水量　　　　　　（单位：mm）

分区	月降水量											
	1 月	2 月	3 月	4 月	5 月	6 月	7 月	8 月	9 月	10 月	11 月	12 月
红河三角洲	36.5	30.7	58.2	86.0	201.4	248.4	319.0	349.3	250.0	114.0	59.2	30.0
北部边境和山区	36.5	31.5	62.9	105.7	199.7	266.7	330.3	309.8	171.5	87.1	45.5	29.7
中北部和中部沿海地区	50.4	27.6	42.1	64.2	138.9	122.2	161.8	198.5	322.6	337.7	228.5	118.7
西原地区	28.8	12.5	38.9	84.5	186.1	170.7	209.8	231.9	292.7	293.0	221.2	90.5
东南地区	23.3	6.2	37.1	82.7	256.8	281.9	321.2	325.5	366.8	291.0	153.5	56.2
湄公河三角洲	20.2	11.6	29.2	69.0	183.9	221.2	248.8	243.2	281.8	274.7	142.1	51.5
全国	36.3	22.9	46.6	82.8	182.1	203.4	250.3	260.2	267.7	232.9	147.9	70.1

2. 水资源量

地表水资源量是指河流、湖泊等地表水体中由当地降水形成的、可以逐年更新的动态水量，用天然河川径流量表示。浅层地下水是指赋存于地面以下饱水带岩土空隙中参与水循环的、和大气降水及当地地表水有直接补排关系且可以逐年更新的动态重力水。水资源总量由两部分组成：第一部分为河川径流量，即地表水资源量；第二部分为降水入渗补给地下水而未通过河川径流排泄的水量，即地下水与地表水资源计算之间的不重复计算水量。一般来说，不重复计算水量占水资源总量的比例较少，加之地下水资源量测算较为复杂且精度难以保证，因此本书在统计越南水资源量时，忽略地下水与地表水资源的不重复计算水量，并且统计的水资源量仅考虑本地水资源量，不考虑外来水量（又叫客水量）。

1）水资源丰富，局部地区存在水资源压力

越南降水充沛，水资源量丰富，全国平均产水系数仅有 0.46，水资源量为 2758.3 亿 m³。图 5-3 表示 10 km×10 km（即 100 km² 面积）空间精度的水资源量分布，与降水量的空间分布相似，中部和南部水资源量较多，东部和北部水资源量相对较少。西原地区的嘉莱省是越南水资源量最多的省份，水资源量为 124.91 亿 m³，占全国水资源量的 4.53%；红河三角洲的北宁省是水资源量最少的省，水资源量仅为 7.16 亿 m³。从产水系数分布格局上看，北部产水系数比南部略高，北部边境和山区产水系数最高，为 0.50。湄公河三角洲产水系数最低，为 0.41（表 5-3）。分省（直辖市）看，中北部和中部沿海地区的庆和省产水系数最低，为 0.19；而中北部和中部沿海地区的广平省产水系数最高，为 0.61。

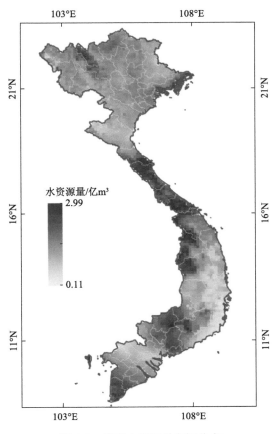

图 5-3　越南水资源量空间分布

根据 2020 年人口数据，对人均水资源量进行计算。从人均水资源量上看，越南全国人均水资源量为 2827 m³。人均水资源量区域差异较大，西原地区和北部边境和山区人均水资源量最多，分别为 7807 m³ 和 6236 m³。红河三角洲、东南地区和湄公河三角洲

人均水资源量最低，人均水资源量分别为 758 m³、1334 m³ 和 1723 m³（表 5-3）。根据 Falkenmark（1989）定义的水资源压力指数，人均水资源量低于 1700 m³ 时为轻微水资源压力，人均水资源量小于 1000 m³ 时为中等水资源压力，人均水资源量小于 500 m³ 时为严重水资源压力。根据该指标，红河三角洲和东南地区存在轻微水资源压力。分省（直辖市）看，63 个省级行政区中，有 25 个省（直辖市）人均水资源量不足 1700 m³，其中 16 个省（直辖市）人均水资源量不足 1000 m³，这之中还有 2 个省（直辖市）人均水资源量不足 500 m³。胡志明市和河内市人均水资源量最少，分别为 170 m³ 和 356 m³。

表 5-3　越南各分区产水系数、水资源量和人均水资源量

分区	产水系数	水资源量/亿 m³	人均水资源量/m³
红河三角洲	0.46	173.78	758
北部边境和山区	0.50	793.60	6236
中北部和中部沿海地区	0.45	784.65	3857
西原地区	0.46	463.09	7807
东南地区	0.47	244.70	1334
湄公河三角洲	0.41	298.44	1723
全国	0.46	2758.3	2827

2）客水依赖率高，跨境水资源风险高，国内水质下降

越南的河流系统密集，地表水资源相对丰富。但是，由于越南的多数河流都是河流的尽头，河流虽多但是流经多个国家之后，留给越南的水资源受限，越南水资源最大的缺点是地表水量很大程度上依赖于外源水源。越南自然资源环境部报告显示，越南地表水总量的 63% 是外源的，这高度依赖于境外生产的水量。

越南河流年平均总流量约为 8300 亿～8400 亿 m³。此外，越南拥有 7160 个灌溉水库，估计总蓄水量约为 700 亿 m³。每年跨界河流和溪流向越南输送的水量约为 5200 亿 m³，约占越南地表水总量的 63%。湄公河流域上游国家占了该河流水源的 90.1%，而红河上游国家占该河流的 38.5%，沱江占 18.4%，马河占 27.1%。越南对于外源水源的依赖，对越南的农业也会产生影响。

另外，跨界河流上游国家建设各种工程如水库、水电站和取水工程，会对流域下游国家取用水产生影响。越南一直积极参与并推动各层面的国际合作，特别是与同越南共享水资源的国家，如老挝、柬埔寨、中国和其他国际合作伙伴的国际合作，以可持续的方式管理、开发、保护和高效利用各条河流的水资源。

另外，越南国内流域水质不断下降，成为许多地方的热点问题。近年来，人口增长和城市化对流域水质造成极大压力。目前，城市地区的湖泊和河道正在成为排污废水的蓄水池和输送管道。大城市和人口密集地区的河道和湖泊的水污染程度非常严重。在流

域产生的废水总量中，生活废水和工业废水仍占最大比例。

3. 水资源可利用量

地表水资源可利用量是指在可预见的时期内，在统筹考虑河道内生态环境和其他用水的基础上，通过经济合理、技术可行的措施，可供河道外生活、生产、生态用水的一次性最大水量（不包括回归水的重复利用）。

1）水资源可利用率较低

越南河流湖泊众多，分布均匀，水资源丰富，但越南水资源可利用率仅在 14%～43% 之间，全国平均水资源可利用率约为 29.3%（表 5-4）。东南地区和湄公河三角水资源可利用率较低，水资源可利用率均为 26.2%。红河三角洲水资源可利用率最高，水资源可利用率为 39.4%。水资源可利用率最高的省为红河三角洲的南定省，水资源可利用率为 42.6%；水资源可利用率最低的省为中北部和中部沿海地区的承天-顺化省，水资源可利用率为 13.6%。

表 5-4　越南各分区水资源可利用量

分区	水资源可利用率/%	水资源可利用量/亿 m³
红河三角洲	39.4	68.44
北部边境和山区	29.2	231.64
中北部和中部沿海地区	29.8	233.78
西原地区	28.5	131.94
东南地区	26.2	64.04
湄公河三角洲	26.2	78.24
全国	29.3	808.09

2）水资源可利用量分布不均

越南水资源可利用量为 808.09 亿 m³。图 5-4 表示 10 km×10 km（即 100 km² 面积）空间精度的水资源量可利用量空间分布，中部水资源可利用量较多，东部水资源可利用量较少。中北部和中部沿海地区水资源可利用量最多，为 233.78 亿 m³；其次为北部边境和山区，水资源可利用量为 231.64 亿 m³。东南地区和红河三角洲面积较小，水资源可利用量也较少，分别为 64.04 亿 m³ 和 68.44 亿 m³；其次为湄公河三角洲，水资源可利用量为 78.24 亿 m³，因为该地区水资源量相对较少、水资源可利用率也较低（表 5-4）。水资源可利用量最多的省为西原地区的嘉莱省，水资源可利用量为 44.73 亿 m³；水资源可利用量最少的省为中北部和中部沿海地区的宁顺省，水资源可利用量为 2.01 亿 m³。

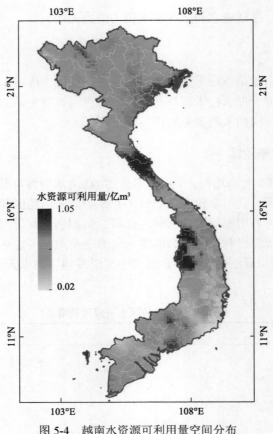

图 5-4　越南水资源可利用量空间分布

5.2　水资源开发利用及其消耗

本节从水资源消耗端对越南的水资源开发利用进行计算、分析和评价，主要包括越南总用水量和行业用水量的变化态势分析，用水水平的演化及评价，水资源开发利用程度的计算和分析。越南总用水和行业用水数据来源于世界资源研究所（Gassert et al.，2014），各个分区的用水是根据相关因子在各分区所占的比例分配到各个分区中。农业用水使用农业灌溉面积作为相关因子，数据使用 FAO 的全球灌溉面积分布图（GMIA v5）（Siebert et al.，2013）；工业用水使用夜间灯光指数作为相关因子，数据来源于 DMSP-OLS数据（NOAA，2014）；生活用水则根据人口分布进行估算，人口数据来源于哥伦比亚大学的 GPW v4 人口分布数据（Ciesin et al.，2016）。

5.2.1　用水量

用水量指分配给用户的包括输水损失在内的毛用水量，按国民经济和社会各用水户统计，分为农业用水、工业用水和生活用水三大类。本小节对总用水量和行业用水量进行分析。

1. 社会经济的快速发展导致总用水呈显著增长态势

2000～2015 年，越南总用水量呈上升趋势。2000 年、2005 年、2010 年和 2015 年总用水量分别为 714.12 亿 m³、823.14 亿 m³、1027.80 亿 m³ 和 977.45 亿 m³。2015 年农业用水占总用水量的 91.5%；其次是工业用水，占总用水量的 6.1%；生活用水量占比最少，仅占 2.3%。2015 年越南总用水量 977.45 亿 m³，其中农业用水 894.42 亿 m³，工业用水 60.11 亿 m³，生活用水 22.92 亿 m³。

省级行政单元尺度，仅有 4 个省份用水减少，其余 59 个省（直辖市）用水增加。用水量多的省份主要分布在湄公河三角洲，其中用水最多的省份为湄公河三角洲的隆安省，2015 年用水量为 57.29 亿 m³，占全国用水量的 5.86%；用水量最少省份为北部边境和山区的北件省，2015 年用水量为 2.37 亿 m³。从分区尺度上看，六个地理分区用水均呈上升态势（表 5-5）。用水量最多的分区为湄公河三角洲，2015 年总用水量为 427.04 亿 m³，占全国总用水的 43%；其次为和中部沿海地区、红河三角洲，用水量分别为 168.97 亿 m³ 和 125.07 亿 m³；用水量最少的分区为西原地区、北部边境和山区，2015 年用水量分别为 55.38 亿 m³ 和 89.78 亿 m³。

表 5-5　2000～2015 年越南各分区用水量　（单位：亿 m³）

分区	用水量			
	2000 年	2005 年	2010 年	2015 年
红河三角洲	114.41	124.11	140.86	125.07
北部边境和山区	76.10	87.48	82.24	89.78
中北部和中部沿海地区	126.15	150.22	174.02	168.97
西原地区	16.93	23.74	56.77	55.38
东南地区	76.03	93.41	125.34	111.19
湄公河三角洲	304.50	344.18	448.57	427.04
全国	714.12	823.14	1027.80	977.45

从用水增长率看，2000～2015 年全国总用水增加了 36.9%。用水增长率最高的省（直辖市）为西原地区的多侬省，用水增长了 539.5%；其次为西原地区的嘉莱省和东南地区的平福省，用水分别增长了 326.9% 和 298.1%。用水下降的省份分别为北部边境和山区的北件省、湄公河三角洲的槟椥省、红河三角洲的太平省和北部边境和山区的河江省，用水分别减少了 10.6%、5.2%、2.7% 和 2.5%。用水增长率最高的分区为西原地区，总用水量增长了 227.1%，由 2000 年的 16.93 亿 m³ 增长到 2015 年的 55.38 亿 m³；其次为东南地区和湄公河三角洲，用水分别增长了 46.2% 和 40.2%。用水增长率最低的分区为红河三角洲、北部边境和山区，用水分别增长了 9.3% 和 18.0%。

2. 农业用水呈上升趋势，但上升速率小于工业用水和生活用水，导致农业用水比例逐步下降

2015 年，越南农业用水占比为 91.5%，农业用水量为 894.42 亿 m³。2000～2015 年，农业用水先快速增加，后缓慢下降；2000～2010 年，农业用水增加了 299.09 亿 m³，2010～2015 年，农业用水减少了 87.19 亿 m³。

分省尺度，农业用水最多的省（直辖市）为湄公河三角洲的隆安省，2015 年农业用水量为 53.40 亿 m³；农业用水最少的省（直辖市）北部边境和山区的北件省，2015 年农业用水量为 2.09 亿 m³。分区来看（表 5-6），农业用水量最多的分区为湄公河三角洲，2015 年农业用水量为 403.78 亿 m³，占全国农业用水量的 45%；其次为中北部和中部沿海地区、红河三角洲，2015 年农业用水量分别为 152.24 亿 m³ 和 109.40 亿 m³。西原地区、北部边境和山区农业用水量较少，2015 年农业用水量分别 50.93 亿 m³ 和 81.11 亿 m³。2000～2015 年，63 个省级行政区中，11 个省份农业用水减少，52 个省（直辖市）农业用水增加。从农业用水增长率角度看，越南农业用水增长了 31.0%。农业用水增长最多的省为西原地区的多侬省，农业用水增长了 515.8%；其次为西原地区的嘉莱省和东南地区的平福省，农业用水分别增长了 324.1% 和 263.2%。11 个农业用水减少的省份中，中北部和中部沿海地区的平顺省、北部边境和山区的北件省农业用水减少最多，分别减少了 19.7% 和 14.4%。西原地区农业用水增长率最高，2000～2015 年的农业用水增长了 222.1%；其次为湄公河三角洲和东南地区，2000～2015 年农业用水分别增加了 35.3% 和 35.0%。用水增长率最低的地区为红河三角洲、北部边境和山区，用水分别增长了 4.2% 和 14.9%。

表 5-6　2000～2015 年越南各分区农业用水量及其占比

分区	农业用水量/亿 m³				农业用水占比/%			
	2000 年	2005 年	2010 年	2015 年	2000 年	2005 年	2010 年	2015 年
红河三角洲	105.00	112.74	131.47	109.40	91.8	90.8	93.3	87.5
北部边境和山区	70.60	80.13	76.24	81.11	92.8	91.6	92.7	90.3
中北部和中部沿海地区	120.76	142.59	165.44	152.24	95.7	94.9	95.1	90.1
西原地区	15.81	22.19	53.91	50.93	93.4	93.5	94.9	92.0
东南地区	71.83	86.27	117.68	96.96	94.5	92.4	93.9	87.2
湄公河三角洲	298.52	333.59	436.86	403.78	98.0	96.9	97.4	94.6
全国	682.52	777.49	981.61	894.42	95.6	94.5	95.5	91.5

从农业用水的占比角度看，农业用水占比逐步下降，2000～2015 年越南农业用水占比由 95.6% 下降到 91.5%。湄公河三角洲农业用水占比最高，2015 年占比为 94.6%。占比相对较低的分区为东南地区和红河三角洲，2015 年农业用水占比也分别达到 87.2% 和 87.5%。

3. 工业用水快速增长，工业用水比例波动上升

越南全国和各省份工业用水呈现快速增长趋势，全国工业用水量由 2000 年的 19.54 亿 m³ 增长到 2015 年的 60.11 亿 m³，增长了 207.6%。2015 年，隆安省、平顺省、河内市、前江省和胡志明市工业用水最多，分别为 3.13 亿 m³、2.90 亿 m³、2.87 亿 m³、2.32 亿 m³ 和 2.30 亿 m³；宁顺省和昆嵩省工业用水最少，分别为 0.14 亿 m³ 和 0.18 亿 m³。工业用水最多的分区分别是湄公河三角洲和红河三角洲，工业用水分别为 18.57 亿 m³ 和 12.53 亿 m³。工业用水最少的分区是西原地区、北部边境和山区，2015 年工业用水仅为 2.45 亿 m³ 和 6.03 亿 m³（表 5-7）。

表 5-7 2000～2015 年越南各分区工业用水量及其占比

分区	工业用水量/亿 m³				工业用水占比/%			
	2000 年	2005 年	2010 年	2015 年	2000 年	2005 年	2010 年	2015 年
红河三角洲	7.41	9.02	6.92	12.53	6.5	7.3	4.9	10.0
北部边境和山区	3.60	4.99	3.48	6.03	4.7	5.7	4.2	6.7
中北部和中部沿海地区	2.46	4.01	4.16	10.49	2.0	2.7	2.4	6.2
西原地区	0.46	0.61	1.08	2.45	2.7	2.6	1.9	4.4
东南地区	2.26	4.55	4.62	10.04	3.0	4.9	3.7	9.0
湄公河三角洲	3.35	7.55	7.74	18.57	1.1	2.2	1.7	4.3
全国	19.54	30.74	28.00	60.11	2.7	3.7	2.7	6.1

工业用水增长率上看，全国 6 个分区中，有 4 个分区用水增长率超过 100%；湄公河三角洲工业用水增长率高达 454.8%；其次西原地区工业用水增长率分别为 436.5%；工业用水增长率最少的分区为北部边境和山区、红河三角洲，分别增长了 67.5% 和 69.0%。

从工业用水占比看，2015 年越南工业用水占比为 6.1%；工业用水占比较高的区为红河三角洲和东南地区，2015 年工业用水占比分别为 10.0% 和 9.0%；工业用水占比最低的区为湄公河三角洲和西原地区，2015 年工业用水占比分别为 4.3% 和 4.4%。

4. 生活用水呈缓慢平稳上升趋势

越南全国和各省份生活用水量均呈缓慢平稳上升趋势（表 5-8），全国生活用水量由 2000 年的 12.06 亿 m³ 上升到 2015 年的 22.92 亿 m³，增长了 90%。2015 年，越南生活用水最多的省份为中北部和中部沿海地区的平顺省、东南地区的同奈省和胡志明市、红河三角洲的河内市以及湄公河三角洲的隆安省，生活用水分别为 1.95 亿 m³、1.12 亿 m³、0.98 亿 m³、0.85 亿 m³ 和 0.76 亿 m³。生活用水量最多的分区为中北部和中部沿海地区，2015 年生活用水量为 6.24 亿 m³；其次为湄公河三角洲和东南地区，生活用水分别为 4.69 亿 m³ 和 4.19 亿 m³。生活用水量较少的分区为西原地区、北部边境和山区，生活用水量分别为 2.00 亿 m³ 和 2.64 亿 m³。

表 5-8　2000～2015 年越南各分区生活用水量及其占比

分区	生活用水量/亿 m³				生活用水占比/%			
	2000 年	2005 年	2010 年	2015 年	2000 年	2005 年	2010 年	2015 年
红河三角洲	1.99	2.35	2.47	3.15	1.7	1.9	1.8	2.5
北部边境和山区	1.90	2.36	2.52	2.64	2.5	2.7	3.1	2.9
中北部和中部沿海地区	2.93	3.62	4.42	6.24	2.3	2.4	2.5	3.7
西原地区	0.66	0.94	1.79	2.00	3.9	4.0	3.1	3.6
东南地区	1.94	2.60	3.04	4.19	2.6	2.8	2.4	3.8
湄公河三角洲	2.63	3.04	3.97	4.69	0.9	0.9	0.9	1.1
全国	12.06	14.91	18.20	22.92	1.7	1.8	1.8	2.3

生活用水增长率来看，越南各省份均呈正增长。2000～2015 年，多侬省和平顺省用水增长率最高，用水增长了 460.3%和 430.7%；北部边境和山区的河江省、北件省和富寿省生活用水增长率最低，均不足 10%。3 个分区生活用水增长率超过 100%；增长最快的分区为西原地区，生活用水增长了 202.6%；其次为东南地区、中北部和中部沿海地区，生活用水分别增长了 115.7%和 113.0%。增长最慢的区为北部边境和山区、红河三角洲，生活用水分别增长了 39.0%和 58.2%。

2015 年越南生活用水占比仅为 2.3%，生活用水占比最高的分区为东南地区，2015 年占比为 3.8%，而比重最低的分区为湄公河三角洲，占比为 1.1%。

5.2.2　用水水平

人均综合用水量是衡量一个地区综合用水水平的重要指标，受当地气候、人口密度、经济结构、作物组成、用水习惯、节水水平等众多因素影响。

以人均综合用水量作为评估用水水平指标，人均综合用水量呈上升态势，人均综合用水量由 2000 年的 920 m³ 上升到 2015 年的 1066 m³，表明越南用水效率在不断下降。分省看，越南人均综合用水最多的几个省均分布在湄公河三角洲，隆安省、朔庄省、后江省、坚江省和同塔省人均综合用水量最多，分别为 3860 m³、3045 m³、2972 m³、2902 m³ 和 2825 m³；人均综合用水量最少的主要是直辖市，分别为胡志明市、岘港市、河内市和海防市，人均综合用水均不足 500 m³。分区来看（表 5-9），6 个分区中，2015 年人均综合用水量不足 1000 m³ 的分区有 5 个；红河三角洲人均综合用水量最低，为 598 m³；其次为东南地区、北部边境和山区，人均综合用水量分别为 691 m³ 和 758 m³。人均综合用水量最高的分区为湄公河三角洲，人均综合用水量为 2428 m³。

表 5-9　2000～2015 年越南各分区人均综合用水量及其变化　　　　（单位：m³）

分区	人均综合用水量			
	2000 年	2005 年	2010 年	2015 年
红河三角洲	633	654	710	598
北部边境和山区	746	810	735	758
中北部和中部沿海地区	692	807	917	859
西原地区	399	498	1091	988
东南地区	717	754	866	691
湄公河三角洲	1869	2041	2600	2428
全国	920	999	1182	1066

5.2.3　水资源开发利用程度

采用水资源开发利用率分析越南水资源开发利用程度。水资源开发利用率指供水量占水资源量的百分比，该指标主要用于反映和评价区域内水资源总量的控制利用情况。

从水资源开发利用角度，2015 年，越南水资源开发利用率约为 35.4%。越南 63 个省级行政区中，有 13 个省（直辖市）水资源开发利用率超过 100%，主要位于湄公河三角洲；有 27 个省（直辖市）水资源开发利用率不足 30%，其中 11 个省（直辖市）水资源开发利用率不足 10%。水资源开发利用率最高的省为前江省，水资源开发利用率高达 315.5%；其次为同塔省和安江省，水资源开发利用率分别为 291.2% 和 230.9%。水资源开发利用率最低的省为昆嵩省，水资源开发利用率仅为 4.3%；其次为北件省和莱州省，水资源开发利用率分别为 5.6% 和 6.0%。分区看（表 5-10），越南水资源开发利用率最高的区为湄公河三角洲，本地水资源开发利用率高达 143.1%；其次为红河三角洲，水资源开发利用率为 72.0%。北部边境和山区、西原地区水资源开发利用率较低，均不足 15%。

表 5-10　2015 年越南各分区的水资源开发利用状况

分区	水资源量/亿 m³	用水量/亿 m³	水资源开发利用率/%
红河三角洲	173.78	125.07	72.0
北部边境和山区	793.60	89.78	11.3
中北部和中部沿海地区	784.65	168.97	21.5
西原地区	463.09	55.38	12.0
东南地区	244.70	111.19	45.4
湄公河三角洲	298.44	427.04	143.1
全国	2758.26	977.45	35.4

5.3　水资源承载力与承载状态

本节根据水资源承载力核算方法，计算越南各分区水资源承载人口，并根据现状人口计算水资源承载指数，最后根据水资源承载指数判断越南各分区的承载状态。本节主要用的数据包括水资源可利用量和人均综合用水量，数据来源和计算方法参见前两节。

5.3.1　水资源承载力

水资源承载能力的计算实际上是一优化问题，即在一定的水资源可利用量、用水技术水平、福利水平等约束条件下，求满足条件的最大人口数量。

现状条件下（2015 年）越南水资源可承载人口约为 9505 万人，2015 年越南实际人口为 9171 万人，水资源承载力指数为 0.96。如图 5-5 所示，分省水资源承载力看，北部的省份水资源承载力较高，主要位于红河三角洲；南部的省份水资源承载力较弱，主要

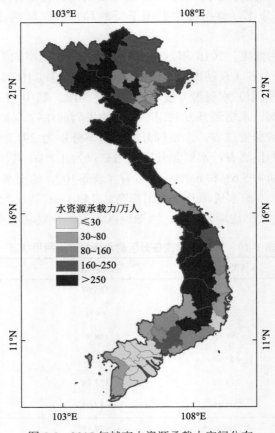

图 5-5　2015 年越南水资源承载力空间分布

位于湄公河三角洲。从分省水资源承载指数看，湄公河三角洲的同塔省和安江省的水资源承载指数最高，承载指数超过 10；西原地区的昆嵩省、北部边境和山区的北件省水资源承载指数最低，承载指数分别为 0.13 和 0.17。分区看（表 5-11），湄公河三角洲水资源承载指数最高，高达 5.46；其次为红河三角洲和东南地区，水资源承载指数分别为 1.83 和 1.74。承载指数较低的分区为北部边境和山区、西原地区、中北部和中部沿海地区，承载指数分别为 0.39、0.42 和 0.72。

表 5-11　2000～2015 年越南各分区水资源承载力及承载指数

分区	水资源承载力/万人				水资源承载指数			
	2000 年	2005 年	2010 年	2015 年	2000 年	2005 年	2010 年	2015 年
红河三角洲	1080	1047	965	1144	1.67	1.81	2.06	1.83
北部边境和山区	3106	2859	3150	3054	0.33	0.38	0.36	0.39
中北部和中部沿海地区	3376	2896	2549	2721	0.54	0.64	0.74	0.72
西原地区	3310	2650	1209	1336	0.13	0.18	0.43	0.42
东南地区	893	849	740	927	1.19	1.46	1.96	1.74
湄公河三角洲	419	383	301	322	3.89	4.40	5.73	5.46
全国	12184	10684	8914	9505	0.64	0.77	0.98	0.96

从水资源承载力的历史演化可知，2000～2015 年，越南水资源承载力有所下降，承载人口由 1.22 亿人下降到 9505 万人；水资源承载指数逐步上升，承载指数由 0.64 上升到 0.96。除东南地区外，其他分区水资源承载力均有所下降（表 5-11）；分省看，共有 20 个省份水资源承载力上升，43 个省份水资源承载力下降。北部水资源承载力略有下降，中部水资源承载力下降明显；中部的西原地区水资源承载力下降幅度显著，承载力下降了 60%；其次湄公河三角洲、中北部和中部沿海地区，水资源承载力也分别下降了 23% 和 19%。水资源承载指数趋势与水资源承载力相反。

5.3.2　水资源承载状态

根据现状年人口和水资源承载能力，计算水资源承载指数，根据水资源承载状态分级标准以及水资源承载状态指数，将水资源承载状态划分严重超载、超载、临界超载、平衡有余、盈余和富富有余 6 个状态。

2000 年、2005 年、2010 年和 2015 年越南水资源承载状态分别为盈余、盈余、平衡有余、平衡有余。分省看（图 5-6），各省份水资源承载状态变化不大；2000 年共有 20 个省份水资源承载力严重超载，6 个省份水资源承载力超载，5 个省份水资源承载力临界超载；2005 年共有 22 个省份水资源承载力严重超载，6 个省份水资源承载力超载，5 个省份水资源承载力临界超载；2010 年共有 26 个省份水资源承载力严重超载，5 个省份水资源承载力超载，4 个省份水资源承载力临界超载；2015 年共有 26 个省份水资源承载力严重超载，3 个省份水资源承载力超载，7 个省份水资源承载力严重超载，3 个省份水资源承载力超载,7个省份水资源承载力临界超载。从分区尺度看(表5-12),湄公河三角洲均为严重超载状态;红河三角洲和东南地区处于超载状态;中北部和中部沿海地区处于盈余状态;西原地区、北部边境和山区均处于富富有余状态。西原地区、北部边境和山区水资源承载状态一直处于富富有余状态,湄公河三角洲水资源承载状态一直处于严重超载状态,东南地区由临界超载状态变为超载状态,中北部和中部沿海地区由富富有余状态变为盈余状态。

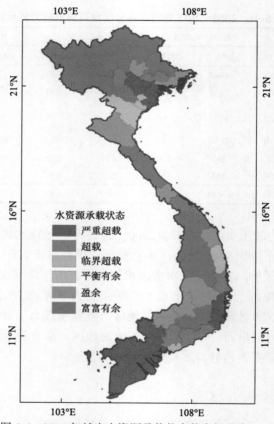

图5-6 2015年越南水资源承载状态的空间分布

表5-12 2000~2015年越南各分区水资源承载状态

分区	水资源承载状态			
	2000年	2005年	2010年	2015年
红河三角洲	超载	超载	严重超载	超载
北部边境和山区	富富有余	富富有余	富富有余	富富有余
中北部和中部沿海地区	富富有余	盈余	盈余	盈余
西原地区	富富有余	富富有余	富富有余	富富有余
东南地区	临界超载	临界超载	超载	超载
湄公河三角洲	严重超载	严重超载	严重超载	严重超载
全国	盈余	盈余	平衡有余	平衡有余

5.4　未来情景与调控途径

本节根据未来不同的技术情景，计算不同情景水资源承载力，判断不同情景下越南水资源超载风险，从而实现对越南水资源安全风险预警；随后分析越南主要存在的水资源问题，并提出相应的水资源承载力增强和调控途径。本节计算未来技术情景水资源承载力用到的人均生活用水量、人均 GDP 和千美元 GDP 用水根据世界不同地区平均标准作为基准，人均生活用水量基准根据 FAO AQUASTAT 各国生活用水计算得到；人均 GDP 根据世界银行 GDP 数据计算得到。

5.4.1　未来情景分析

假设水资源可利用量基本维持在现状水平，生活福利水平使用人均 GDP 表示，用水效率水平使用千美元 GDP 用水量表示。下面对以下两种未来的技术情景进行模拟评价：

情景 1：人均 GDP 翻倍；千美元 GDP 用水量减少 1/3。

情景 2：人均 GDP 翻 2 倍；千美元 GDP 用水量减少 2/3。

根据三种不同的人均生活用水标准[60L/(d·人)、100L/(d·人)、150L/(d·人)]，分别计算未来技术情景 1 条件下和未来技术情景 2 条件下的水资源承载能力。

如图 5-7 所示，越南 2016 年 GDP 总计 2052.76 亿美元，人均 GDP 2186 美元，人

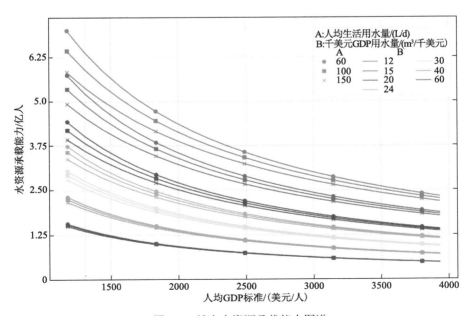

图 5-7　越南水资源承载能力图谱

均生活用水量 76 L/d, 总人口 9457 万, 用水量 806 亿 m³, 千美元 GDP 用水量 392.64 m³。未来人均 GDP 增长 50%和 80%情景下, 千美元用水效率提高到 300 m³, 可支撑人口约 1.8 亿和 1.61 亿, 用水量分别为 1767.54 亿 m³ 和 1897.78 亿 m³, 分别占总水资源的 21% 和 22.6%, 未超载。

越南人均水资源丰富, 总体上水资源质量和数量都处于良好状态。按未来不同情景发展预测, 越南在 2030 年和 2050 年水资源不会发展成水资源超载, 能够支撑越南经济发展和人口增长对用水的需求。

5.4.2　主要问题及调控途径

1. 主要水资源问题

在国家层面, 越南有足够的资源来满足当前和未来一段时间的用水需求。越南河流多发源于其他国家, 只有 37%的水源在国内, 越南水资源量不仅受到上游国家建设水坝的影响, 人口与社会经济的发展会导致用水需求的增长。越南近年来城市化与工业化加快, 原有水利设施已无法满足生产、生活、防灾等需求, 加之极端气候的影响, 水资源问题不断凸显。

1) 地表水来源高度依赖邻国

地表水总量的 63%来自上游国家, 如柬埔寨、中国和老挝, 高度依赖邻国。例如, 湄公河和红河流域占越南 GDP 的 42%, 但 95%和 40%的年径流量分别来自越南以外, 这对未来经济的发展构成重要约束。

2) 水污染有恶化趋势

越南河流上游的地表水质以及生物多样性相对较好。然而, 由于大多数市政和工业废水未经处理排放到水体中, 河流流经城市和工业区等, 使得水质进一步恶化。另外, 化肥和农药的大量使用进一步降低了地表水和地下水水质。

截至 2015 年年底, 河内、胡志明、岘港等大城市 35 个集中式城市污水处理厂的总容量约为 85 万 m³/d, 相当于越南城市污水处理的 12%~13%。此外, 据估计, 全国已建成并安装了数千个分布式污水处理厂, 用于处理住宅区、医院、宾馆和办公楼的生活污水。尽管如此, 截至 2014 年, 越南只有 50%的医院和 2.35 万个畜牧场中的 7%拥有污水处理系统。

3) 气候变化导致水资源时空分布更加不均

受气候变化的影响, 越南干旱事件的频率和严重程度正在增加, 严重影响生计和农业生产。厄尔尼诺和拉尼娜事件大约每 2~7 年发生一次, 强度各不相同, 如发生在 1982~1983 年、1997~1998 年和 2003 年厄尔尼诺事件对越南的环境和社会经济部门产生了严重影响。受气候变化影响，2003 年，咖啡产量减少了 25%；2014～2016 年的厄尔尼诺事件使越南遭受的 90 年来最严重干旱，受影响最严重的地区包括中部高地和中部海岸，尤其是宁顺省和平顺省，这些地区经历了严重的水资源短缺和湄公河三角洲经历海水入侵。2016 年 4 月初，在中部高地，主要河流径流量减少了 20%～90%，大多数水库的水量下降到设计能力的 10%～50%，70%的耕种面积因季节性缺水导致作物减产。

4）供水设施老化降低供水效率

老化的供水基础设施造成水资源浪费严重。无收益水（NRW），指由自来水公司生产但却不产生收益的水。越南全国范围内 NRW 的比例为 11.8%～28.1%，而大城市的 NRW 百分比通常为 22%～28%。越南政府已经认识到需要解决这个问题，并开始实施 NRW 减少计划，预计到 2025 年将平均 NRW 降低到 15%。

5）其他水资源问题

地下水过度开采对越南未来的水安全构成威胁，加之地面沉降，预计将大幅增加基础设施成本。另外，越南水电的快速扩张也导致水资源共享冲突和与水坝安全相关的问题。

2. 调控途径

1）国际河流的合作管理

解决国际河流的水资源分配和合作管理是保障其国内发展的重要基础，特别是寻求长期稳定的水资源分配方案和极端降雨等情景下合作管理，对于提升越南水资源承载能力具有实际意义。

2）提高用水效率，降低需水量

按目前研究结果看，到 2030 年越南农业、工业、城市生活用水需求将大幅增加，农业用水增加 150 亿 m^3，增加约 20%，工业用水增加 96 亿 m^3，增加 160%，城市生活用水增加 26 亿 m^3，增加约 84%。粗放式的取水用水，导致水资源承载能力下降。提高用水效率，发展工农业节水技术，提高公民节水意识，能有效提升越南水资源承载能力。

3）供水设施改造

供水设施老旧，造成供水能力低下和水资源浪费。加大资金投入到供水设施改造和新建，能极大提高水资源利用效率，同时也可增强水资源循环利用，有效减少水资源需求。

5.5 本 章 小 结

本章主要从水资源基础供给能力、水资源开发利用、水资源承载力和承载状态、未来情景和调控途径等方面进行了全面系统的评价和分析。

　　总体上看，越南降水充沛，不同纬度地区年内降水差异明显。越南水资源丰富，局部地区存在水资源压力，红河三角洲和东南地区存在轻微水资源压力；客水依赖率高，跨境水资源风险高，国内水质下降。

　　用水量上，越南总用水呈显著增长态势，农业用水呈上升趋势，农业用水占比逐步下降，工业用水快速增长，工业用水占比波动上升，生活用水呈缓慢平稳上升趋势；越南用水效率在不断下降，人均综合用水量逐步上升；湄公河三角洲和红河三角洲部分省份水资源开发利用程度较高，存在水资源短缺风险。

　　越南整体上水资源承载状态为平衡有余状态，2000～2015 年由盈余状态下降为平衡有余状态。湄公河三角洲水资源处于严重超载状态；红河三角洲和东南地区处于超载状态；北部边境和山区、中北部和中部沿海地区和西原地区均处于盈余和富富有余状态。越南现状人口没有超过其水资源承载力，但部分地区存在着不可持续的水资源开发风险。

第6章 生态承载力评价与区域谐适策略

本章主要从生态供给、生态消耗、生态承载力和未来情景分析研究越南生态承载力水平的时空演变特征,数据主要包括矢量数据、统计数据等。在生态消耗方面,主要研究越南农田、森林、草地、水域及综合生态系统消耗水平、结构与模式及其演变;在生态承载力方面,主要从供需平衡角度科学评估了越南全国以及省级尺度下的生态承载力与承载状态,定量分析了生态承载力与承载状态的时空演变格局;依托国际公认的气候变化情景、经济社会发展情景,基于生态系统演变模型开展情景模拟,评估越南未来生态承载力与承载状态的可能变化与趋势,并对其关键问题提出针对性政策调整。

6.1 生态系统供给的时空变化特征及脆弱性分析

6.1.1 生态系统供给的时空变化特征

2000 年以来,越南陆地生态系统生态供给总量为 4.82×10^{15} g C,单位面积陆地生态系统生态供给水平为 934.13 g C/m²。全国单位面积陆地生态系统生态供给水平总体呈现自北向南先增加后递减的规律,全域低值主要分布在南部的湄公河三角洲、胡志明市和北部的红河三角洲,高值主要分布在中南沿海地区。2000 年以来,越南陆地生态系统大部分地区净初级生产力(NPP)呈现上升趋势,小部分地区呈现下降趋势。

1. 空间分布

1)全国整体情况

2000 年以来,越南陆地生态系统生态供给总量为 4.82×10^{15} g C,位列"一带一路"共建各国陆地生态系统生态供给总量第 12 名。单位面积陆地生态系统生态供给水平为 934.13 g C/m²,约为"一带一路"共建国家单位面积生态系统供给水平的 2.45 倍。

全国单位面积陆地生态系统生态供给水平空间分布存在明显差异(图 6-1),总体呈现自北向南先增加后递减的规律,全域低值主要分布在南部的湄公河三角洲冲积平原、胡志明市和北部的红河三角洲,高值主要分布在中南沿海地区;这主要是由于其特殊的地理环境造成的,越南北部和西北部为高地,中央山地分布密集且崎岖狭窄,沿海地势低平绵长,主要生态系统类型草地/森林/农田呈现带状分布。

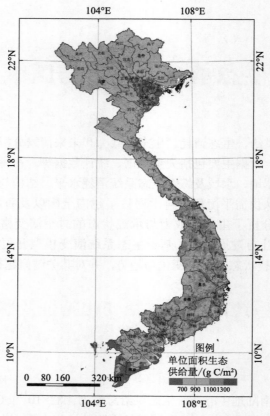

图 6-1　2000～2015 年越南生态系统平均单位面积生态供给空间分布

　　从不同地理分区角度上看：越南各区 2000 年以来陆地生态系统生态供给总量多年平均值在 $2.07×10^{14}$～$14.72×10^{14}$ g C 之间（图 6-2），这主要取决于各个区的区域面积以及陆地植被的类型及其植被单位面积生产力水平。其中中北部和中部沿海地区生态系统生态供给总量最高，为 $14.72×10^{14}$ g C；北部边境和山区次之，生态系统生态供给总量为 $14.60×10^{14}$ g C，红河三角洲陆地生态系统生态供给总量最低，为 $2.07×10^{14}$ g C。

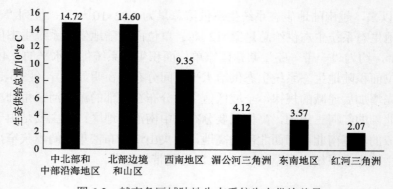

图 6-2　越南各区域陆地生态系统生态供给总量

从不同地理分区看：越南 2000 年以来各分区单位面积陆地生态系统生态供给量在 637.16～1079.75 g C/m² 之间（图 6-3），这主要取决于各区所在的地理位置、气候类型、陆表植被类型等。其中，西南地区单位面积生态供给量最高为 1079.75 g C/m²，其次是中北部和中部沿海地区，单位面积生态供给量为 998.64 g C/m²，红河三角洲单位面积生态供给量最低为 637.16 g C/m²。

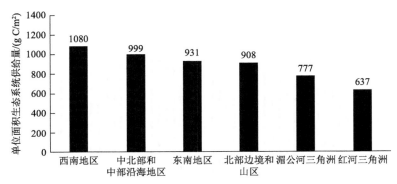

图 6-3　越南各区域陆地生态系统单位面积生态供给水平

从不同省份角度上看：越南各省份 2000 年以来陆地生态系统生态供给总量多年平均值在 7.00×10¹³～2.59×10¹⁴ g C 之间（图 6-4）。其中嘉莱生态供给总量最高，为 2.59×10¹⁴ g C；义安次之，生态系统生态供给总量为 2.44×10¹⁴ g C，北宁陆地生态系统生态供给总量最低，为 7.00×10¹³ g C。

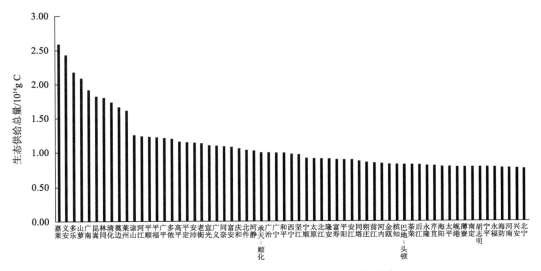

图 6-4　越南各省份陆地生态系统生态供给总量

从不同省份看：越南 2000 年以来各省份单位面积陆地生态系统生态供给量在 346.08～1168.22 g C/m² 之间（图 6-5），这主要取决于各区所在的地理位置、气候类型、陆表植被类型等。其中，庆和单位面积生态供给量最高为 1168.22 g C/m²，其次是昆嵩，单位面积生态供给量为 1127.58 g C/m²，金瓯单位面积生态供给量最低为 346.08 g C/m²。

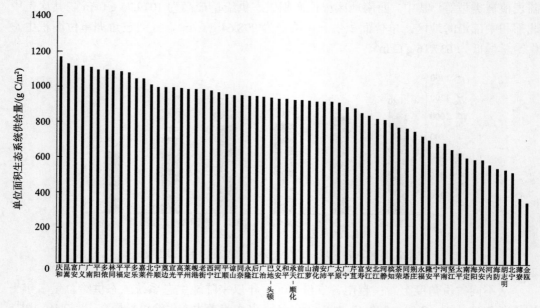

图 6-5　越南各省份陆地生态系统单位面积生态供给水平

2）森林生态系统

2000 年以来，越南陆表森林生态系统生态供给总量为 1.82×10¹⁵ g C，单位面积陆表森林生态系统生态供给水平为 1021.70±171.99 g C/m²，约为"一带一路"共建国家单位面积森林生态系统供给水平的 2 倍。

2000 年、2005 年、2010 年、2015 年越南陆表森林生态系统生态供给（图 6-6）总量分别为 1.20×10¹⁴ g C、1.1×10¹⁴ g C、1.16×10¹⁴ g C、1.23×10¹⁴ g C，单位面积陆表森林生态系统生态供给水平分别为 1020.30 g C/m²、960.62 g C/m²、1012.80 g C/m²、1080.94 g C/m²。

全国森林生态系统生态供给水平总体上呈现出由北向南带状递增的规律。其中，生态供给高值区（>1300 g C/m²）主要分布在越南的东南沿海，低值区（<700 g C/m²）主要分布在胡志明市周边、湄公河三角洲沿岸以及北部的高山区。

3）草地生态系统

2000 年以来，越南陆表草地生态系统生态供给总量为 5.58×10¹² g C，单位面积陆表草地生态系统生态供给水平为 453.84±282.97 g C/m²，约为"一带一路"共建国家单位面积草地生态系统供给水平的 2.46 倍。

2000 年、2005 年、2010 年、2015 年越南陆表草地生态系统生态供给（图 6-7）总

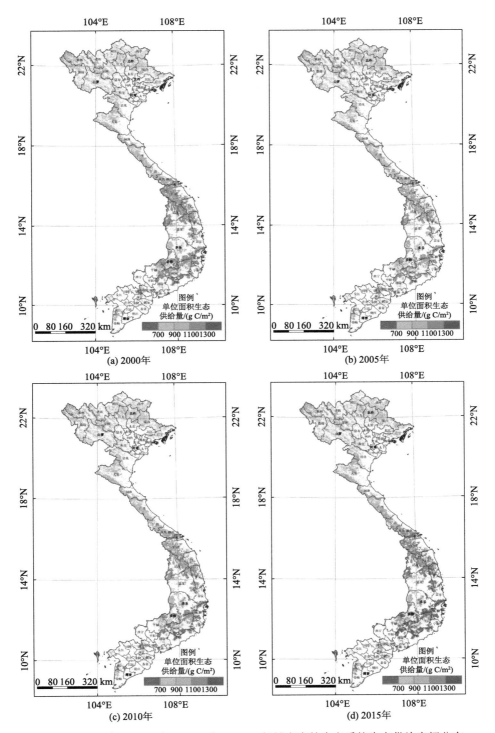

图 6-6 2000 年、2005 年、2010 年、2015 年越南森林生态系统生态供给空间分布

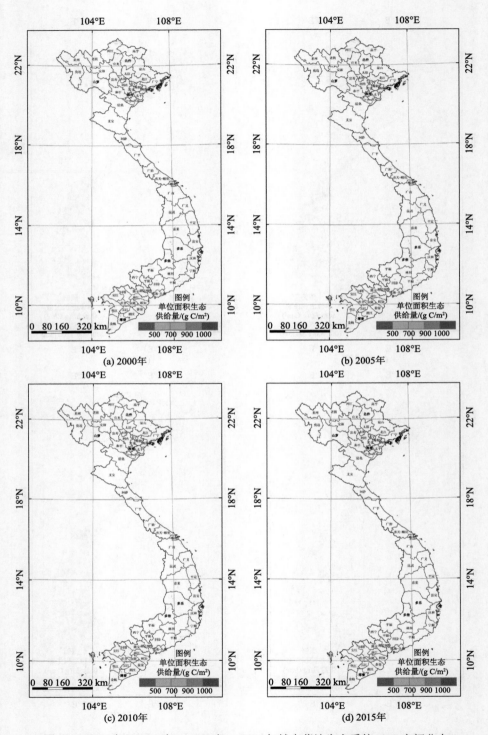

图 6-7　2000 年、2005 年、2010 年、2015 年越南草地生态系统 NPP 空间分布

量分别为 3.98×10^{11} g C、3.27×10^{11} g C、3.41×10^{11} g C、3.79×10^{11} g C，单位面积陆表草地生态系统生态供给水平分别为 487.43 g C/m²、401.24 g C/m²、415.80 g C/m²、464.03 g C/m²。

越南草地生态系统面积较少，草地生态系统的总面积为 697.16 km²（占全国面积的 0.21%）。

4）农田生态系统

2000 年以来，越南陆表农田生态系统生态供给总量为 2.11×10^{15} g C，单位面积陆表农田生态系统生态供给水平为 875.04 ± 282.45 g C/m²，约为"一带一路"共建国家单位面积农田生态系统供给水平的 2.03 倍。

2000 年、2005 年、2010 年、2015 年越南陆表农田生态系统生态供给（图 6-8）总量分别为 1.3×10^{14} g C、1.25×10^{14} g C、1.39×10^{14} g C、1.52×10^{14} g C，单位面积陆表农田生态系统生态供给水平分别为 854.66 g C/m²、799.00 g C/m²、877.38 g C/m²、965.31 g C/m²。

全国农田生态系统生态供给水平总体呈现由北向南先升高后降低的规律。其中，生态供给高值区（>1000 g C/m²）主要分布在中南沿海地区（嘉莱、多乐、富安、庆和等省份）、东南部（平福、平阳、同奈、西宁等省份）以及南部的湄公河三角洲地区（永隆、茶荣、槟知、安江等省份），其低值区（<800 g C/m²）主要分布在北部的红河三角洲（北宁、海阳、太平、河南等省份），中北沿海地区（清化、义安、河静等省份）以及湄公河三角洲的沿海一带（坚江、金瓯、薄寮等省份）。

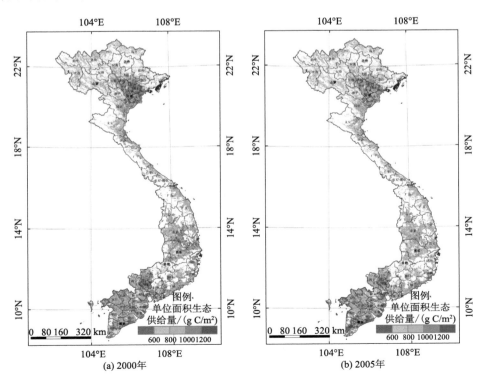

(a) 2000年　(b) 2005年

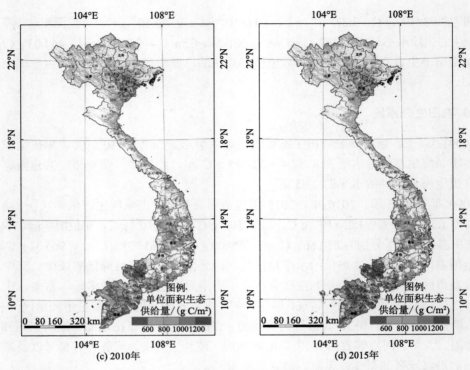

图 6-8　2000 年、2005 年、2010 年、2015 年越南农田生态系统 NPP 空间分布

2. 时序变化

1）全国整体情况

2000 年以来，越南陆地生态系统大部分地区 NPP 呈现上升趋势，部分区域呈现下降趋势，NPP 上升的地区面积大于下降地区（图 6-9）；其中，NPP 下降区域面积为 4 万 km²（占全国国土面积的 44.11%），上升区域面积为 5.12 万 km²（占全国国土面积的 55.89%）。

全国陆地生态系统 NPP 显著下降区域面积为 0.87 万 km²（占全国国土面积的 9.68%），主要呈带状分布在越南西部的嘉莱、多乐和多侬等省份。

全国陆地生态系统 NPP 显著上升区域面积为 1.42 万 km²（占全国国土面积的 15.50%），同样呈带状分布在越南的西部以及南部的西宁、同塔、安江、永隆等省份。

2）森林生态系统

2000 年以来，越南森林生态系统大部分地区 NPP 呈现上升趋势，小部分地区呈现下降趋势，NPP 上升的地区面积大于下降地区（图 6-10）；其中，NPP 下降区域面积为 5.2 万 km²，上升区域面积为 5.86 万 km²。越南森林生态系统 NPP 显著下降区域面积为 0.72 万 km²（占全国国土面积的 2.17%），主要呈零星点状分布在多乐和多侬和坚江等省份。越南森林生态系统 NPP 显著上升区域面积为 0.92 万 km²（占全国国土面积的 2.77%），主要呈零星点状分布在前江、林同、多乐和谅山等省份。

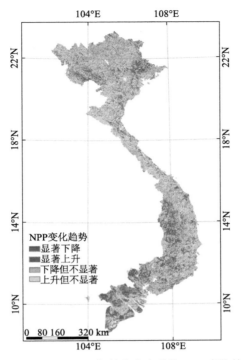

图 6-9　2000~2015 年越南生态系统 NPP 变化趋势

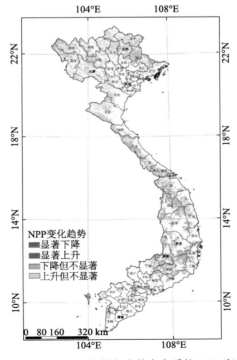

图 6-10　2000~2015 年越南森林生态系统 NPP 变化趋势

3）草地生态系统

2000 年以来，越南草地生态系统 NPP 整体呈上升趋势（图 6-11）；其中，NPP 下降区域面积为 323.46 km²（占全国国土面积的 0.097%），上升区域面积为 373.70 km²（占全国国土面积的 0.11%）。草地生态系统 NPP 显著下降区域面积为 134.49 km²（占全国国土面积的 0.04%）。草地生态系统 NPP 显著上升区域面积为 148.91 km²（占全国国土面积的 0.04%）。

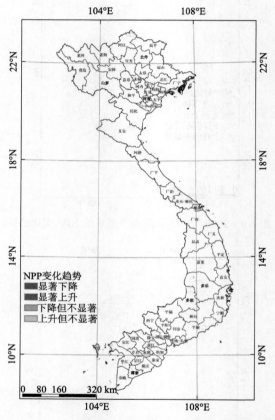

图 6-11　2000～2015 年越南草地生态系统 NPP 变化趋势

4）农田生态系统

2000 年以来，越南农田生态系统 NPP 大部分地区呈现上升趋势（图 6-12）；其中，NPP 下降区域面积为 5.57 万 km²，上升区域面积为 9.18 万 km²。农田生态系统 NPP 显著下降区域面积为 1.49 万 km²（占全国国土面积的 4.49%），主要分布在越南中部的嘉莱、昆嵩和南部的坚江等省份。农田生态系统 NPP 显著上升区域面积为 3.52 万 km²（占全国国土面积的 10.61%），主要分布在越南南部的西宁、薄寮、平福和北部的北江、清化等省份。

越南陆地生态系统生态供给总量为（1.05±0.04）×10¹⁴ g C，单位面积陆地生态系统生态供给水平为 712.60±29.01 g C/m²。

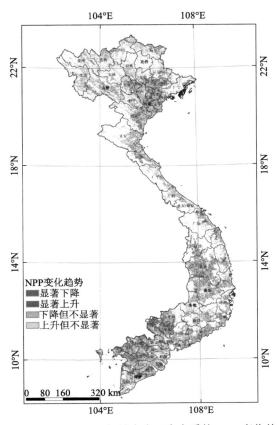

图 6-12　2000～2015 年越南农田生态系统 NPP 变化趋势

全国单位面积陆地生态系统生态供给水平在总体呈现自北向南先增加后递减的规律，全域低值主要分布在南部的湄公河三角洲、胡志明市和北部的红河三角洲，高值主要分布在中南沿海地区。这主要是由于越南北部和西北部为高地，中央山地分布密集且崎岖狭窄，沿海地势低平绵长，主要生态系统类型呈现带状分布。

2000 年以来，越南陆地生态系统大部分地区 NPP 呈现上升趋势，小部分区域呈现下降趋势，NPP 上升的地区面积明显大于下降地区；其中，NPP 下降区域面积为 4 万 km² （占全国国土面积的 44.11%），上升区域面积为 5.12 万 km²（占全国国土面积的 55.89%）。全国陆地生态系统 NPP 显著下降区域面积为 0.87 万 km²；全国陆地生态系统 NPP 显著上升区域面积为 1.42 万 km²。

6.1.2　生态系统供给脆弱性分析

生态系统脆弱性是指生态系统受到不利影响的倾向或趋势。因此，研究使用生态系统暴露度表征生态系统有可能受到不利影响的倾向，生态系统敏感度来表征生态系统受到不利影响的趋势。研究使用生态系统暴露度和生态系统敏感度来表征生态系统脆弱性，研究从生态系统分区角度出发，统计生态系统暴露度和生态系统敏感度在森林、草地、农田三大生态系统分区上的空间分布。

1. 敏感性分析

生态系统敏感度是生态系统受气候变化、人类活动等影响的波动程度，例如生态系统内部某一地区环境波动剧烈，说明其这一地区较其他地区更为敏感。NPP 是表征生态系统生产力的基本指标，而增强型植被指数（enhanced vegetation index，EVI）能够稳定地反映出所观测地区植被的生长情况，NPP、EVI 的波动程度可以间接反映出生态系统是否产生了剧烈变化，因此研究使用 NPP、EVI 逐年数据的变异系数（coefficient of variance，CV）来表征生态系统敏感度。对于全区的 CV 取值，参考 ArcGIS 中的自然断点分级法，对 CV 的取值范围进行 3 级划分，然后对各级取值范围进行微小调整，最后对 NPP、EVI 的 CV 分区进行叠加，得到生态系统敏感度分区（表 6-1）。

表 6-1　敏感度分区表

	EVICV 取值范围（<0.1）	EVICV 取值范围（0.1~0.2）	EVICV 取值范围（>0.2）
NPPCV 取值范围（<0.1）	一般敏感	敏感	敏感
NPPCV 取值范围（0.1~0.2）	敏感	敏感	极敏感
NPPCV 取值范围（>0.2）	敏感	极敏感	极敏感

越南境内生态较不敏感（图 6-13）。从空间上看，越南大部分属于一般敏感区，高度敏感区仅存在于极少数的地区，主要分布在越南南部沿海地区，敏感区主要分布在越南南部和中西部。

越南境内一般敏感区总面积约为 16.9 万 km^2，占全国总面积的 50.95%；敏感区和极敏感总面积约为 13.95 万 km^2，占全国总面积的 42.07%；极敏感区总面积约为 2.15 万 km^2，占全国总面积的 6.98%。

1）森林生态系统

从空间上看，越南境内森林生态系统大部分属于一般敏感区（图 6-14），极敏感区和敏感区较少。在越南境内森林生态系统，一般敏感区的总面积约为 7.63 万 km^2，占森林总面积的 64.88%；敏感区（敏感+极敏感）总面积约为 3.97 万 km^2，占森林总面积的 33.76%；极敏感区总面积约为 0.16 万 km^2，占森林总面积的 1.36%。

2）草地生态系统

从空间上看，越南境内草地生态系统大部分属于敏感区（图 6-15）。而极敏感区和一般敏感区几乎没有。在越南境内草地生态系统，一般敏感区的总面积约为 115.37 km^2，占草地总面积的 14.79%；敏感区（敏感+极敏感）总面积约为 537.39 km^2，占草地总面积的 68.89%；极敏感区总面积约为 127.20 km^2，占草地总面积的 16.32%。

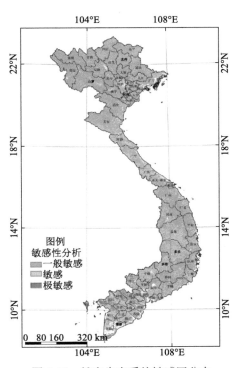

图 6-13　越南生态系统敏感区分布

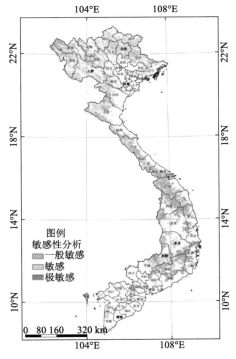

图 6-14　越南森林生态系统敏感区分布

图 6-15　越南草地生态系统敏感区分布

3）农田生态系统

从空间上看，越南境内农田生态系统大部分属于敏感区（图 6-16），极敏感区主要分布在越南南部沿海地区，包括金瓯、薄寮、朔庄等。在越南境内农田生态系统，一般敏感区的总面积约为 6.39 万 km^2，占农田总面积的 41.19%；敏感区（敏感+极敏感）总面积约为 8.23 万 km^2，占农田总面积的 53.06%；极敏感区总面积约为 0.89 万 km^2，占农田总面积的 5.75%。

2. 暴露度分析

生态系统暴露度是指生态系统处在有可能受到不利影响的位置。例如，生态系统是否受到不利影响，取决于它处于何种暴露度下。对于一个生态系统来说，人类活动对其的影响是最为剧烈的，因此，研究使用人类活动的暴露度水平来表征生态系统暴露度。

道路和居民点的不同距离缓冲区表示人类活动强度梯度，离道路、铁路、线状水系和居民点的距离越远、人类活动的强度或影响草地及其 NPP 的能力越低。在全球 100 万基础地理数据基础上，首先提取全球居民点、道路、铁路、线状水系数据，分别以全球居民点、道路、铁路、线状水系为中心，用 ArcGIS 生成距离缓冲区矢量图，以 1km 为

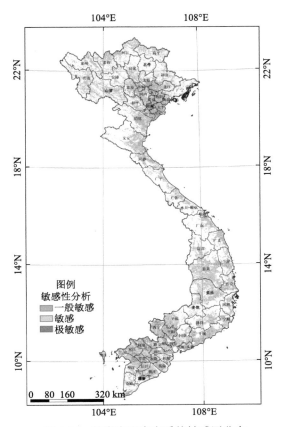

图 6-16　越南农田生态系统敏感区分布

单位，各自生成 10 个缓冲区；然后将全球居民点、道路、铁路、线状水系各自的缓冲区合并，获得具有 3 个缓冲区的全球居民点、道路、铁路、线状水系综合缓冲区，3 个缓冲区的暴露度水平分别对应着微弱暴露、中等暴露、强烈暴露。

最终结果如表 6-2 所示。微弱暴露表示不在设定的全球居民点、道路、铁路、线状水系 10～100 km 缓冲区内，中等暴露表示在设定的全球居民点、道路、铁路、线状水系 50～100 km 缓冲区内，强烈暴露表示在设定的全球居民点、道路、铁路、线状水系 10～50 km 缓冲区内。

表 6-2　生态系统暴露度缓冲区分区表

暴露度水平	缓冲区范围（全球居民点、道路、铁路、线状水系）
微弱暴露	>100 km
中等暴露	50～100 km
强烈暴露	10～50 km

越南境内大部分地区呈强烈暴露（图 6-17），部分地区呈中等暴露，没有微弱暴露区。全国约有 13.2 万 km² 的土地属于中等暴露区，占全国总面积的 39.92%；约有 19.6 万 km² 的土地属于强烈暴露区，占全国总面积的 59.18%。

从空间上看，强烈暴露区主要分布在红河三角洲、越南北中部、南中部和东南沿海以及湄公河三角洲的北部，与老挝、柬埔寨的城市、人口、交通线路的空间分布存在密切空间依赖关系。

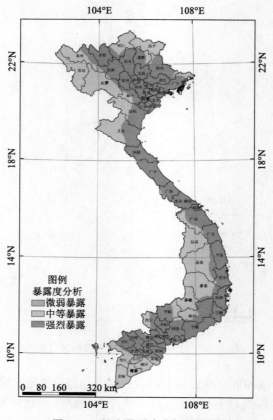

图 6-17　越南暴露度空间分布图

1）森林生态系统

越南境内森林生态系统大部分地区呈强烈暴露（图 6-18），部分地区呈中等暴露，没有微弱暴露区。全国约有 5.56 万 km² 的土地属于中等暴露区，占全国总面积的 16.78%；约有 6.15 万 km² 的土地属于强烈暴露区，占全国总面积的 18.53%。

从空间上看，强烈暴露区主要分布在越南东北部的老街、北件、谅山、广宁等省份；北中部的广平、河静、广治等省份；南中部的多乐、平定等省份。

2）草地生态系统

越南境内草地生态系统大部分地区呈强烈暴露（图 6-19），部分地区呈中等暴露，没有微弱暴露区。全国约有 343.82 km² 的土地属于中等暴露区，占全国总面积的 0.10%；约有 472.70 km² 的土地属于强烈暴露区，占全国总面积的 0.14%。

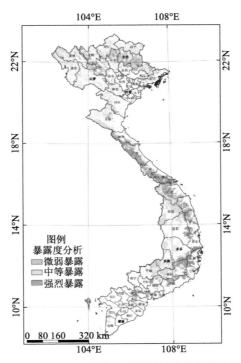

图 6-18　越南森林生态系统暴露度空间分布图

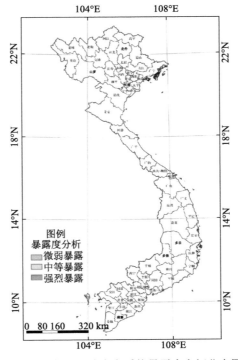

图 6-19　越南草地生态系统暴露度空间分布图

3）农田生态系统

越南境内农田生态系统大部分地区呈强烈暴露（图 6-20），部分地区呈中等暴露，没有微弱暴露区。全国约有 5.45 万 km² 的土地属于中等暴露区，占全国总面积的 16.43%；约有 9.99 万 km² 的土地属于强烈暴露区，占全国总面积的 30.12%。

从空间上看，强烈暴露区的分布与全域分布一致，主要在红河三角洲的河内、北宁、太平等省份；越南北中部的清化、河静、义安东部、南中部的平定、富安等省份；东南部的平顺、平阳等地区以及湄公河三角洲北部的大部分区域。

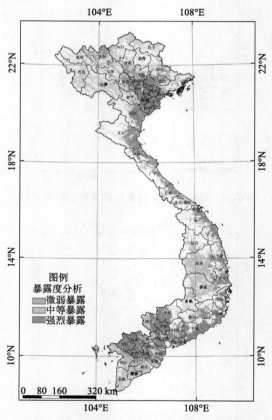

图 6-20　越南农田生态系统暴露度空间分布图

3. 脆弱性分析

研究使用生态系统暴露度和生态系统敏感度来表征生态系统脆弱性，研究从生态系统分区角度出发，叠加生态系统暴露度和生态系统敏感度的空间分布图，从而得到生态系统脆弱性分区。具体的脆弱性分区如表 6-3 所示。

表 6-3　脆弱性分区表

	强烈暴露	中等暴露	微弱暴露
极敏感	高度脆弱	脆弱	脆弱
敏感	脆弱	脆弱	脆弱
一般敏感	脆弱	脆弱	不脆弱

越南境内生态大部分地区属于脆弱区（图 6-21）。全国约有 32.26 万 km² 的土地属于脆弱区，占全国总面积的 97.26%；约有 6553.42 km² 的土地属于高度脆弱区，占全国总面积的 1.98%。

从空间上看，高度脆弱区主要分布在越南东南沿海和湄公河三角洲地区，包括隆安、同塔、安江和芹苴等省份。

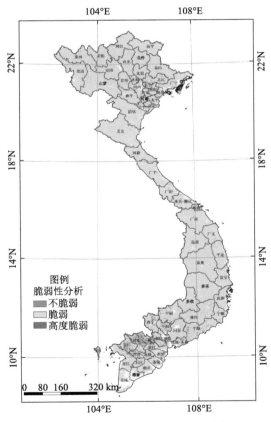

图 6-21　越南生态系统脆弱区分布

1）森林生态系统

越南境内森林生态系统大部分地区属于脆弱区（图 6-22）。全国约有 11.64 万 km² 的土地属于脆弱区，占全国总面积的 35.07%；约有 708.94 km² 的土地属于高度脆弱区，占全国总面积的 0.21%。

从空间上看，高度脆弱区主要分布在越南东南部的隆安省和前江省。

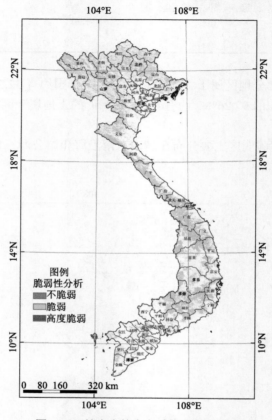

图 6-22　越南森林生态系统脆弱区分布

2）草地生态系统

越南境内草地生态系统属于脆弱区（图 6-23）。全国约有 725.62 km² 的土地属于脆弱区，占全国总面积的 0.22%；约有 88.31 km² 的土地属于高度脆弱区，占全国总面积的 0.03%。

3）农田生态系统

越南境内农田生态系统大部分地区属于脆弱区（图 6-24）。全国约有 14.93 万 km² 的土地属于脆弱区，占全国总面积的 45.01%；约为 5082.85 km² 的土地属于极脆弱区，占全国总面积的 1.53%。

从空间上看，极脆弱区主要分布在越南湄公河三角洲的同塔、隆安和安江等省份。

总体而言，越南境内生态较为脆弱。全国约有 32.26 万 km² 的土地属于脆弱区，占全国总面积的 97.26%。脆弱区同时受到生态系统自身的敏感性、生态系统相对人类的暴露程度等两方面的影响。

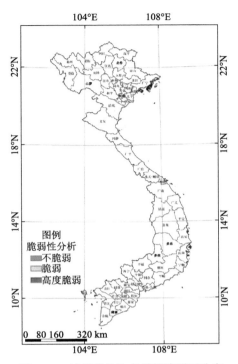

图 6-23　越南草地生态系统脆弱区分布

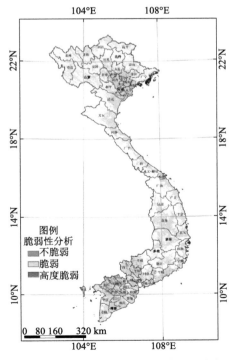

图 6-24　越南农田生态系统脆弱区分布

越南境内生态较不敏感，大部分属于一般敏感区，仅极少数地区属于高度敏感区。全国一般敏感区总面积约为 16.9 万 km^2，占全国总面积的 50.95%；敏感区和极敏感区面积约为 13.95 万 km^2，占全国总面积的 42.07%；极敏感区总面积约为 2.15 万 km^2，占全国总面积的 6.98%。

越南境内生态系统暴露程度强烈，部分地区呈中等暴露，没有微弱暴露区。全国中等暴露区总面积约为 13.2 万 km^2，占全国总面积的 39.92%。约有 19.6 万 km^2 的土地属于强烈暴露区，占全国总面积的 59.18%。

6.1.3 生态系统供给限制性分析

1. 生态供给限制性要素特征分析

越南陆地生态系统生态供给总量为 $4.82×10^{15}$ g C，单位面积陆地生态系统生态供给水平为 934.14 g C/m^2，其中单位面积森林生态系统生态供给水平 > 单位面积农田生态系统生态供给水平 > 单位面积草地生态系统生态供给水平。全国单位面积陆地生态系统生态供给水平在总体呈现自北向南先增加后递减的规律。

2000 年以来，越南陆地生态系统大部分地区 NPP 呈现上升趋势，小部分区域呈现下降趋势，NPP 上升的地区面积大于下降地区；其中，NPP 下降区域面积占全国国土面积的 44.11%，NPP 显著下降区域面积占全国国土面积的 9.68%；上升区域面积占全国国土面积的 55.89%，NPP 显著上升区域面积占全国国土面积的 15.50%。

2. 生态供给阈值界定

研究使用单位面积的 NPP 来表征生态系统供给水平。具体阈值设定如表 6-4 所示。

表 6-4　生态系统的供给能力指标体系　　　　　（单位：g C/m^2）

分区	低供给水平	中供给水平	高供给水平
全区	0~700	700~1100	>1100
森林生态系统	0~700	700~1100	>1100
草地生态系统	0~500	500~900	>900
农田生态系统	0~600	600~1000	>1000

3. 生态供给限制性分区制图

生态供给限制性分区指依据生态供给水平和生态系统脆弱性在生态空间范围划分不同的区域，在不同的区域内具有不同的生态功能，并且必须设定不同的人类活动强度。具体限制性分区如表 6-5 所示。

表 6-5　限制性分区划分

	低供给水平	中供给水平	高供给水平
高度脆弱	V 级限制区	IV 级限制区	III 级限制区
脆弱	IV 级限制区	III 级限制区	II 级限制区
不脆弱	III 级限制区	II 级限制区	I 级限制区

1）全国生态供给限制性分区图

越南境内（图6-25）生态系统限制性一般，限制性一般区（Ⅱ级限制区、Ⅲ级限制区）总面积约为 28.10 万 km²，占全国总面积的 85.41%。限制性较高区（Ⅴ级限制区、Ⅳ级限制区）总面积约为 4.8 万 km²，占全国总面积的 14.59%，区域内没有Ⅰ级限制区。

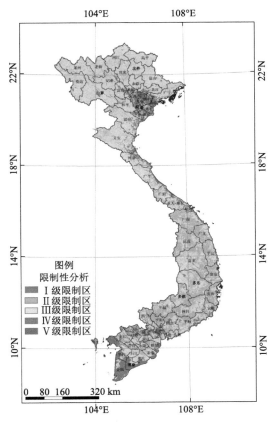

图 6-25　生态供给限制性分区地图

从空间上看，限制性较高区主要分布在湄公河三角洲和红河三角洲，包括金瓯省、坚江省、胡志明市、北宁省、海防省、河内市、同塔省。

从 NPP 多年平均值的统计（表6-6）上来看，Ⅱ级限制区内 NPP 多年面积平均值最高，Ⅲ级限制区次之，但由于Ⅱ级限制区面积较小，因此Ⅲ级限制性区 NPP 总量最高，Ⅱ级限制区的 NPP 总量次之。

表 6-6　各限制区多年平均 NPP

分区	多年平均 NPP 各限制区单位面积均值/（g C/m²）	多年平均 NPP 各限制区总量/g C
Ⅰ级限制区	0	0
Ⅱ级限制区	1223.48	1.7×10^{15}
Ⅲ级限制区	940.12	2.8×10^{15}

续表

分区	多年平均 NPP 各限制区单位面积均值/（g C/m²）	多年平均 NPP 各限制区总量/g C
IV级限制区	428.30	3.1×10^{14}
V级限制区	439.22	2.0×10^{13}

2）森林生态系统限制性分区图

越南境内森林生态系统限制性一般（图 6-26）。其中，限制性一般区（II级限制区、III级限制区）总面积约为 11.56 万 km²，占全国总面积的 34.85%，区域内没有 I级限制区。

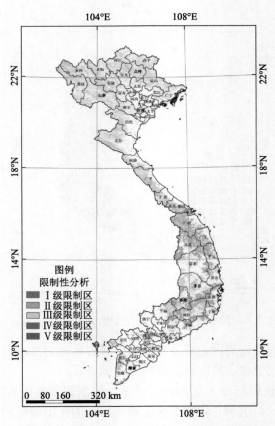

图 6-26　森林生态系统供给限制性分区地图

从空间上看，限制性一般区分布在越南大部分地区，包括越南东北部和中部。

从 NPP 多年平均值的统计（表 6-7）上来看，II级限制区内的 NPP 平均值最大，III级限制区由于面积较大，其 NPP 总量是最高的，V级限制区由于面积较小 NPP 总量最低。

表 6-7　森林生态系统限制性分区各限制区多年平均 NPP

分区	多年平均 NPP 各限制区单位面积均值/（g C/m²）	多年平均 NPP 各限制区总量/g C
Ⅰ级限制区	0	0
Ⅱ级限制区	1210.62	6.8×10^{14}
Ⅲ级限制区	958.32	1.1×10^{15}
Ⅳ级限制区	538.17	2.6×10^{13}
Ⅴ级限制区	555.44	3.1×10^{12}

3）草地生态系统限制性分区图

越南境内草地生态限制性较高（图 6-27）。其中，限制性较高区（Ⅳ、Ⅴ级限制区）总面积约为 513.37 km²。

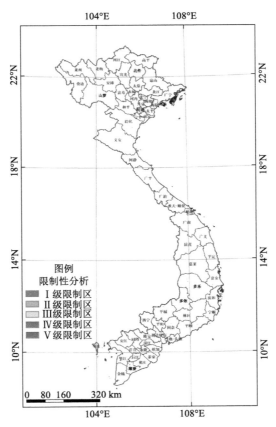

图 6-27　草地生态系统供给限制性分区地图

从 NPP 多年平均值的统计（表 6-8）上来看，限制性越大，区域内的 NPP 平均值越小，Ⅱ级限制区内的 NPP 平均值最大，但由于面积最小其 NPP 总量较低，Ⅴ级限制区由于面积和多年 NPP 平均值都最小，其 NPP 总量最低。

表 6-8　草地生态系统限制性分区各限制区多年平均 NPP

分区	多年平均 NPP 各限制区单位面积均值/（g C/m²）	多年平均 NPP 各限制区总量/g C
Ⅰ级限制区	0	0
Ⅱ级限制区	970.53	4.9×10^{11}
Ⅲ级限制区	708.92	3.4×10^{12}
Ⅳ级限制区	246.42	1.4×10^{12}
Ⅴ级限制区	239.89	2.9×10^{11}

4）农田生态系统限制性分区图

越南境内农田生态限制性一般（图 6-28）。其中，限制性一般区（Ⅱ级限制区、Ⅲ级限制区）总面积约为 13.70 万 km²，占全国总面积的 41.30%。

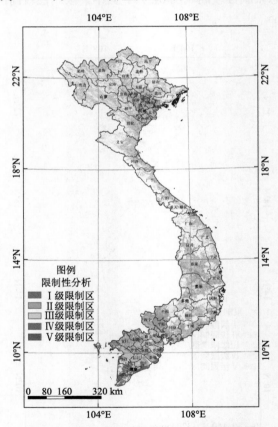

图 6-28　农田生态系统供给限制性分区地图

从空间上看，农田生态限制性一般区主要分布越南东北部、红河三角洲、越南中部、东南沿海地区、湄公河三角洲和越南西部。

从 NPP 多年平均值的统计（表 6-9）上来看，限制性越大，区域内的 NPP 平均值越小，Ⅲ级限制区由于面积较大，其 NPP 总量是最高的，Ⅴ级限制区由于面积和 NPP 均值都最小，其 NPP 总量是最低的。

表 6-9　农田生态系统限制性分区各限制区多年平均 NPP

分区	多年平均 NPP 各限制区单位面积均值/（g C/m²）	多年平均 NPP 各限制区总量/g C
Ⅰ级限制区	0	0
Ⅱ级限制区	1150.71	$9.4×10^{14}$
Ⅲ级限制区	831.45	$1.1×10^{15}$
Ⅳ级限制区	395.69	$1.2×10^{14}$
Ⅴ级限制区	368.89	$7.6×10^{12}$

越南境内生态系统的限制性一般，限制性一般区（Ⅱ级限制区、Ⅲ级限制区）总面积约为 28.10 万 km²，占全国总面积的 84.71%。限制性较高区（Ⅴ级限制区、Ⅳ级限制区）总面积约为 4.8 万 km²，占全国总面积的 14.47%，区域内没有Ⅰ级限制区。越南的森林和农田生态系统生态供给限制性一般。草地生态系统生态供给限制性较高。

从空间上来看，越南境内限制性较低区均匀分布在全域，而北部的红河三角洲和南部的湄公河三角洲限制性较高。

6.1.4　小结

2000 年以来，越南陆表生态系统 NPP 大部分区域呈现上升趋势，仅有小部分区域呈现下降趋势，NPP 上升的地区面积明显大于下降地区。越南境内大部分区域生态较为脆弱，敏感区（敏感+极敏感）占到总面积的 42.07%，暴露区（中等暴露+强烈暴露）占到总面积的 99% 以上，从空间分布上看，生态系统高度脆弱区主要分布在越南东南沿海和湄公河三角洲地区。全境范围内大部分地区的限制性一般，北部的红河三角洲和南部的湄公河三角洲的限制性较高，其中，草地生态系统生态供给限制性较高，农田和森林生态系统生态供给限制性一般。

6.2　生态消耗模式及影响因素分析

本节主要研究越南 1961～2019 年农田、森林、草地、水域及综合生态系统消耗水平、结构与模式及其演变，并从生态系统供给、社会经济变化等揭示越南生态消耗模式演变的驱动因素。本节中各类生态产品生产、贸易、消费和人口数据主要来自联合国粮食与农业组织食物平衡表（1961～2019 年）（http://www.fao.org/faostat/en/#data），1984～2019 年人均社会经济数据来自世界银行（https://data.worldbank.org.cn/indicator/NY.GDP.PCAP.KD?locations=VN）。

6.2.1　农田消耗

1961～2019 年越南农田年消耗总量和年人均消耗量平均分别为 2199.75 万 t/a 和

313.38kg/(人·a)，均呈波动增加态势，分别从 1961 年的 875.90 万 t/a 和 260.47kg/(人·a)增加到 2019 年的 4902.76 万 t/a 和 508.26kg/(人·a)，分别净增长了 5.59 倍和 1.95 倍[图 6-29（a）]。越南年人均农田消耗量呈现四个不同变化时期，其中 1961～1991 年呈缓慢降低，年平均降低约 0.51kg/(人·a)；1991～2003 年呈现波动增加态势，年人均农田消耗量以较快增速增长，12 年间从 245.20kg/(人·a)增加到 337.83kg/(人·a)，年平均净增长 7.72kg/(人·a)；2003～2009 年又进入缓慢降低期，年农田消耗量下降速率平均为 1.48kg/a，可能是人口快速增长所致。2010～2019 年年人均农田消耗量波动增加，从 2010 年的 423.75kg/(人·a)增加到 2019 年的 508.26kg/(人·a)，年平均增长 9.39kg/(人·a)，但 2012 年后年农田消耗量增速明显放缓[图 6-29（a）]。

1961～2019 年越南农田消耗以谷物消耗占主导，年人均谷物消耗量平均为 174.27kg/(人·a)，约占人均农田消耗量的 55.61%，但其占比呈波动降低态势，从 1961 年的 60.34%降低到 2019 年的 48.00%，随后为蔬果、糖类作物和糖与块根，多年平均消耗占比分别为 21.90%、10.56%和 8.31%，它们在年人均农田消耗量中占比变化规律略有差异，其中蔬果消耗占比呈波动增加，块根呈先增后减，糖类作物和糖的消耗占比呈先增后减，再增再减的波动变化。随后为油料作物及植物油，其消耗占比波动增加，多年平均为 1.84%[图 6-29（b）和（c）]。

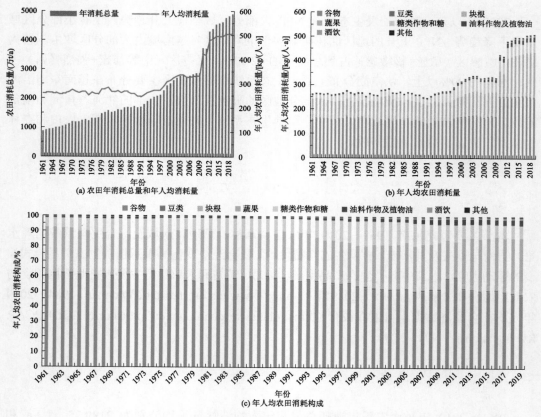

图 6-29　越南农田生态消耗演变

6.2.2　森林消耗

　　1961～2019 年，越南年森林消耗总量和人均消耗量均呈波动增长态势，平均分别为 383.48 万 t/a 和 53.45kg/(人·a)，其中年森林消耗总量从 1961 年的 130.47 万 t/a 增加到 2019 年的 849.51 万 t/a，年均净增长量为 12.40 万 t/a，年人均消耗量从 1961 年的 38.75kg/(人·a) 增加到 2019 年的 88.07kg/(人·a)，年平均增长 0.85kg/(人·a)[图 6-30（a）]。越南年人均 森林消耗量变化呈现五个不同变化时期，其中 1961～1976 年年人均森林消耗量缓慢降 低，降低速率为 0.44kg/(人·a)；1976～2001 年年人均森林消耗量波动增加，增速平均为 0.97kg/(人·a)；2001～2009 年越南年人均森林消耗量快速增长，平均增速为 2.83kg/(人·a)，2010～2017 年年人均森林消耗量波动降低，降低速率平均为 1.39 kg/(人·a)，此后又呈增 加态势[图 6-30（a）和（b）]。越南森林消耗以水果消耗占主导，年人均水果消耗量平 均为 47.97kg/(人·a)，约占人均消耗量的 89.74%，但其比重呈波动降低态势，从 1961 年的 93.97%降低到 2019 年的 84.35%，其中又以热带水果消耗占比最高，但热带水果消

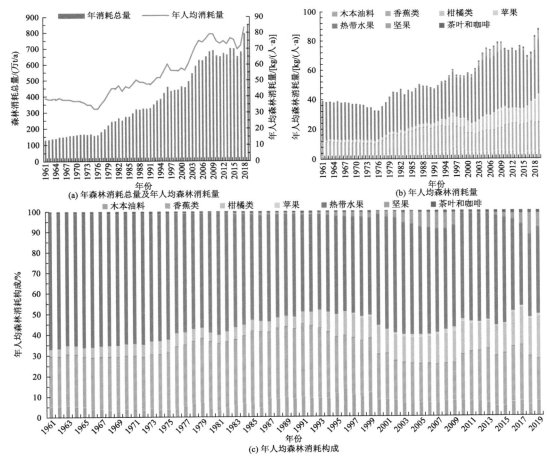

图 6-30　越南森林生态消耗演变

耗占比成波动降低态势。木本油料次之，平均占比为 6.92%，随后是坚果和茶叶与咖啡，平均约占年人均森林消耗量的 2.53%和 0.81%，且它们的消耗占比呈波动增加态势[图 6-30（b）和（c）]。

6.2.3 草地消耗

1961～2019 年，越南年草地消耗总量呈波动增长态势，且增速先缓慢后加速，2009年后增速放缓，而年人均草地消耗量呈先缓慢降低之后缓慢增加，再加速增长，最后又缓慢增长，平均分别为 257.92 万 t/a 和 33.53kg/(人·a)，其中年草地消耗总量从 1961年的 55.80 万 t/a 增加到 2019 年的 734.80 万 t/a，年净增长量为 11.71 万 t/a，年人均消耗量从 1961 年的 16.57kg/(人·a)增加到 2019 年的 76.17kg/(人·a)，年均增长量为1.03kg/(人·a) [图 6-31（a）]。越南年人均草地消耗量变化速率呈现 4 个不同变化时期，其中 1961～1980 年呈缓慢增长，年人均草地消耗量缓慢降低，年人均草地消耗量变化速率为−0.16kg/(人·a)；1980～1997 年年人均草地消耗量波动缓慢增加，增速平均为0.84kg/(人·a)；1997～2009 年越南年人均草地消耗量波动快速增长，增速平均为3.64kg/(人·a)，此后增速放缓，2009～2019 年平均增速为 0.47 kg/(人·a)[图 6-31（b）]。

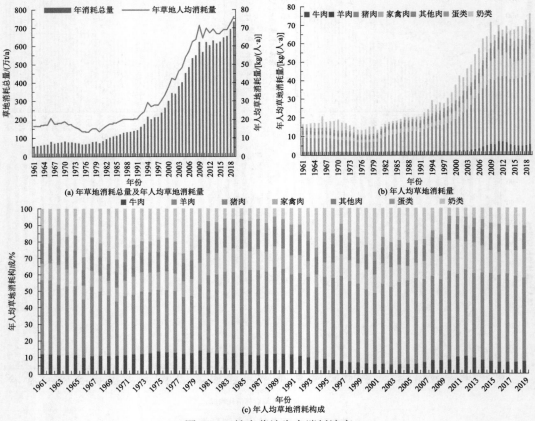

(a) 年草地消耗总量及年人均草地消耗量   (b) 年人均草地消耗量

(c) 年人均草地消耗构成

图 6-31　越南草地生态消耗演变

1961～2019 年越南草地消耗以猪肉消耗占主导，平均约占总量的 48.13%，且其占比整体呈波动增加态势，从 1961 年的 44.80%增加到 2019 年的 50.16%，其次为奶类、家禽肉和含动物内脏等其他肉消耗，平均约占草地消耗的 13.70%、13.16%和 10.53%，且近年来它们在越南草地消耗中的比重呈波动增长态势，随后为牛肉和蛋类，平均约占总量的 8.70%和 5.57%，羊肉消耗占比很低，平均为 0.19%，牛肉和羊肉的消耗占比呈波动降低态势，而蛋类消耗占比呈先增后减再增的波动变化[图 6-31（c）]。

6.2.4　水域消耗

1961～2019 年，越南年水域消耗总量呈波动增加，而年人均水域消费量呈先减后增，再减再增的波动变化，平均分别为 142.60 万 t/a 和 19.65 kg/(人·a)，其中年水域消耗总量从 1961 年的 47.40 万 t/a 增加到 2019 年的 356.86 万 t/a，年净增长量为 6.15 万 t/a，年人均消耗量从 1961 年的 14.08 kg/(人·a)增加到 2019 年的 37.00 kg/(人·a)，年均增长 0.64 kg/(人·a)[图 6-32（a）]。越南年人均水域消耗量变化速率呈现四个不同时期，其中 1961～1981 年呈缓慢波动降低，年人均水域消耗量变化速率为–0.20 kg/(人·a)；1981～1992 年年人均水域消耗缓慢增长，增速为 0.12 kg/(人·a)；1992～2009 年为快速增长，期间年平均增速为

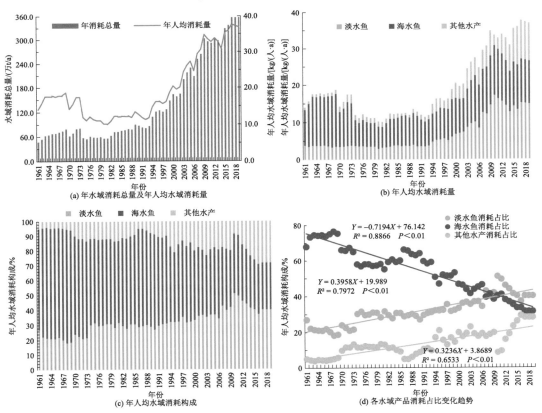

图 6-32　越南水域生态消耗演变

1.38 kg/(人·a)，2009～2019 年为波动增长期，平均增速为 0.22 kg/(人·a)[图 6-32（b）]。

越南水域消耗整体以海水鱼消耗占主导，平均约占水域消耗总量的 50.21%，淡水鱼消耗次之，约占总量的 34.19%，其他水产消耗约占水域消耗的 15.60%，但不同时期，越南水域消耗构成存在显著差异，集中表现为海水鱼消耗占比极显著线性极显著降低，从 1961 年的 67.93%降低到 2019 年的 31.53%，而淡水鱼和其他水产消耗占比极显著线性增加，分别从 1961 年的 27.01%和 5.06%增加到 2019 年的 40.20%和 28.27%[图 6-32（c）和（d）]。

6.2.5 生态消耗模式演变

1. 生态消耗演变

1961～2019 年越南生态消耗总量呈极显著指数增长（$Y = 100.59e^{0.0313X}$，$R^2=0.9814$，$P<0.01$），从 1961 年的 1110.57 万 t/a 增加到 2019 年的 6843.94 万 t/a，净增长速率为 98.85 万 t/a，净增长了 5.16 倍。年人均生态消耗量呈二次函数模型增长（$Y = 0.2309X^2 - 7.7482X + 377.68$，$R^2=0.9672$，$P<0.01$），从 1961 年的 329.88 kg/(人·a)增加到 2019 年 709.49 kg/(人·a)。深入分析发现，1961～1975 年，越南年人均生态消耗量呈波动缓慢降低，降低速率平均为-1.49 kg/(人·a)；1975～1991 年，越南年人均生态消耗量缓慢增长，增速平均为 0.99 kg/(人·a)，从 1991～2014 年越南年人均生态消耗量增速加快，平均为 15.03 kg/(人·a)，2014～2019 年年人均生态消耗增速明显放缓，增速平均为 7.78kg/(人·a)（图 6-33）。

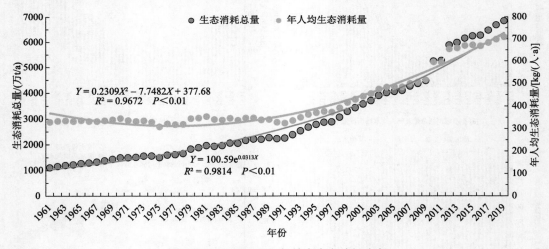

图 6-33 1961～2019 年越南生态消耗演变

就生态系统消耗而言，1961～2019 年越南生态消耗以农田消耗占主导，平均约占年人均生态消耗量的 75.36%，但农田消耗占比呈波动降低，从 1961 年的 78.96%降低到 2019 年的 71.64%。随后是森林消耗和草地消耗，平均约占年人均生态消耗量的 12.76%和

7.35%，且比重呈波动增加态势，分别从 1961 年的 11.75%和 5.02%增加到 2019 年的 12.41%和 10.73%，水域消耗占比较低，平均约占总量的 4.54%（图 6-34）。

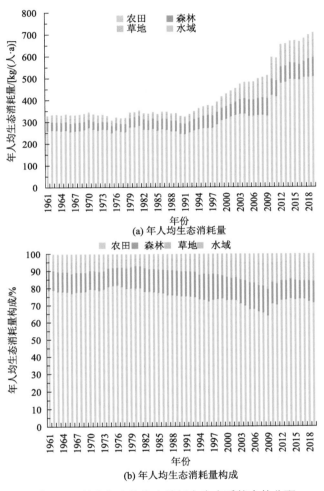

(a) 年人均生态消耗量

(b) 年人均生态消耗量构成

图 6-34　越南年人均生态消耗在生态系统中的分配

2. 生态消耗模式演变

根据谷物、蔬果、木本水果、块根、糖类和肉类等主要生态产品（在年人均生态消耗量中的占比≥9.00%）消耗占比演化特征，将 1961～2019 年越南生态消耗分成 4 个时期，分别为：①1961～1975 年，该时期生态消耗模式为"谷蔬果"模式；②1976～1993 年，该时期生态消耗模式为"谷蔬果根"模式；③1994～2006 年，该时期生态消耗模式为"谷蔬果糖"模式；④2007～2019 年，该时期生态消耗模式为"谷蔬果肉"模式。各时期生态消耗模式主要特征详见表 6-10。

表 6-10   越南生态消耗模式演变

消耗模式	时期	主要消耗种类	消耗变化
谷蔬果	1961~1975 年	谷物、蔬菜、瓜果	谷物、蔬果和木本水果消耗占比相对保持稳定，谷物消耗占比>47.0%，蔬果和木本水果消耗平均占比均>10%
谷蔬果根	1976~1993 年	谷物、蔬果、木本水果和块根	谷物消耗占比波动降低，平均为45.14%，蔬果和木本水果消耗占比缓慢降低，块根消耗占比明显增加，蔬果、木本水果和块根消耗平均占比均>10%
谷蔬果糖	1994~2006 年	谷物、蔬菜、瓜果和糖类	谷物消耗占比继续波动降低，平均为38.24%，蔬果、木本水果和糖类消耗平均占比均>10%，但蔬果和糖类消耗占比不断增加，木本水果消耗占比缓慢增加
谷蔬果肉	2007~2019 年	谷物、蔬菜、瓜果和肉类	谷物消耗占比持续降低，平均为36.76%，蔬果消耗占比缓慢增长，木本水果消耗占比波动降低，肉类消耗占比波动增加，蔬菜、瓜果和肉类平均消耗占比均>10%

研究发现，在 1961~2019 年的 59 年间，越南四种生态消耗模式中，除年人均块根消耗量极显著降低外，其余生态产品年人均消耗量整体呈极显著增加态势（图 6-35），其中以年人均坚果消耗量增速的最大，净增长了 68.57 倍，随后是油料、肉类和奶类，年人均油料、肉类和奶类消耗量分别净增长了 9.93 倍、3.91 倍和 3.23 倍，之后是蔬菜、糖类和水产，此三类产品年均消耗量分别净增长了 2.59 倍、1.74 倍和 1.63 倍，谷物消耗增长率较低，仅增长了 0.55 倍，致使谷物消耗占比波动降低，年人均块根消耗量呈先增后减态势，2019 年年人均块根消耗量较 1961 年净减少了 50%倍[图 6-35（a）]。

不同时期消耗模式特点不同，在 1961~1975 年，以"谷蔬果"模式为主，该模式生态消耗以谷物、蔬果和木本水果消耗占主导，分别约占总量的 48.50%、13.46%和 10.94%，其余产品在年人均消耗量占比均小于 9%，期间谷物消费占比缓慢增加。1976~1993 年，以"谷蔬果根"模式为主，该阶段消耗模式明显的变化是年人均谷物消耗量占比降低明显，块根消耗占比明显增加，蔬果消费耗占比缓慢降低，谷物、蔬果、木本水果和块根年人均消耗占比平均分别为 45.14%、12.66%、13.06%和 11.27%。1994~2006 年，以"谷蔬果糖"模式为主，该阶段消耗模式特点是年人均谷物消耗量占比降低加速，年人均糖类和蔬果消耗占比不断增加，年人均谷物、蔬果、木本水果和糖类消耗在年人均生态消耗中的占比平均为 38.24%、16.53%、13.78%和 10.56%，其余产品在年人均消耗占比总量有所增加。2007~2019 年，以"谷蔬果肉"模式为主，该阶段消耗模式特点是谷物消耗占比降低速度放缓，肉类和蔬菜消耗在年人均生态消耗中的占比均不断增加，其余产品消费占比总量增长较快，致使谷物、蔬果、木本水果和肉类等主导产品消费占比之和继续下降，此四类主导消耗产品在年人均生态消耗占比平均分别为 36.75%、20.29%、11.73%和 9.43%[图 6-35（b）]。

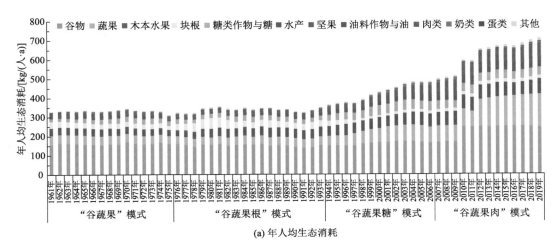

(a) 年人均生态消耗

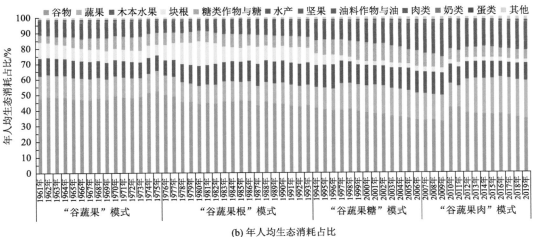

(b) 年人均生态消耗占比

图 6-35　越南生态消耗模式演变

数据来源：联合国粮食与农业组织，1961～2019 年

　　生态消耗模式的变化导致年人均生态消耗在生态系统构成的变化，随着越南生态消耗模式从"谷蔬果"模式到"谷蔬果根"模式的转变，年人均生态消耗中生态系统构成发生微妙变化，虽然仍以农田消耗占主导，但森林消耗占比增长显著，草地消耗占比缓慢增长，森林和草地消耗占比均＞5%，其中 1961～1975 年"谷蔬果"模式中农田、草地、森林和水域生态系统消耗在年人均生态消耗量中的占比平均分别为 78.92%、11.07%、5.16% 和 4.85%；1976～1993 年"谷蔬果根"模式中农田、草地、森林和水域生态系统消耗占比平均分别为 77.92%、13.24%、5.34% 和 3.50%。1994～2006 年"谷蔬果糖"模式中农田消耗占比继续降低，森林、草地和水域消耗占比不断增加，其中以草地消耗占比增长的最多，农田、森林、草地和水域消耗占比平均分别为 72.03%、14.38%、8.93% 和 4.66%。随着向"谷蔬果肉"模式转变，谷物消耗占比继续降低，森林消耗占比缓慢降低，草地和水域消耗占比持续增加，2007～2019 年"谷蔬果肉"

模式中农田、森林、草地和水域消耗占比平均分别为 71.02%、12.41%、11.07% 和 5.49%（图 6-36）。

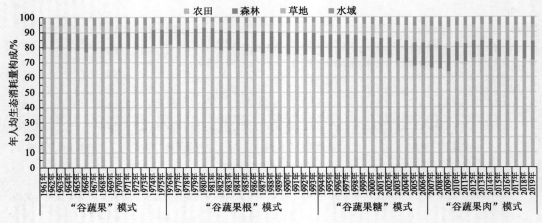

图 6-36　越南生态消耗模式与生态系统消耗构成演变

数据来源：联合国粮食与农业组织，1961～2019 年

6.2.6　生态消耗模式演变的影响因素

消耗模式影响因素的分析主要探明人均消耗量与年谷物和蔬果生产能力、进口能力和出口能力、人口密度、人均 GDP 等因素的关系，揭示上述因素对越南生态消耗模式的影响。

1. 生态系统供给能力

1）生态系统生产能力

生态系统生产能力主要取决于生态系统资源面积及单位面积生产力，集中体现在年人均生产量。鉴于年人均谷物和蔬果消耗量是越南年人均生态消耗量中比重最高的前两种产品，在此主要分析年人均生态消耗量分别与年人均谷物生产量和年人均蔬果生产量之间的关系，以揭示生态系统生产能力对生态消耗的影响。结果表明，越南年人均生态消耗量与年谷物生产量和年人均蔬果生产量之间均存在极显著正相关关系（图 6-37），说明生态系统生产能力显著影响着越南生态消耗模式演变。

2）生态系统进口能力

生态系统进口能力是区域生态系统生产能力和社会发展水平的集中体现，在一定程度上表征了区域生态系统供给能力，进而影响区域生态系统消耗模式。鉴于年人均谷物和蔬果消耗量是越南年人均生态消耗中比重的两种产品，在此以谷物和蔬果为例，分析年人均生态消耗量分别与年人均谷物进口量和年人均蔬果进口量之间的关系，以阐明生

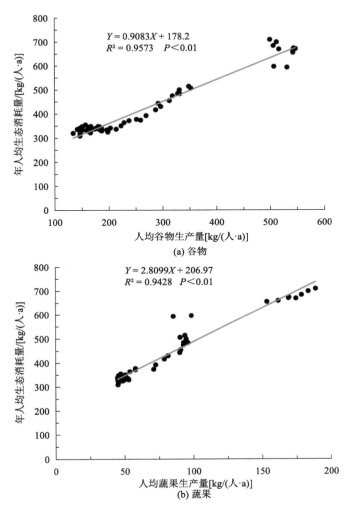

图 6-37　年人均生态消耗分别与年人均谷物蔬果生产量的关系

数据来源：联合国粮食与农业组织，1961~2019 年

态系统进口能力对越南生态消耗模式的影响。结果表明，越南年人均生态消耗量均与年谷物进口量和年人均蔬果进口量之间存在极显著正相关关系，说明生态系统进口能力对越南生态消耗模式变化影响显著（图 6-38）。

3）生态系统出口能力

生态系统出口能力是区域社会发展水平的集中体现，在很大程度上制约着区域生态系统供给能力，进而影响着区域生态系统消耗模式。鉴于年人均谷物和蔬果消耗量是越南年人均生态消耗量中占比最高的两种产品，在此主要分析年人均生态消耗量分别与年人均谷物出口量和年人均蔬果出口量之间的关系，以阐明生态系统出口能力对越南生态消耗模式的影响。结果表明，越南年人均生态消耗量均与年谷物出口量和年蔬果出口量之间存在极显著正相关关系，其实质是出口能力随生产能力的提高而增强，消费水平也随生产能力的增强而增大，致使出口量与消费水平在数量上极显著正相关，说明生态系统出口能力对越南生态消耗模式变化有一定影响，鉴于区域生态系统出口是满足区域内生态消耗基础上的出口创汇，因此，区域出口能力对其生态消耗的影响较生产能力弱（图 6-39）。

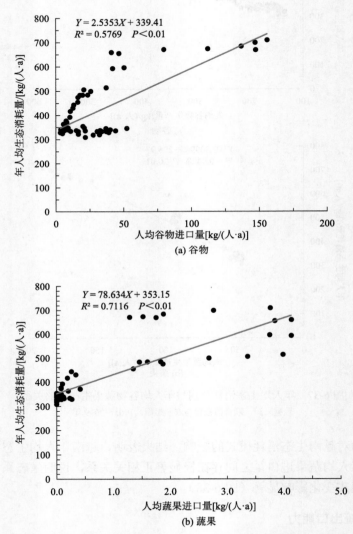

(a) 谷物

(b) 蔬果

图 6-38　年人均生态消耗分别与年人均谷物和蔬果进口量的关系

数据来源：联合国粮食与农业组织，1961～2019 年

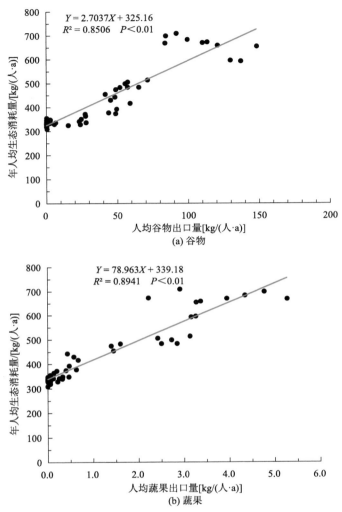

图 6-39　年人均生态消耗分别与年人均谷物和蔬果出口量的关系

数据来源：联合国粮食与农业组织，1961～2019 年

2. 人口和经济增长

1961～2019 年，越南年人均生态消耗量变化趋势与人均 GDP 变化趋势相一致，与人口密度的变化趋势略有差异，但整体均呈波动增加态势[图 6-40（a）和（b）]。由于谷物、蔬菜等产品生产能力先缓慢增长，而人口密度却快速增长，致使越南年人均生态消耗量呈现先缓慢降低，此后随着生产能力的快速提高，人口增速减缓，年人均生态消耗量增速也随之加快。回归分析表明，年人均生态消耗量和人口密度存在极显著曲线相关关系[R^2=0.94，P <0.001，图 6-40（c）]，反映出人口增长会直接增加对生态系统消耗需求压力，促使区域提高其生态系统供给能力，如 1976～1993 年期间块根生产显著提高，致使块根成为该时期第四大主要消耗产品，进而影响区域生态系

统消耗模式。

　　区域经济水平的不断发展与提升不仅有助于提高居民购买力，还影响着居民对食物消耗种类和结构的改变，进而引起区域生态消耗模式的演变。分析发现，1970~2019 年，越南人均 GDP 呈波动增加态势，这与其人均生态消耗呈波动增加态势一致[（图6-40（b）]，这一趋势与食物消耗多元化相符，致使块根、糖类和肉类消耗分别出现在第二时期、第三时期和第四时期消耗模式中的主要消耗产品。回归分析表明，年人均生态消耗量与人均 GDP 关系显著，相关系数达 0.95[$p<0.001$，图 6-40（d）]。

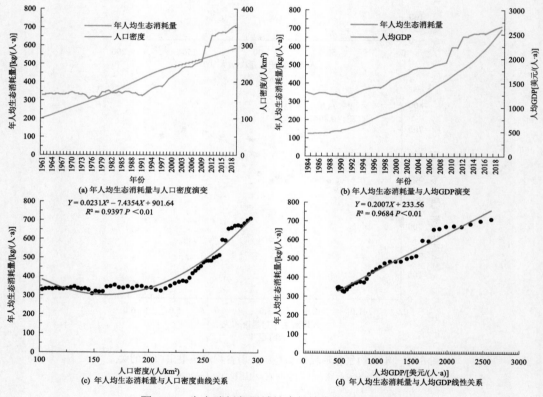

图 6-40　生态消耗与区域社会经济发展因子相关性

数据来源：联合国粮食与农业组织，1961~2019 年

　　综上分析，越南生态消耗模式总共分为四个时期，不同时期呈现不同的消耗特点。1961~1975 年，为"谷蔬果"消耗模式，年人均谷物、蔬菜和瓜果消耗量相对稳定；1976~1993 年，为"谷蔬果根"消耗模式，该时期因生产能力提升速率有限，致使生态消耗增长缓慢，为了果腹，块根产量不断提高，块根消耗占比不断增加，使得块根消耗成为该时期一种主导消耗产品。1994~2006 年，为"谷蔬果糖"消耗模式，该时期随着经济的快速发展和进口商品数量和种类的增加，消耗种类日益多元化，年人均生态消耗量中块根消耗占比不断降低，木本水果、蔬果、糖类占比呈不断增加态势，致使糖类消耗取代

块根成为第四大消耗产品。2007~2019 年，为"谷蔬果肉"模式，该时期随着经济的发展，人民对肉类等营养的需求不断增加，致使肉类取代糖类，成为第四大生态消耗产品。这些都说明区域生态消耗模式的演变是区域资源禀赋、生产能力、进出口能力等生态产品供给因子和社会经济因子综合作用的结果。

6.2.7　小结

基于 FAOSTAT 数据库食物平衡表中以食物消费的数据和林业生产与贸易数据，采用实物量核算方法，依据产品生产性生态系统类型进行归类，动态研究越南农田、森林、草地、水域及综合生态系统消耗水平、结构及生态消耗模式，揭示其生态消耗模式演变的主要驱动力。主要结论如下：

（1）1961~2019 年越南生态消耗以农田消耗占主导，平均约占年人均生态消耗量的75.36%，农田、森林、草地、水域及综合生态系统消耗总量和年人均消耗量均波动增加态势，其中消耗总量平均分别为 2200 万 t/a、383 万 t/a、258 万 t/a、143 万 t/a 和 2984 万 t/a；年人均消耗量平均分别为 313.38 kg/(人·a)、53.45 kg/(人·a)、33.53 kg/(人·a)、19.66 kg/(人·a)和 420.01kg/(人·a)。

（2）依据年人均生态消耗量中主导生态产品消耗构成（年人均消耗占比＞9.0%的产品构成），可将越南生态消耗分成 1961~1975 年、1976~1993 年、1994~2006 年和 2007~2019 年四个时期，对应的消耗模式分别为"谷蔬果"模式、"谷蔬果根"模式、"谷蔬果糖"模式和"谷蔬果肉"模式。随着消耗模式的演变，年人均谷物消费占比呈现由缓慢增长→较快降低→快速降低→区域稳定的变化规律，蔬菜、油料、肉类等产品消费占比则波动增加。

（3）鉴于谷物和蔬菜是年人均生态消耗占比中最大的两种生态产品，在此以谷物和蔬菜供给能力及社会经济因子分别与年人均生态消耗量的关系来揭示越南生态消耗主要驱动力。结果表明，越南年人均生态消耗量与年人均谷物和蔬菜生产量、进口量和出口量均极显著正相关，与人口密度和人均 GDP 亦极显著相关，说明区域生态系统供给能力和人口与经济增长影响越南生态消耗模式演变的主要驱动因素。

6.3　生态承载力与承载状态

本节从供需平衡角度科学评估了 2000~2020 年越南全国以及省级尺度下的生态承载力与承载状态，定量分析了生态承载力与承载状态的时空演变格局，为合理研判生态系统的人口承载空间提供了充分依据。

6.3.1 生态承载力

1. 全国尺度

2000~2020 年，越南全国的生态承载力呈现波动下降趋势，从 2000 年的 30379.29 万人下降到 2020 年的 21595.32 万人（图 6-41）。越南全国实际人口数量呈现上升趋势，从 2000 年的 7991.04 万人增加到 2020 年的 9733.42 万人（图 6-41）。就变化速率而言，2000~2020 年，越南全国生态承载力的下降速度远高于实际人口数量的增加速度，但实际人口仍然远低于生态承载力，始终占据生态承载力的 50% 以下（图 6-41）。上述结果表明，越南全国的生态系统整体上尚有很大的人口承载空间。

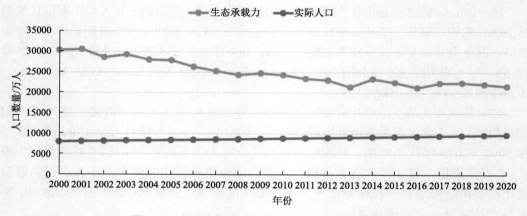

图 6-41　越南全国生态承载力与实际人口年际变化

2. 省级尺度

越南各省份之间的生态承载力差别较大，具体而言，生态承载力大于 800 万人的省份从 2000 年的 8 个减少为 2020 年的 6 个，而生态承载力在 400 万~800 万人之间的省份减少更多，从 2000 年的 24 个降至 2020 年的 17 个（图 6-42）。与之相对应的是，生态承载力在 200 万~400 万人之间的省份从 2000 年的 12 个增加至 2020 年的 18 个，其中增加的省份大都是生态承载力 400 万人以上省份转变而来（图 6-43）。对于生态承载力小于 200 万人的省份，相似的情况同样存在。生态承载力在 100 万~200 万人之间的省份从 2000 年的 15 个降为 2020 年的 10 个，而小于 100 万人的省份却从 2000 年的 4 个猛增至 2020 年的 12 个（图 6-42）。上述结果表明，越南生态承载力虽整体仍然充裕，但已经呈现出下降趋势，大部分省份的生态承载力都有所下降，这需要引起政府的重视，并采取适当措施来维持充足的生态承载力。

从空间分异特征来看，生态承载力在越南全国范围内同样呈现出明显的空间分异特征。具体而言，生态承载力较低（小于 200 万人）的省份集中分布在南北两端，即首都河内和胡志明市附近（图 6-43）；其他省份的生态承载力基本都维持在 200 万人以上，但随着时间的推移，中部地区的一些省份生态承载力出现了下降，生态承载力较高（大于 800 万人）的省份不断减少，并转变为 400 万～800 万人以及 200 万～400 万人（图 6-42）。上述结果再次表明，越南很多省份的生态承载力都出现了不同程度的下降。

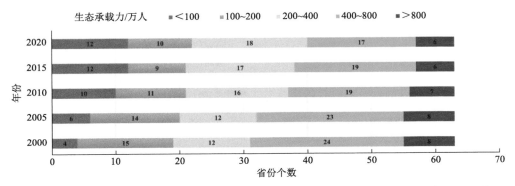

图 6-42　越南各等级生态承载力的省份个数（2000 年、2005 年、2010 年、2015 年、2020 年）

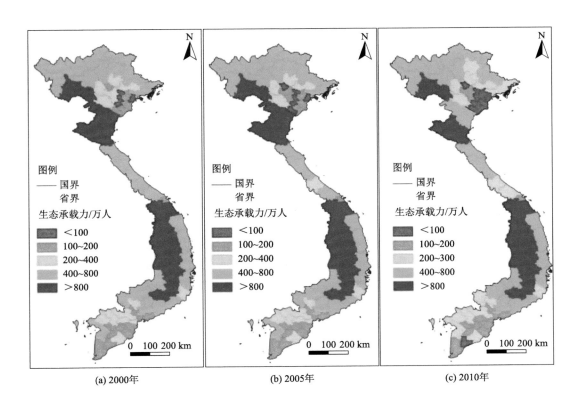

(a) 2000年　　　　(b) 2005年　　　　(c) 2010年

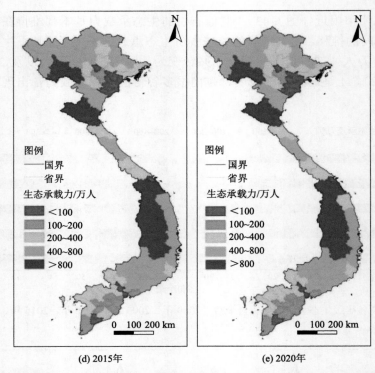

(d) 2015年   (e) 2020年

图 6-43　越南各省份生态承载力（2000 年、2005 年、2010 年、2015 年、2020 年）

6.3.2　生态承载状态

本节通过实际人口数量与生态承载力的对比，分别评估越南全国以及省级尺度下的生态承载指数及其时空演变格局，并以此为指标，厘定各尺度下的生态承载状态，为绿色丝路建设愿景下，兼顾"一带一路"建设和生态保护协适策略的提出提供参考。

1. 全国尺度

2000～2020 年越南全国的生态承载力始终处于富富有余状态，但生态承载指数呈现出明显的逐年上升趋势，生态承载指数从 2000 年的 0.26 波动上升到 2020 年的 0.44，增幅高达 69.23%（图 6-44）。此结果表明越南的生态承载压力虽然尚处于较低水平，但较快的增幅意味着其未来可能会面临着生态超载的风险，需要及时加以应对来遏制生态压力增大的趋势。

2. 省级尺度

越南大部分省份的生态承载状态为富富有余，但此类省份的数量呈现减少趋势，从 2000 年的 45 个下降到 2020 年的 34 个，减少了 11 个之多。生态承载状态为盈余的省份数量略有增加，从 2000 年的 7 个增加至 2020 年的 9 个。生态承载状态为平衡有余和临界超载的省份数量同样有所增加，分别从 2000 年的 1 个增加至 2020 年的 5 个和 4 个。生态承载状态为超载的省份数量始终维持在 1~2 个，波动不大；而严重超载的省份则从 2000 年的 8 个增加至 2020 年的 10 个。富富有余省份的减少数量与盈余、平衡有余以及严重超载省份的增加数量之和相等（图 6-45）。这一变化趋势表明，尽管越南的生态承载状态总体上仍然较为乐观，但已经呈现出恶化趋势，未来可能面临着生态超载的潜在风险。

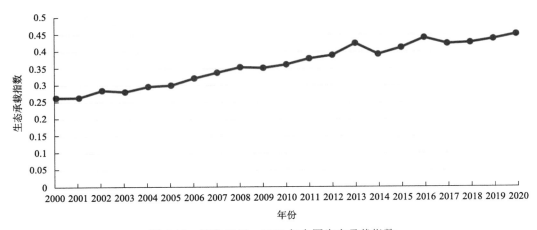

图 6-44　越南 2000~2020 年全国生态承载指数

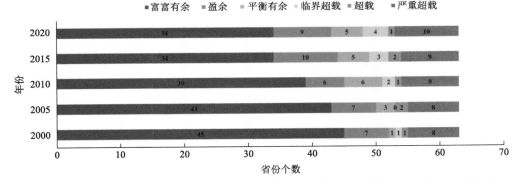

图 6-45　越南各生态承载状态省份个数（2000 年、2005 年、2010 年、2015 年、2020 年）

生态承载状态的空间分异特征同样可以很好地佐证上述结果。具体而言，生态承载状态为富富有余的省份仍然占据了越南全国绝大部分面积，而盈余、平衡有余和临界超载的省份集中分布在南端区域，超载与严重超载的省份则依然集中分布在首都河内以及大城市胡志明市周围，与生态承载力的空间分异特征十分相似（图 6-46）。因此总体而言，越南仍然拥有十分优异的生态承载状态，但不应过分乐观，而应居安思危，未雨绸缪，提前采取适当措施来遏制已经显现的生态承载状态恶化趋势，以规避未来的生态退化风险。

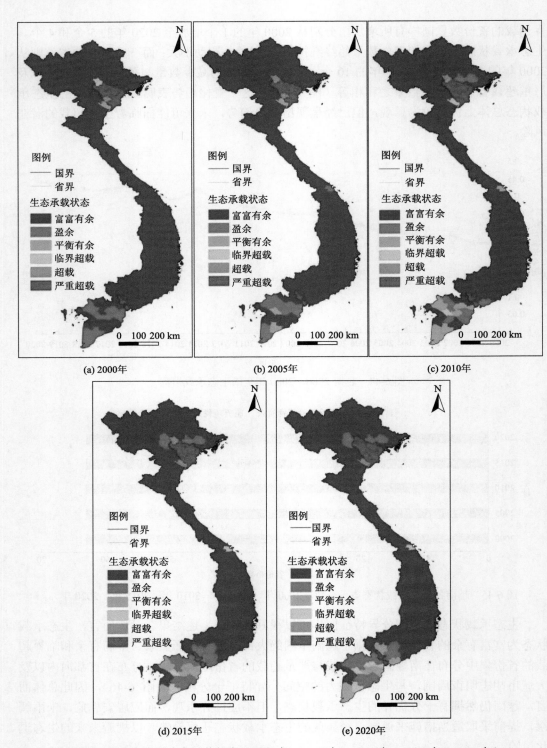

图 6-46　越南各省份生态承载状态（2000 年、2005 年、2010 年、2015 年、2020 年）

6.3.3　小结

本节基于全国和分省两个尺度，分析了越南生态承载力与生态承载状态的时空分异特征。越南的总体生态承载力在近二十年间虽呈现出缓慢下降的趋势，但降幅并不明显，且始终在其全国实际人口的两倍之上，表明越南全国尚有很大的人口承载空间。各省份的生态承载力则具有明显的空间差异，即受到城市化进程的影响，北端河内市与南段胡志明市附近地区生态承载力较低，而其余地区生态承载力较高。生态承载状态与生态承载力的变化规律大体相似，在全国层面上，生态承载指数虽缓慢下降，但总体仍始终处于富富有余状态；而就各省份生态状态而言，南北两大城市附近因生态承载力较低加之实际人口较多而呈现出超载或严重超载状态，其余地区则多为富富有余或盈余状态。总体而言，越南生态承载状态较为乐观但存在未来恶化的潜在风险，且河内市与胡志明市毗邻区域的生态超载问题需要日后采取有效措施加以应对，以避免出现严重生态承载危机。

6.4　生态承载力的未来情景与谐适策略

依托国际公认的气候变化情景、经济社会发展情景，同时结合国家自身的经济社会发展需求、国际上不同国家和地区间的合作愿景，基于生态系统演变模型开展情景模拟，可以评估一个国家和地区未来生态承载力与承载状态的可能变化与趋势，并对其关键问题作出与可持续发展要求相协调的针对性政策调整。

6.4.1　未来情景分析

根据 CMIP6 计划的情景组合（SSP1-2.6、SSP2-4.5 和 SSP4-6.0）设置三种未来情景，即绿色丝路愿景、基准情景与区域竞争情景。绿色丝路愿景下，全球公共资源的管理缓慢改善，教育和卫生投资加速了人口转型，对经济增长的重视转向了对人类福祉的更广泛关注。国家间和国家内部的不平等现象都有所减少，消费倾向于低物质增长和低资源与能源强度。基准情景主要延续了近期消费和技术发展的趋势，而区域竞争情景下各国将重点放在实现能源和粮食安全目标上，经济发展缓慢，消费是物质密集型的，不平等现象长期存在或恶化；发展中国家的人口增长率高，解决环境问题的国际优先性较低，导致一些区域环境严重退化。

基于 CIMP6 未来情景气候数据、GCAM 未来土地利用变化数据以及未来人口分布数据，运用 CASA 模型模拟 2030 年三种情景下越南生态系统净初级生产力变化，结合森林、农田、草地面积变化，分析生态供给变化趋势。依据人口变化、人均生态消耗变化预测生态消耗变化趋势，进而分析越南生态承载状态的变化态势。

1. 生态供给的情景分析

2030 年，三种情景下越南各省单位面积生态供给均呈现北高南低的空间分布规律（图 6-47）。基准情景下，中部省份生态供给较高，超过了 1000g C/m²，特别是广治省与广南省；南部的金瓯省、薄寮省等省份生态供给略低，不足 400g C/m²。绿色丝路愿景下，中部、北部各省份生态供给超过 900g C/m²，其余地区与其他情景基本相似。区域竞争情景下，北部的太平省、南定省等省不足 400g C/m²。

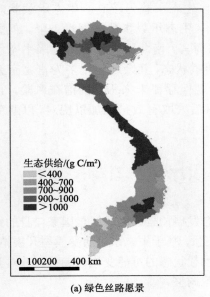

(a) 绿色丝路愿景

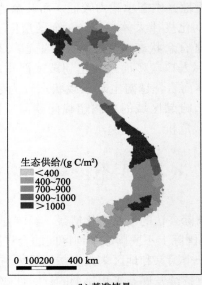

(b) 基准情景

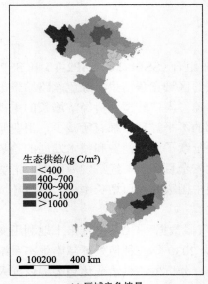

(c) 区域竞争情景

图 6-47　2030 年不同情景下越南各省的单位面积生态供给量

　　三种情景下各省的单位面积生态供给变化呈现较明显的空间分异特征（图 6-48）。基准情景下，南部各省份的生态供给显著降低，特别是巴地-头顿省，生态供给降低趋势超过 12%；北部各省份生态供给以增加为主，莱州省、奠边省生态供给增速超过 8%。绿色丝路愿景下，南部的朔庄省、茶荣省等省份生态供给有所下降，北部广宁省有所上升。区域竞争情景下，除中部的广治省、广南省等省有所上升外，其余地区均有不同程度的下降，以南部安江省、金瓯省等省份下降最为明显，降低趋势超过 8%。

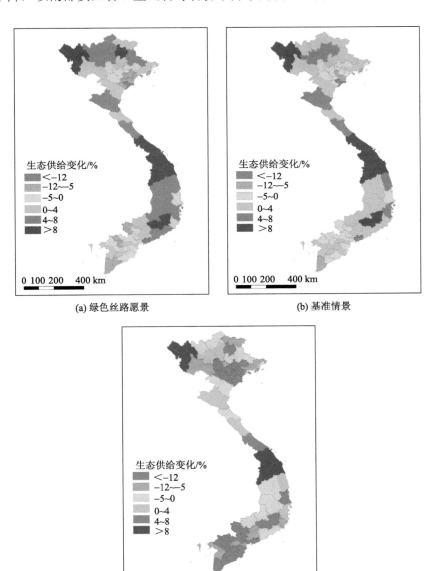

图 6-48　2030 年越南各省份的生态供给变化趋势

2. 生态消耗的情景分析

2030 年，越南人口有望超过 3050 万，各省份人口均呈现增长趋势。基准情景下，以东部隆安省、西宁省与平阳省等省份增长最为明显，超过 10%；区域竞争情景下，以朔庄省、茶荣省增长最为明显，超过 12%；绿色丝路愿景下，平阳省、同奈省增长较为明显，超过 10%，北部的莱州省、河江省等省份呈现下降趋势，趋势大于 1%（图 6-49）。

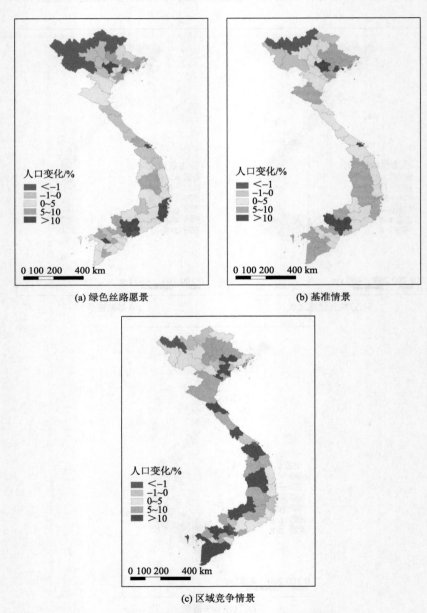

图 6-49　2030 年越南各省份的人口变化趋势

　　基准情景下，东部省份的生态消耗有所增长，西北部省份生态消耗有所下降，其中，莱州省、河江省下降较明显，降低趋势超过 1.5%；区域竞争情景下，除莱州省、庆和省等省份有所下降外，其余大部分地区均有所增长，其中金瓯省、薄寮省等省份增长较多，大于 4%；绿色丝路愿景下，平阳省、同奈省增长较为明显，超过 2%，西部、北部以及南部部分区域呈现出下降的趋势，其中西北部省份下降最为明显，超过 4%，东部大部分区域变化不显著（图 6-50）。

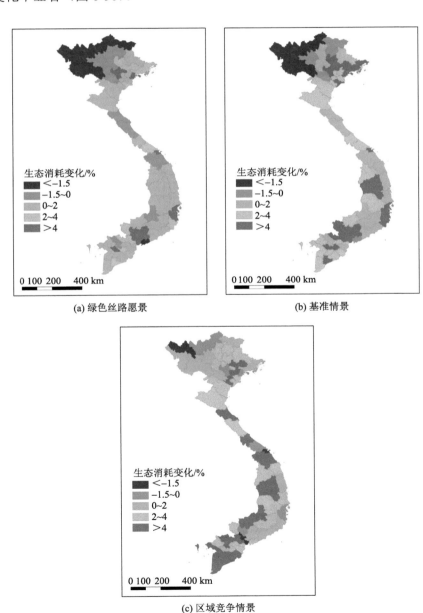

图 6-50　2030 年越南各省份的生态消耗变化趋势

6.4.2　生态承载力演变态势

1. 生态承载力未来情景

2030 年，三种未来情景下（图 6-51），越南各省份生态承载状态超载较为严重，特别是清化省、河内市等处于过载状态；莱州省、奠边省等处于富富有余状态。绿色发展

(a) 绿色丝路愿景　　　　　　　　　　(b) 基准情景

(c) 区域竞争情景

图 6-51　2030 年越南各省份的生态承载状态

情景下，东南部的隆安省、安江省承载状态有所减轻，分别为临界超载与超载状态；区域竞争情景下，富寿省、广义省承载状态轻微加重。

2. 生态承载力演变态势

2030 年，三种未来情景下（图 6-52），越南各省份承载压力增加较为显著，特别是同奈省、平阳省与河内市；西部各省份基本持衡，如平定省、富安省等；中部地区的嘉

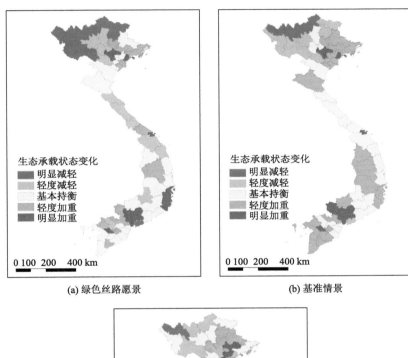

(a) 绿色丝路愿景　　　　　　　　　　　　(b) 基准情景

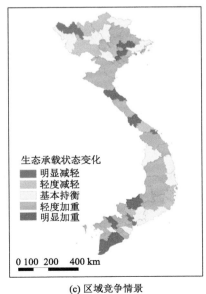

(c) 区域竞争情景

图 6-52　2030 年越南各省份的生态承载状态变化

莱省、多乐省略有增加。除在区域竞争情景下中部与东南部金瓯省、薄寮省等省份呈现明显加重趋势，其余地区三种情境下生态承载状态变化情况基本相同。

6.4.3 生态承载力谐适策略

1. 生态系统主要问题

结合文献资料整理（阮国强，2015；黎氏娥，2018；Pham et al.，2021），分析了近几十年越南生态系统存在的主要问题。

以经济利益为导向的片面开放致使一些国家的落后产能转移到越南，对生态环境造成了危害，而公民的生态保护意识又普遍比较缺乏，加之科技产量不足、过度依赖粗放的传统农业生产方式等因素相互叠加，共同造成越南生态环境方面出现了很多问题，包括生态污染屡禁不止、工业生产过程中污染物的无序排放、自然资源的过度开发和粗放型农业生产方式等。

越南森林面积1340万 hm^2，森林木材总储量达 6.57 亿 m^3，约占全国土地面积的34%。森林资源中，80%以上为天然林，面积 764.7 万 hm^2，其余为人工林，经济林 69 万 hm^2，竹 40 亿根。越南木材和林产品的重要出口市场有美国、日本、中国、欧盟和韩国，约占全国木材及林产品出口总额的 89%。伐木是天然林面积持续减少、原生林和次生林风险增加、森林质量不断下降最主要的原因，特别是非法森林开采，96%发生在天然林区。森林火灾和林地被占用也是森林退化的主要驱动因素。

越南是世界上 19 个最大的农业生产国之一，预计到 2030 年跻身全国 15 个最大的农业出口国之列。虽然在过去十年中，农业的价值翻了一番，但其在 GDP 中的份额平均每年下降 0.3%。尽管是农业国，越南的农业科技产业仍落后于其他国家。旱灾、土地盐碱化、市场需求不稳定等，农业生产机械化不高，农产品只能自给自足，无法通过出口贸易推动经济发展。鉴于大量小农户，越南的农业科技公司和项目仍然有限。

2. 生态承载力谐适策略

从生态供给角度来看，2020 年，农业、水产养殖和林业部门对越南 GDP 的贡献率为 14.9%，低于服务业的 41.6%和工业部门的 33.7%。至 2030 年，越南森林、农田、草地生态系统的生物生产供给能力有所增加，中部、北部地区基本处于持衡与增长状态，南部地区降低较明显。从生态消耗角度来看，越南生态系统服务消耗呈现持续增长趋势，农田生态系统服务消耗占比逐年下降，其他生态系统服务消耗占比逐年上升。

依据《2011—2020 年面向 2050 年绿色增长国家战略》（2011—2020 年战略）、《关于越南 2021—2030 年阶段和展望 2050 年的林业发展战略》，越南应发挥热带森林资源的潜力和优势，努力成为具有现代工业的森林生产、加工和贸易中心之一，改善生计、发展与森林资源有关的绿色经济。可持续森林管理，长期保护自然资源和生物多样性。对于森林破坏严重的地区，需要完善保护相关政策法规，禁伐天然林、扩大保护林面积，提高森林覆盖率，提高森林资源管理能力，落实保护与开发平衡的可持续发展即绿色发展情景。具体的解决方案，根据越南《2017 年林业法》审查和完善林业政策体系；改革机制和政策，以动员多样化的资源促进总体林业发展，同时与在森林资源丰富的、特别贫困的、少数民族地区可持续的减贫工作相结合；加强森林保护与发展的法律教育，提高人们的森林保护意识。

科学技术是提高产品产能和质量同时改善农民生活的关键，更重要的是发展高附加值农产品的生产价值链，同时促进合作社与企业的联系，鼓励技术转让和向农业合作社提供优惠贷款。努力将生物技术、自动化、机械化技术和信息技术视为实施可持续农业实践和提高生产力的基础。农业科技或能成为越南绿色经济发展的关键助力。

6.4.4　小结

通过预估 2030 年基准情景、绿色丝路愿景、区域竞争情景下越南森林、农田、草地等生态系统面积变化以及净初级生产力变化，分析生态供给变化趋势，并依据人口变化预测分析生态消耗变化趋势，进而分析越南未来生态承载力与承载状态的可能变化与趋势，并对其关键问题作出与可持续发展要求相协调的针对性政策调整。主要结论如下：

（1）2030 年，基准情景、绿色丝路愿景、区域竞争情景下越南各省份单位面积生态供给均呈现北高南低的空间分布规律，各省的单位面积生态供给变化呈现较明显的空间分异特征，即基准情景下，南部各省份的生态供给显著降低，趋势超过 12%；北部各省份生态供给以增加为主，生态供给增速超过 8%。绿色丝路愿景下，南部省份生态供给有所下降、北部有所上升。区域竞争情景下，除中部省份有所上升外，其余地区均有不同程度的下降，南部省份下降最为明显，降低趋势超过 8%。

（2）2030 年，越南各省份人口均呈现增长趋势。基准情景下，东部省份的生态消耗有所增长、西北部省份生态消耗有所下降；区域竞争情景下，除莱州省、庆和省等省份有所下降外，其余大部分地区均有所增长；绿色丝路愿景下，平阳省、同奈省增长较为明显，西部、北部以及南部部分区域呈现出下降的趋势，东部大部分区域变化不显著。

（3）2030 年，三种未来情景下，越南各省份生态承载超载状态和承载压力增加较为显著，特别是清化省、河内市等处于过载状态，而莱州省、奠边省等处于富富有余状态。绿色发展情景下，东南部的生态承载状态有所减轻；区域竞争情景下，富寿省、广义省承载状态轻微加重。

（4）越南以经济发展为主要导向的开放引入大量落后产能，生态保护意识缺乏，加之科技力量不足、过度依赖粗放生产方式等因素叠加，造成了生态污染屡禁不止、污染物无序排放、自然资源过度开发等生态系统问题，针对林农草生态系统生物生产供给能力有所增加、生态系统消耗呈现持续增长趋势，生态承载压力将持续增加的态势，需要加强自然生态系统保护和修复，提升农业科技并发展高附加值农产品的生产价值链，或能成为绿色经济发展的关键助力。

第 7 章 资源环境承载能力综合评价研究

　　资源环境承载能力综合评价（comprehensive assessment of resource and environmental carrying capacity，RECC）通过对区域人口、资源与环境三个基础要素评价，了解区域自然本底状况，综合量化区域资源环境承载的阈值（封志明，2017），是协调区域人口、资源与环境之间关系的重要方法（潘昱奇等，2021）。资源环境承载能力结合人与自然的关系，对优化国土资源，科学布局总体空间、合理利用土地和空间管制发挥基础性作用（樊杰等，2017）。在经济发展、人口需求增加以及区域资源分配不均的背景下，人地矛盾问题尖锐，资源严重短缺，环境不可持续等问题的屡屡出现，区域生态压力大（Peng et al.，2017；Song and Deng，2017）。为了提高区域人类生活的适宜性以及保障区域生态安全，明确资源现状、合理配置区域资源至关重要（邓祥征等，2021；李龙等，2020）。近年来，由于自然和社会综合作用，资源环境承载力研究的深度和广度进一步拓展，其评价方式从单一要素评价到综合资源要素评价（竺可桢，1964；封志明，1990；谢高地，2011）。资源环境承载力综合研究兴起以来，为定量表达生态系统中提供的各种资源，人们试图将其转为能值、价值或物质量等方式（Patrizi et al.，2018；Zhang et al.，2022；王亚芳，2019；戴尔阜等，2016）。资源环境承载力评价与综合计量是资源环境承载力研究由分类走向综合、由基础走向应用的关键环节。

　　越南作为东南亚生物多样性热点地区，以及湄公河流域重要的河流入海口，其自然资源和生态资源丰富，尤其在保障中南半岛生态安全中举足轻重（Ernst et al.，2013）。同时作为"一带一路"倡议的共建国家，是中南半岛经济走廊的重要组成部分，区域和谐发展与资源可持续利用至关重要（Ng et al.，2020）。越南是世界上经济发展潜力较大的国家，自革新开放以来，越南经济持续高速增长，帮助越南摆脱了国家自平和统一后持续多年的长期经济危机。由于持续的经济正增长，越南已从低收入国家进入到与世界平均收入持平国家的行列（Arsenio，2003）。在经济发展的背后，导致自然资源过度开发，农业生产大幅度扩张，大量森林、沼泽和滩涂被人类改为耕地，森林损失，水土流失严重，生物多样性下降，生态系统遭到破坏，从而导致自然灾害频繁发生（陈文，2003；Pham et al.，2021）。为了遏制生态环境恶化，越南政府相继采取各种措施加强环境管理，国际组织也加大了对越南环境保护的援助力度，但其治理效果仍不佳（唐海行，1999）。为明确管理方向，推进越南的社会生态环境的可持续发展，建立越南资源环境承载能力监测预警长效机制是一项重要的任务，由此可监测区域资源环境本底状况，保障区域的生态安全。

　　本章以水土资源和生态环境承载力分类评价为基础，结合人居环境自然适宜性评价与社会经济发展适应性评价，提出了"人居环境适宜性分区—资源环境限制性分类—社会经济适应性分等—承载能力警示性分级"的资源环境承载能力综合评价思路与技术集成路线，构建了具有平衡态意义的资源环境承载能力综合评价的三维空间四面体模型；以公里格网为基础，以分省为基本研究单元，系统评估了越南资源环境承载力与承载状态，定量揭示了越南资源环境承载力的地域差异与变化特征；在此基础上，研究提出了增强越南资源环境承载力的适应策略与对策建议。

7.1　资源环境承载能力定量评价与限制性分类

本章在水土资源承载力和生态环境承载力分类评价与限制性分类的基础上，从分类到综合，定量评估了越南的资源环境承载能力，从全国、大区到分省，完成了越南资源环境承载力定量评价与限制性分类，为越南及其不同地区的资源环境承载能力综合评价与警示性分级提供了量化支持。

7.1.1　全国水平

1. 越南资源环境承载能力在 13019 万人水平，3/5 以上集中在湄公河三角洲、北部边境和山区以及中北部和中部沿海地区

越南资源环境承载能力研究表明，2015 年越南资源环境承载力约为 13019 万人。其中，越南生态承载力较高，达到 22515.64 万人，具有较大的生态发展能力；越南虽水资源丰富，但其水质质量逐年下降，水资源的开发利用率偏低，其水资源承载力只有 9179.13 万人；耕地资源随着人口增加，土地资源承载力较低；水资源开发利用率以及水资源可利用率均较低，以及土地资源发展不均是越南资源环境承载能力的主要限制因素（表 7-1）。

越南 3/5 以上资源环境承载能力集中在占地 2/3 以上的湄公河三角洲、北部边境和山区以及中北部和中部沿海地区。北部边境和山区、湄公河三角洲以及中北部和中部沿海地区的资源环境承载能力分别为 2693.33 万人、3149.29 万人和 3258.26 万人，在 13019.44 万人水平，占全区的 69.9%，占地 70%，是越南资源环境承载能力的主要潜力地区。

表 7-1　越南 2015 年分区资源环境承载力统计表　　　（单位：万人）

地理分区	资源环境承载力	水资源承载力	土地资源承载力	生态承载力
红河三角洲	1288.98	1042.53	1462.90	1092.09
北部边境和山区	2693.33	3020.63	1071.29	6154.68
中北部和中部沿海地区	3258.26	2723.62	1588.73	6996.76
西原地区	1726.68	1310.05	511.33	4276.82
东南地区	902.90	766.50	381.31	1719.88
湄公河三角洲	3149.29	315.81	5265.98	2275.40
总计	13019.44	9179.14	10281.54	22515.64

2. 越南资源环境承载密度均值在 393.39 人/ km² ，三角洲地区普遍高于山区地区

越南资源环境承载能力研究表明,2015 年越南资源环境承载密度均值是 393.39 人/ km²，高于现实人口密度 277.10 人/ km²。其中, 生态承载密度均值是 680.32 人/ km²,远高于现实人口密度;土地资源承载密度均值是 310.66 人/ km²,水资源承载密度均值是 277.35 人/ km²,与现实人口相比, 水、土资源承载力刚好满足区域需求。

越南各地区资源环境承载密度介于 282.72~776.78 人/km²,三角洲地区普遍高于山区地区。地处三角洲的湄公河三角洲和红河三角洲等地区资源环境承载能力较强,资源环境承载密度介于 611.81~776.68 人/km²;而地处山区等地资源环境承载密度在 280 人/ km² 左右,地域差异显著。

7.1.2 大区尺度

1. 湄公河三角洲和红河三角洲资源环境承载能力较强,资源环境承载密度在 611.81~776.68 人/km²,高于全国平均水平

(1)湄公河三角洲,2015 年资源环境承载力为 3149.29 万人,占全区总量的 24.19%,承载密度为 776.68 人/km²,接近于全区平均水平的 2 倍,资源环境承载能力最强。湄公河三角洲是越南第一大平原、地势低平、河网密集,水土资源丰富,土地面积为 40548.2 万 km²,耕地是其主要土地利用类型。湄公河三角洲土地资源承载能力较强,承载密度达到 1298.70 人/km²;生态承载力相当,承载密度为 561.16 人/km²;水资源承载力相对较弱,承载密度为 77.88 人/km²,由于区域内人口众多,人均用水量明显高出全国平均水平的 2 倍多,导致水资源成为限制区域发展的重要的因素(表 7-2)。

(2)红河三角洲,2015 年资源环境承载能力为 1288.98 万人,占全区总量的 9.90%,承载密度为 611.81 人/km²,是全区平均水平 1.6 倍,资源环境承载能力较强。红河三角洲由红河和太平江水系泥沙冲积而成,土地面积为 2.1 万 km²,土地承载力相当,承载密度达到 694.37 人/km²;区域水资源承载密度只有 494.84 人/km²,由于其水资源总量处于全国较低水平,导致水资源可利用量较少,难以满足区域的水资源供给。由于人均消耗量大,生态承载力较低,承载密度仅有 518.36 人/km²;水资源和生态资源成为区域资源环境承载力的主要限制条件(表 7-2)。

2. 西原地区、中北部和中部沿海地区以及东南地区资源环境承载能力中等,资源环境承载密度在 316.00~382.62 人/km²,接近全区平均水平

(1)西原地区,2015 年资源环境承载能力为 1726.68 万人,占全区总量的 13.26%,资源环境承载密度为 316 人/km²,接近全区平均水平,资源环境承载能力中等。西原地区地处越南长山山脉西南部、有广阔的高原,海拔高度最高可达 2372 m,土地面积为 5.46 万 km²。森林面积广阔,约占区域面积 66%,拥有森林面积 3.6 万 km²,生态承载能力强,承载密度达到 782.71 人/km²,水资源承载力较强,水资源承载密度分别为 239.76

人/km²。西原地区多山地，耕地资源较少，土地承载密度为 93.58 人/km²，土地资源承载能力较低。因此，土地资源成为区域资源环境承载力的主要限制条件（表 7-2）。

（2）中北部和中部沿海地区，2015 年资源环境承载能力为 3258.26 万人，占全区总量的 25.03%，资源环境承载密度为 339.98 人/km²，接近全区平均水平，资源环境承载能力中等。中北部和中部沿海地区西高东低，地势之差有 2540 m，区域森林面积广布，占区域的 67.07%，生态承载能力较高，其承载密度为 730.06 人/km²；水资源承载密度相对全国水平不高，但与中北部和中部沿海地区的实际人口密度相比，水资源能够满足区域的发展，水资源的承载密度为 284.19 人/km²。区域狭长，地势差异大，耕地资源较少，土地资源承载力较低，成为限制区域资源环境承载力的主要限制条件（表 7-2）。

（3）东南地区，2015 年资源环境承载能力为 902.9 万人，占全区总量的 6.94%，资源环境承载密度为 382.62 人/km²，接近全区平均水平，资源环境承载能力中等。东南地区位于越南南部，与湄公河三角洲紧邻，土地面积为 2.36 万 km²。东南地区生态承载能力接近越南的平均水平，其承载密度约为 728.83 人/km²；而水资源丰富，水资源开发利用率低等因素的影响，其承载密度较低为 324.81 人/km²；以及土地资源承载密度明显低于全国平均水平，其值约为 161.58 人/km²。因此，水土资源是东南地区进一步发展的限制因素（表 7-2）。

3. 北部边境和山区资源环境承载能力较低，资源环境承载密度约为 282.72 人/km²，低于全国平均水平

北部边境和山区，2015 年资源环境承载能力为 2693.33 万人，占全区总量的 20.69%，资源环境承载密度为 282.72 人/km²，是全区平均水平的 4/5，资源环境承载能力最弱。北部边境和山区海拔最高可达 2992 m，是越南海拔最高的地区，人口密度相对于全国较低。北部边境和山区的土地面积为 9.53 万 km²，区域内人口密集低，现实人口密度约为 124.72 人/km²，资源承载力虽地区全国水平，但仍是一种可持续发展状态。其中，区域内森林面积广阔，面积约为 6.09 万 km²，占全域面积的 80%，生态承载能力较强，承载密度为 646.06 人/km²；水资源满足区域的需求，水资源承载密度为 317.08 人/km²；土地资源刚好满足其区域需求。此区域受到地形的影响，人口稀少，水、土资源和生态均不是制约区域发展的因素（表 7-2）。

表 7-2　越南 2015 年分地区资源环境承载密度统计表　　（单位：人/km²）

地理分区	资源环境承载密度	分项承载密度			现实人口密度
		水资源承载密度	土地资源承载密度	生态资源承载密度	
北部边境和山区	282.72	317.08	112.45	646.06	124.27
西原地区	316.00	239.76	93.58	782.71	102.63
中北部和中部沿海地区	339.98	284.19	165.77	730.06	205.25
东南地区	382.62	324.81	161.58	728.83	681.88
红河三角洲	611.81	494.84	694.37	518.36	992.60
湄公河三角洲	776.68	77.88	1298.70	561.16	433.78

7.1.3 分省格局

基于越南分省的资源环境承载能力评价表明，越南分省资源环境承载密度介于173.20~1351.79 人/km²，密度均值为 393.39 人/km²。其中，超 1/2 省域高于全区平均水平，最高湄公河三角洲的安江省，资源环境承载密度可达 1351.79 人/km²；约 1/2 省域低于全区平均水平，最低湄公河三角洲的金瓯省低于 200 人/km²；从地域分异看，三角洲地区的资源环境承载能力普遍好于山区地区，分省资源环境承载能力地域差异显著。

据此，以越南分省资源环境承载密度均值 393.39 人/km² 为参考指标，确定资源环境承载能力 300~500 人/km² 为中等水平，将越南 63 个省份按照资源环境承载密度相对高低，可以分为较强、中等、较弱三类地区，分别以 H、M 和 L 表示。从分省总体情况看，越南分省资源环境承载能力总体处于中等水平，基本可以反映出越南资源环境承载能力仍处于平衡的临界状态（图 7-1 和图 7-2）。

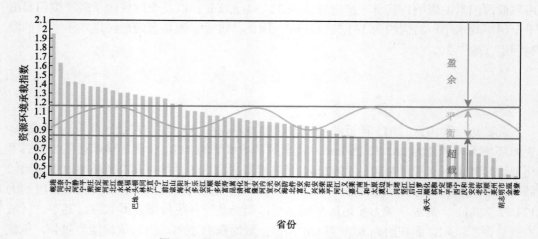

图 7-1　基于省域尺度的资源环境承载能力

1. 资源环境承载能力较强的省份有 23 个，均受到水资源承载力影响

越南资源环境承载能力较强的 23 个省份，资源环境承载密度大多为 540~1352 人/km²，均高于全区平均水平；占地 5.12 万 km²，占比 15.48%；相应人口 4396.22 万人，占比 47.94%。这些省份主要分布于三角洲地区，这里耕地资源丰富，人口密集，大多受到人均占有量不足的影响。根据资源环境限制性，资源环境承载能力均受到水资源的限制，根据水土生态这三类综合因素，将 23 个省份划分为如下 3 种主要限制类型（表 7-3，图 7-3）。

（1）H_W，水资源限制：位于湄公河三角洲地区的茶荣省、隆安省、朔庄省、坚江省、永隆省、后江省、同塔省和安江省 8 个省份，均以耕地为主，土地资源承载能力不言而喻，而较低的水资源可利用量使得水资源承载能力较低，成为这 8 个省份资源环境发展的主要限制性因素。

（2）H_{EW}，水资源与生态环境限制：主要是位于湄公河三角洲的薄寮省、前江省、芹苴省、红河三角洲的宁平省、河南省、南定省和太平省 7 个省。这些地区均是耕地资源丰富，人口密度大，现实人口密度的均值 942.86 人/km^2，明显高于全国水平，土地承载力相对较高。建设用地分布范围较广，林草地面积相对较低，且受现状供水条件影响，水资源与生态资源承载力均较低，成为主要限制性因素。

（3）H_{LEW}，水土资源和生态环境限制：位于红河三角洲地区的河内市，海防省、永福省、海阳省、北宁省和兴安省，中北部和中部沿海地区的岘港省以及东南地区的胡志明市 8 个省市。区域内地势平坦，平均海拔约 18 m，农业发达，耕地密集，经济发达，为人类的发展提供了良好的环境。但人口密度是越南最大的地区，均在 1000 人/km^2 左右，也因此给区域发展带来限制，水资源、土地资源以及生态都不能满足每个人的基本需求，便成为资源环境承载力的限制因素。

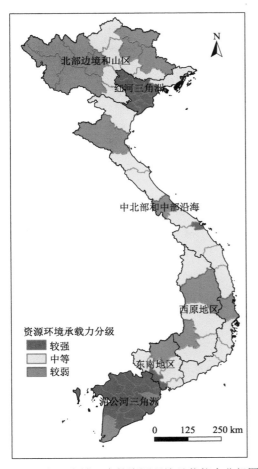

图 7-2　基于省域尺度的资源环境承载能力分级图

图 7-3　资源环境承载能力较强省份限制性分析

表 7-3　越南资源环境承载能力较强省份限制性分析　　（单位：人/km²）

限制型	省份	资源环境承载密度	分项承载密度			现实人口密度
			水资源	土地资源	生态	
H_W	茶荣省	1481.22	77.20	1193.79	617.23	441.91
	隆安省	251.69	48.06	1339.09	541.69	330.34
	朔庄省	1713.58	73.38	1412.41	605.71	395.79
	坚江省	514.48	78.33	1492.94	542.00	277.39
	永隆省	1990.64	94.54	1496.53	755.48	698.22
	后江省	262.72	76.63	1665.00	729.23	480.81
	同塔省	2453.82	43.63	2066.68	651.30	498.76
	安江省	2813.07	60.02	2387.50	700.15	610.26
H_EW	薄寮省	1074.74	113.60	880.66	330.02	357.27
	宁平省	1794.70	397.11	729.40	547.46	679.28
	前江省	1389.68	71.50	1106.69	696.29	688.95
	河南省	1488.14	510.72	1073.65	539.35	932.83
	南定省	710.42	515.85	1179.95	496.86	1120.62
	芹苴省	1796.97	111.28	2047.62	747.62	885.73
	太平省	1903.63	467.44	1460.29	525.69	1139.62
H_LEW	海防省	819.13	575.84	648.39	433.57	1288.76
	永福省	1019.03	411.83	653.42	614.44	852.81
	岘港省	608.85	708.45	53.66	766.93	798.82
	胡志明市	1189.82	980.46	89.21	448.20	3878.56
	海阳省	1281.26	439.82	938.33	502.65	1071.56
	河内市	1062.58	919.04	779.81	470.77	2163.75
	北宁省	1552.02	588.25	1146.80	447.19	1403.55
	兴安省	1591.20	562.69	1167.19	470.02	1257.13

2. 资源环境承载能力中等的省份有 24 个，多数受到土地资源承载力限制

越南资源环境承载能力中等的 24 个省份，资源环境承载密度大多介于 301~464 人/km²，介于全区平均水平；占地 15.09 万 km²，占比 45.59%；相应人口 3251.64 万人，占比 35.46%；多数分布在越南的中部和北部，半数受到水资源承载力限制。根据资源环境限制性，除未受水土资源和生态环境限制的区域有多乐和清化 2 个省外，其他 22 个省份可以分为以下 3 种主要限制类型（表 7-4，图 7-4）。

（1）M_W，水资源限制：位于中北部和中部沿海地区的宁顺和东南地区的西宁 2 个省。

东南地区的西宁省，以及中北部和中部沿海地区的宁顺省水资源总量丰富，水资源利用率和可利用率相对较低，成为资源环境承载能力的主要限制因素，水资源也是资源环境承载力主要限制因素。

（2）M_L，土地资源限制：位于北部边境和山区的河江省、宣光省、和平省、太原省，中北部和中部沿海地区的广南省、广平省、广义省、河静省、平定省，西源地区的林同省、昆嵩省，红河三角洲地区的广宁省，共计 12 个省。中北部和中部沿海地区的广南省、广平省、广义省、河静省、平定省，区属中南沿海地区，以渔业与农耕为主，地形多变，由西向东依次是高原、丘陵、平原及海岸，狭长的地理位置，土地资源给平定深入发展带来

表 7-4　越南资源环境承载能力中等省份限制性分析　　（单位：人/km²）

限制型	省份	资源环境承载密度	分项承载密度			现实人口密度
			水资源	土地资源	生态	
M_W	平顺省	355.33	129.20	205.91	730.90	155.51
	西宁省	385.28	76.34	398.29	816.14	275.14
M_L	河江省	301.44	411.92	100.61	637.81	101.30
	广宁省	304.56	273.46	78.66	561.56	198.50
	宣光省	308.40	369.71	120.80	685.45	129.58
	和平省	317.07	363.99	158.71	642.58	178.86
	广南省	321.03	354.32	101.39	820.22	141.77
	广平省	330.24	491.70	75.68	724.43	108.23
	广义省	347.79	317.77	191.57	783.40	241.88
	河静省	355.18	458.15	188.42	617.64	210.31
	林同省	369.60	276.59	48.13	784.06	130.26
	昆嵩省	426.36	401.14	24.39	853.56	51.18
	平定省	442.63	259.35	238.67	829.87	251.25
	太原省	463.41	457.76	271.19	661.30	344.11
M_{LW}	宁顺省	327.84	52.36	166.14	765.03	177.44
	庆和省	345.99	96.66	83.19	858.12	231.00
	富寿省	357.63	353.44	265.63	593.91	387.90
	承天-顺化省	357.66	220.59	132.06	720.32	226.83
	巴地-头顿省	403.82	331.72	192.64	687.11	542.40
	北江省	405.46	349.06	351.09	625.97	426.87
	同奈省	441.82	380.93	244.25	700.27	490.52
	平阳省	448.89	320.72	24.31	945.54	716.45
M_{NONE}	多乐省	303.55	194.45	188.01	756.04	141.23
	清化省	392.13	349.86	315.48	647.17	315.50

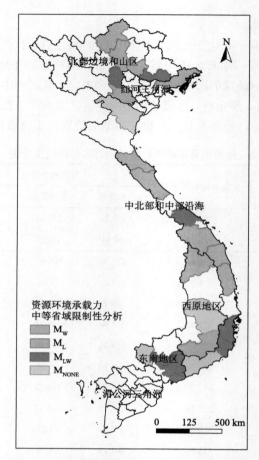

图 7-4　资源环境承载能力中等省份限制性分析

一定限制；北部边境和山区的河江省、宣光省、和平省、太原省多山区，耕地资源匮乏；西源地区的林同省、昆嵩省地处内陆，地势较高，平均海拔约为 1km，不适宜耕作，耕地面积少，土地资源承载力低；红河三角洲地区的广宁省位于越南的东海岸，地势低平，由于人口较多，土地资源承载力较低；因此土地资源成为限制区域发展的主要因素。

（3）M_{LW}，水土资源限制：中北部和中部沿海地区的宁顺省、庆和省、承天-顺化省，北部边境和山区的富寿省、北江省，东南地区的巴地-头顿省、同奈省和平阳省，共计 8 个省份。其中，位于中北部和中部沿海地区的岘港省。中北部和中部沿海地区的宁顺省、庆和省、承天-顺化省，地处越南中部的狭长地带，耕地资源相对较少；降水量较少，年降水量大约为 1000 mm，导致其水资源承载能力相对较低；北部边境和山区的富寿省、北江省，海拔较高，不适合种植，耕地面积较少；其降水量较少，年降水量约为 1200 mm，导致其水资源承载能力相对较低；东南地区的巴地-头顿省，同奈省和平阳省耕地面积小，人均占有量少；水资源量较多，但人口众多，人均占有量较少，导致水土资源成为制约区域发展的主要限制因素。

3. 资源环境承载力较弱的省份有 16 个，近 3/4 受到土资源承载力严重限制

资源环境承载能力较弱的 16 个省份，资源承载密度大多介 173~292 人/km²，明显低于全区平均水平；占地 12.88 万 km²，占比 38.93%；相应人口 1523.12 万人，占比 16.61%；大片分布在海拔较高与山麓附近，及狭长的沿海地区，绝大多数受到土地资源承载能力严重限制。根据资源环境限制性，除未受水土资源和生态环境限制的区域有多侬、山萝、高平、北件 4 个省份外，其他 12 个省份可以分为以下 2 种主要限制类型（表 7-5，图 7-5）。

（1）L_L，土地资源限制：包括 9 个省份，分别位于北部边境和山区的奠边省、莱州省、谅山省、老街省、安沛省，中北部和中部沿海的广治省、义安省，西原地区的嘉莱省，东南地区的平福省。北部边境和山区的奠边省、莱州省、谅山省、老街省、安沛省，海拔较高，耕地面积小，土地资源是限制区域发展的因素；中北部和中部沿海的广治省、义安省地势较高，又处于狭长地区，不适宜耕作，耕地面积相对较少，土地资源匮乏；对于西原地区的嘉莱省，这里地处西原高原北部，海拔高差大，介于 76~1703 m 之间，森林面积占全域的一半以上（55.8%）；其次是耕地占全域面积的 42.4%，其中有很大部分是橡胶林和咖啡园，耕地面积被占用，尽管土地肥沃，但其产量仍不能满足区域人们的对粮食的基本需求；东南地区的平福省是越南西部一个山区，主要以林业为主，耕地面积较少，因此土地资源成为限制区域发展的主要因素。

表 7-5 越南资源环境承载能力较弱省域限制性分析　　　　　（单位：人/km²）

限制型	区域	资源环境承载密度	分项承载密度			现实人口密度
			水资源	土地资源	生态	
L_L	奠边省	207.67	196.48	53.57	609.74	57.28
	莱州省	211.42	200.45	44.74	644.56	46.82
	平福省	218.77	222.31	18.27	714.74	137.44
	广治省	240.83	169.20	108.12	680.05	130.79
	嘉莱省	253.64	203.95	72.57	780.82	89.94
	谅山省	260.00	282.21	77.23	683.59	91.41
	老街省	279.53	344.16	90.57	654.99	105.66
	安沛省	288.94	388.80	89.12	638.69	115.17
	义安省	289.65	275.67	150.26	659.11	186.74
L_{LW}	金瓯省	173.20	104.33	180.03	259.42	230.20
	槟椥省	274.81	96.70	243.28	620.79	535.33
	富安省	283.76	131.17	162.08	816.87	176.54
L_{NONE}	多侬省	245.31	121.14	124.50	733.58	90.21
	山萝省	259.72	282.42	110.29	599.25	83.77
	高平省	280.15	323.22	80.05	715.81	78.21
	北件省	291.48	370.69	77.74	707.00	64.43

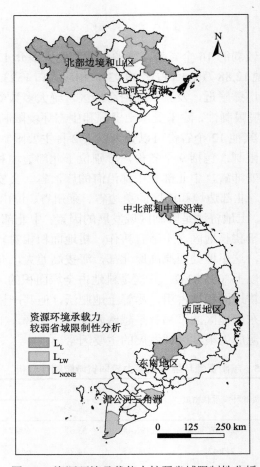

图 7-5 资源环境承载能力较弱省域限制性分析

（2）L$_{LW}$，水土资源限制：包括 3 个省份，位于湄公河三角洲地区的金瓯省、槟椥省，中北部和中部沿海的富安省。在湄公河三角洲地区的金瓯省和槟椥省，区域内虽耕地广布，但人口密集，耗水量大，因此水土资源承载力相对较弱，水土资源限制性突出；中北部和中部沿海的富安省耕地面积较小，降水量相对于越南大部分地区较少，其水土资源限制性明显。

7.2 越南资源环境承载能力综合评价与警示性分级

本章在资源环境承载力分类评价与限制性分类的基础上，结合人居环境自然适宜性评价与适宜性分区和社会经济发展适应性评价与适应性分等，建立了基于人居环境适宜指数（HEI）、资源环境限制指数（RCCI）和社会经济适应指数（SDI）的资源环境承载指数（PREDI）模型；基于资源环境承载指数（PREDI）模型，以分省为基本研究单元，从全国、大区和分省等 3 个不同尺度，完成了越南资源环境承载能力综合评价与警示性分级，揭示了越南不同地区的资源环境承载状态及其超载风险。

7.2.1　全国水平

1. 越南资源环境承载能力总体平衡，约 65%的人口分布在资源环境承载能力平衡或盈余地区

基于资源环境承载指数（PREDI）的资源环境承载能力综合评价表明：越南 2015 年资源环境承载指数介于 0.42～1.95，均值在 1.49 水平，资源环境承载能力总体处于盈余状态。其中，资源环境承载力处于盈余状态的地区占地 5.96 万 km^2，占比 17.99%，相应人口 2406.4 万人，占比 26.24%；处于平衡状态的地区占地 12.9 万 km^2，占比 38.98%，相应人口 3600.14 万人，占比 39.26%；处于超载状态的地区占地 14.24 万 km^2，占比 43.02%，相应人口 3164.44 万人，占比 34.5%；全国约 65%的人口分布在资源环境承载能力平衡或盈余地区。

2. 越南资源环境承载状态南部普遍优于北部，区域人口与资源环境社会经济关系有待协调

越南 2015 年资源环境承载力处于盈余状态的区域主要分布在南部，以及红河三角洲地区；处于超载状态的地区主要分布在北部边境和山区；处于平衡状态的地区零散分布在全国的各个地区。全区尚有超过 3 成人口分布在资源环境超载地区，主要集中在北部边境和山区以及中北部和中部沿海地区，区域人口与资源环境社会经济关系有待协调。

7.2.2　大区尺度

1. 红河三角洲、西原地区、东南地区和湄公河三角洲 4 个地区资源环境承载能力总体盈余，约 60%～85%的人口分布在资源环境承载能力盈余或平衡地区

（1）红河三角洲，资源环境承载指数为 1.16，资源环境承载能力总体处于盈余状态。其中，资源环境承载能力盈余地区占地 52.17%，相应人口占比 56.54%；平衡地区占地 29.25%，相应人口占比 28.84%。全市 85.38%以上的人口分布在资源环境承载能力盈余或平衡地区，人口与资源环境社会经济发展基本协调。红河三角洲位于越南北部由红河及其支流太平江冲积而成的平原，良好的人居环境适宜性、较低的资源环境限制性和较高的社会经济适应性，提高了区域资源环境承载能力。

（2）西原地区，资源环境承载指数为 1.28，资源环境承载能力总体处于盈余状态。其中，资源环境承载能力盈余地区占地 51.86%，相应人口占比 62.71%；平衡地区占地 19.5%，现有人口占比 19.16%。全区 81.88%以上的人口分布在资源环境承载能力盈余或平衡地区，人口与资源环境社会经济发展基本协调。西原地区位于中部高原，山地居多，总人口在 6 大地区中最少，虽然自然环境和经济发展一般，但人均分配的资源较多，在

一定程度上具有较高的资源环境承载能力。

（3）东南地区，资源环境承载指数为1.39，资源环境承载能力总体处于盈余状态。其中，资源环境承载能力盈余地区占地65.00%，相应人口占比46.78%；平衡地区占地20.71%，现有人口占比12.78%。全市60%以上的人口分布在资源环境承载能力盈余或平衡地区，人口与资源环境社会经济发展基本协调。东南地区地势平坦，森林面积广布，资源环境承载尚有空间，作为越南重点的经济区，经济发展较快，人居环境适应性较高。

（4）湄公河三角洲，资源环境承载指数为1.28，资源环境承载能力总体处于盈余状态。其中，资源环境承载能力盈余地区占地63.44%，相应人口占比63.00%；平衡地区占地16.56%，现有人口占比13.35%。全市76%以上的人口分布在资源环境承载能力盈余或平衡地区，人口与资源环境社会经济发展基本协调。湄公河三角洲位于越南南部的九龙江平原，河网密集，气候适宜，土壤肥沃，人口密集，同时又是越南的经济核心，资源环境承载尚有空间，较好的人居环境适宜性、较低的资源环境限制性和较高的社会经济发展水平在一定程度上提高了区域资源环境承载能力。

2. 北部边境和山区以及中北部和中部沿海地区资源环境承载能力总体平衡，约56%~58%的人口分布在资源环境承载能力平衡或盈余地区

（1）北部边境和山区，资源环境承载指数为0.95，资源环境承载能力总体处于平衡状态。其中，资源环境承载能力盈余地区占地19.78%，相应人口占比33.16%；平衡地区占地22.60%，现有人口占比23.05%；超载地区占地57.63%，相应人口占比40.51%；全市56%以上的人口分布在资源环境承载能力盈余或平衡地区，人口与资源环境社会经济关系有待协调。北部边境和山区位于越南最北部，多山区，林地面积大，区域的人居环境适宜性较低，受到自然因素的限制，经济发展相对较缓慢，资源环境承载能力在一定程度上受到人居环境适宜性和社会经济发展水平影响。

（2）中北部和中部沿海地区，资源环境承载指数为1.11，资源环境承载能力总体处于临界超载的平衡状态。其中，资源环境承载能力盈余地区占地36.3%，相应人口占比38.88%；平衡地区占地27.22%，现有人口占比20%；超载地区占地36.48%，相应人口占比17.85%；全市58%以上的人口分布在资源环境承载能力平衡地区，人口与资源环境社会经济关系有待协调。中北部和中部沿海地区，地处越南中部的狭长位置，多崇山峻岭，很难深入发展，这样的地理环境给人居以及经济发展带来了极大的限制，继而也限制了中北部和中部沿海地区资源环境承载能力的发挥。

7.2.3　分省格局

从分省格局看，越南近3/5省份资源环境承载能力处于平衡或盈余。根据图7-1资源环境承载能力警示性分级标准，将越南63个省份按照资源环境承载指数（PREDI）高低，警示性分为盈余、平衡和超载等三类地区，并进一步讨论了区域资源环境承载能力

的限制属性类型（图 7-6 至图 7-9，表 7-6 至表 7-9）。其中，Ⅰ、Ⅱ、Ⅲ分别代表盈余、平衡、超载等三个警示性分级；E 代表人居环境适宜性、R 代表资源环境限制性、D 代表社会经济适应性，也可以联合表达双重性或三重性，诸如 ⅡED、ⅢERD 等。

根据越南相关研究，将资源环境承载指数高于 1.15，则认为资源环境承载力处于盈余状态；资源环境承载指数介于 0.85～1.15 之间，认为资源环境承载力处于平衡状态；资源环境承载指数低于 0.85，认为资源环境承载能力处于超载状态。统计表明，越南现有 18 个省份的资源环境承载指数高于 1.15，资源环境承载力处于盈余状态，主要位于北部和南部三角洲地区；有 22 个省份的资源环境承载指数介于 0.85～1.15 之间，资源环境承载力处于平衡状态，在越南的北部、中部和南部均有分布；有 23 个省份的资源环境承载指数低于 0.85，资源环境承载能力处于超载状态，主要分布在越南北部高原，中部和南部人口密集的地区。从地域类型看，越南分省 56% 以上的资源环境承载能力平衡或盈余，超载不到 44%；从地域分布看，西北和西南以及中部地区的分省资源环境承载能力普遍较低，地域差异显著。

图 7-6　基于分省尺度的资源环境承载能力警示性分级

表 7-6　越南分省资源环境承载能力警示性分级

分类		PREDI	HSI	SDI	REI	省		土地		人口		
						数量/个	占比/%	面积/km²	占比/%	数量/万人	占比/%	密度/(人/km²)
盈余地区（Ⅰ）	Ⅰ$_E$	1.16	1.23	1.04	0.89	1	1.59	9773.5	2.95	127.31	1.39	130.26
	Ⅰ$_R$	1.26	1.47	1.07	0.82	8	12.70	11275.2	3.41	983.44	10.72	872.22
	Ⅰ$_D$	1.13	1.28	0.97	0.87	3	4.76	18162.0	5.49	366.28	3.99	201.67
	Ⅰ$_{ER}$	1.89	1.42	1.21	1.07	1	1.59	1989.5	0.60	107.91	1.18	542.40
	Ⅰ$_{RD}$	1.27	1.47	1.03	0.81	2	3.17	4963.0	1.50	316.13	3.45	636.97
	Ⅰ$_B$	1.29	1.33	1.10	0.88	3	4.76	13399.9	4.05	505.33	5.51	377.11
平衡地区（Ⅱ）	Ⅱ$_E$	1.31	1.33	1.04	0.94	1	1.59	5060.6	1.53	89.34	0.97	176.54
	Ⅱ$_R$	1.24	1.43	1.04	0.84	4	4.76	9344.7	2.82	1065.02	11.61	1139.70
	Ⅱ$_D$	0.99	1.27	0.94	0.83	8	12.70	61248.3	18.51	1098.24	11.98	179.31
	Ⅱ$_{ED}$	1.20	1.28	1.01	0.90	4	6.35	34483.6	10.42	418.38	4.56	121.33
	Ⅱ$_{RD}$	1.37	1.55	0.99	0.90	2	3.17	5106.7	1.54	394.75	4.30	773.00
	Ⅱ$_{ER}$	1.23	1.30	1.03	0.90	4	4.76	11433.3	3.45	430.95	4.70	376.93
	Ⅱ$_B$	1.29	1.48	1.03	0.83	1	1.59	2341.2	0.71	103.46	1.13	441.91
	Ⅱ$_{IE}$	1.34	1.33	1.07	0.94	4	4.76	14269.5	4.31	265.18	2.89	185.84
超载地区（Ⅲ）	Ⅲ$_R$	1.55	1.60	1.03	0.94	1	1.59	1602.5	0.48	77.05	0.84	480.81
	Ⅲ$_{ER}$	1.32	1.32	1.09	0.94	4	6.35	25210.8	7.62	1199.43	13.08	475.76
	Ⅲ$_{ED}$	0.98	1.24	0.96	0.81	13	20.63	95447.6	28.84	1366.15	14.90	143.13
	Ⅲ$_{ERD}$	1.25	1.45	1.02	0.80	2	3.17	5845.7	1.77	256.63	2.80	439.01

注：表中 E、R、D 分别为人居环境限制型、资源环境限制型、社会发展限制型，B 代表均衡型

1. 资源环境承载能力盈余的省份有 18 个，集中分布在北部和南部三角洲地区，人口与资源环境社会经济关系有待优化

越南资源环境承载能力盈余的 18 个省份，资源环境承载指数介于 1.18～1.95 之间，占地 4.98 万 km²，占比 15.50%；相应人口 2279.09 万人，占比 25.20%；平均人口密度为 457.74 人/km²，低于盈余地区的资源环境承载密度 837.12 人/km²；集中分布在三角洲地区，具有较大的资源环境发展空间，人口与资源环境社会经济关系有待优化。

根据人居环境适宜性、资源环境限制性和社会经济适应性的地域差异，除去 HSI/REI/SDI 等指数普遍高于全区平均水平的广宁省、宁平省和同奈省等 3 个省份，其他 15 个资源环境承载能力盈余的省份可以划分为 5 种限制性类型（图 7-7，表 7-7）。

（1）Ⅰ$_E$，人居环境限制型：位于西原地区的林同省，地处中部高原地区，海拔相对于全国较高，地形适宜性有将近一半的区域处于一般适宜，人居环境适宜性相对一般；较高的社会经济适应性与较低的资源环境限制性提升了区域资源环境承载能力。

（2）Ⅰ$_R$，资源环境限制型：受资源环境限制的省份有 8 个，适宜的人居环境和较高

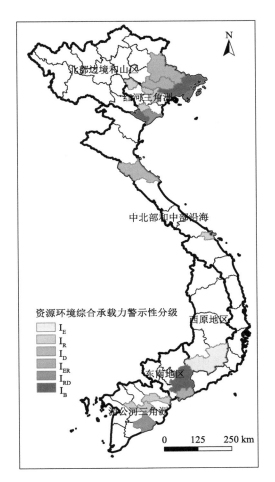

图 7-7　基于分省尺度的资源环境承载能力盈余地区分级

表 7-7　越南资源环境承载能力盈余地区限制因素分析

状态	省份	土地		人口			PREDI	HSI	SDI	REI
		面积/km²	占比/%	数量/万人	占比/%	人口密度/(人/km²)				
I_E	林同省	9773.5	2.95	127.31	1.39	130.26	1.27	0.99	1.05	1.22
I_R	海阳省	1656	0.50	177.45	1.93	1071.56	1.18	1.11	1.15	0.92
	前江省	2508.3	0.76	172.81	1.88	688.95	1.24	1.18	1.14	0.92
	芹苴市	1409	0.43	124.8	1.36	885.73	1.26	1.31	1.15	0.84
	永福省	1236.5	0.37	105.45	1.15	852.81	1.31	1.26	1.07	0.97
	永隆省	1496.8	0.45	104.51	1.14	698.22	1.31	1.30	1.07	0.94
	河南省	860.5	0.26	80.27	0.88	932.83	1.36	1.28	1.07	0.99
	北宁省	822.7	0.25	115.47	1.26	1403.55	1.43	1.33	1.20	0.89
	岘港市	1285.4	0.39	102.68	1.12	798.82	1.95	1.45	1.58	0.85

续表

状态	省份	土地		人口			PREDI	HSI	SDI	REI
		面积/km²	占比/%	数量/万人	占比/%	人口密度/（人/km²）				
I_D	谅山省	8320.8	2.51	76.06	0.83	91.41	1.19	1.27	0.76	1.23
	北江省	3844	1.16	164.09	1.79	426.87	1.33	1.27	0.95	1.10
	河静省	5997.2	1.81	126.13	1.38	210.31	1.42	1.39	0.85	1.22
I_ER	巴地-头顿省	1989.5	0.60	107.91	1.18	542.40	1.29	0.83	1.57	0.98
I_RD	南定省	1651.4	0.50	185.06	2.02	1120.62	1.37	1.46	0.99	0.95
	朔庄省	3311.6	1.00	131.07	1.43	395.79	1.37	1.42	0.99	0.98
I_B	广宁省	6102.4	1.84	121.13	1.32	198.50	1.26	1.03	1.10	1.11
	宁平省	1390.3	0.42	94.44	1.03	679.28	1.40	1.35	1.01	1.02
	同奈省	5907.2	1.78	289.76	3.16	490.52	1.63	1.18	1.31	1.05
小计		49789.60	15.03	2279.09	24.86	457.14	23.30	21.42	18.96	16.96

的社会经济发展水平，在很大程度上改善了区域资源环境限制性。其中包括湄公河三角洲地区的芹苴、前江和永隆，红河三角洲地区的北宁、海阳、河南和永福，这些地区耕地资源丰富，建设用地分布范围较广，林草地面积相对较低，人口密度大，水资源与生态资源承载力均较低，成为主要限制性因素，人居环境适宜性较强，社会经济适应性较高，一定程度上提升了资源环境承载能力。中北部和中部沿海地区的岘港市，水热条件好，耕地面积大，水资源的利用效率低。此外，岘港人口密度大，水资源和土地资源的人均占有量少，是限制生态环境承载能力的主要因素。岘港经历快速的城市化过程，给当地的生态环境带来一定影响，生态环境也是制约区域发展的主要限制因素之一，但其社会经济发展水平较高，提升了其资源环境综合能力。

（3）I_D，社会经济限制型：受社会经济发展限制的有3个省，分别是北部边境和山区的北江省和谅山省，以及中北部和中部沿海地区的河静省。这3个地区的人居环境优良，生态承载空间充裕，但交通闭塞以及社会经济发展滞后，限制了资源环境承载能力的发挥。具体来说，谅山省地处北部山区，交通通达度低，经济发展严重滞后，与外界的联系较少，严重影响了区域的社会经济发展；对于河静省主要是由于林地和农田的大幅度增加导致土地城市化效率低；北江省相对于其他2个省来说，相对较好，但其交通和人口城市与土地城市化水平相对于全国其他省份较低，成为限制了资源承载能力的综合提升。

（4）I_ER，人居环境与资源环境限制型：受人居环境与资源环境限制的省份仅有东南地区的巴地-头顿省。巴地-头顿省社会经济发展水平高，但人居环境以及资源环境未能满足其需求，限制了资源环境承载能力的发挥。巴地-头顿省位于越南东南部，南临南海，区域内常处于寒冷或者闷热状态，气候适宜性较低，降低了人居环境能力；耕地面积广布，人口密集，人均水资源量低，以及水资源开发利用率相对较低。

（5）I_RD，资源环境与社会经济限制型：受资源环境与社会经济限制的有两省，分别是红河三角州地区的南定省和湄公河三角洲地区的朔庄省。这些地区人居环境适宜性较高，但较强的资源环境限制性与较低的社会经济适应性限制了区域资源环境承载能力的发挥。其中，南定省和朔庄省虽均位于三角洲地区，但其水资源状况差异明显，南定省主要水资源量较为匮乏，从本质上限制了区域水资源承载力的发展，而朔庄省主要是由于水资源的用水量较大，导致区域水资源承载水平较低，限制了资源环境承载能力的发挥；此外，南定省城市化水平一般，朔庄省的交通通达度与城市化水平均处于一般水平。

2. 资源环境承载能力平衡的省份有 22 个，在越南的北部、中部和南部均有分布，人口与资源环境社会经济关系有待协调

越南资源环境承载能力平衡的 22 个省份，资源环境承载指数大多介于 0.86～1.11之间，占地 12.9 万 km²，占比 40.16%；相应人口 3600.14 万人，占比 39.81%；平均人口密度为 279.04 人/km²，低于平衡地区的资源环境承载密度 575.77 人/km²；在越南的北部、中部和南部的部分地区，具有一定的资源环境发展空间，人口与资源环境社会经济关系有待协调。根据人居环境适宜性、资源环境限制性和社会经济适应性的地域差异，除了湄公河三角洲地区的茶荣省不受限制外，另外的 21 个资源环境承载能力平衡省份可以划分为以下 6 种主要限制类型（图 7-8，表 7-8）。

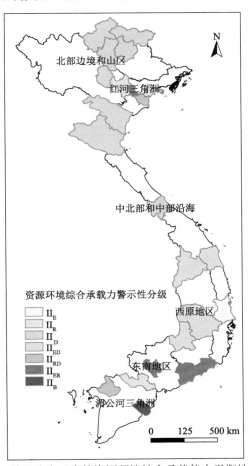

图 7-8　基于分省尺度的资源环境综合承载能力平衡地区分级

表 7-8　越南资源环境承载能力平衡地区限制性因素分析

状态	省份	土地		人口			PREDI	HSI	SDI	REI
		面积/km²	占比/%	数量/万人	占比/%	人口密度/(人/km²)				
II$_E$	富安省	5060.6	1.53	89.34	0.97	176.54	0.96	0.79	1.08	1.12
II$_R$	海防市	1523.4	0.46	196.33	2.14	1288.76	0.98	1.01	1.28	0.76
	河内市	3328.9	1.01	720.29	7.85	2163.75	1.00	1.21	1.23	0.67
	隆安省	4492.4	1.36	148.4	1.62	330.34	1.01	1.06	1.15	0.83
II$_D$	河江省	7914.9	2.39	80.18	0.87	101.30	0.88	1.06	0.67	1.23
	广治省	4739.8	1.43	61.99	0.68	130.79	0.96	1.01	0.79	1.19
	北件省	4859.4	1.47	31.31	0.34	64.43	0.97	1.18	0.67	1.24
	义安省	16493.7	4.98	308	3.36	186.74	0.99	1.09	0.76	1.19
	宣光省	5867.3	1.77	76.03	0.83	129.58	1.00	1.19	0.68	1.23
	高平省	6707.9	2.03	52.46	0.57	78.21	1.02	1.19	0.69	1.23
	清化省	11131.9	3.36	351.21	3.83	315.50	1.03	1.16	0.76	1.17
	富寿省	3533.4	1.07	137.06	1.49	387.90	1.04	1.18	0.80	1.11
II$_{ED}$	广义省	5153	1.56	124.64	1.36	241.88	0.86	0.78	0.92	1.20
	昆嵩省	9689.6	2.93	49.59	0.54	51.18	1.04	0.97	0.88	1.22
	多侬省	6515.6	1.97	58.78	0.64	90.21	1.06	0.93	0.95	1.20
	多乐省	13125.4	3.97	185.37	2.02	141.23	1.11	0.95	0.97	1.20
II$_{RD}$	安江省	3536.7	1.07	215.83	2.35	610.26	1.10	1.30	0.91	0.93
	太平省	1570	0.47	178.92	1.95	1139.62	1.11	1.28	0.93	0.94
II$_{ER}$	平阳省	2694.4	0.81	193.04	2.10	716.45	0.91	0.60	1.67	0.91
	兴安省	926	0.28	116.41	1.27	1257.13	0.95	0.96	1.07	0.92
	平顺省	7812.9	2.36	121.5	1.32	155.51	1.06	0.72	1.39	1.06
II$_B$	茶荣省	2341.2	0.71	103.46	1.13	441.91	0.92	0.99	0.97	0.97
小计		129018.4	38.99	3600.14	39.23	279.04	21.96	22.61	21.22	23.52

（1）II$_E$，人居环境限制型：位于中北部和中部沿海地区的富安省。这里生态环境良好与城市化发展水平较高，但人居环境适宜性相对较低，使得区域的资源综合承载能力处于平衡状态。其中，富安省位于中南沿海地区，属于热带季风气候，气候较为炎热，影响人类的宜居性，造成这里人居环境进一步限制了资源环境承载力的发挥。

（2）II$_R$，资源环境限制型：受资源环境限制的有红河三角洲地区的海防市和河内市，以及湄公河三角洲地区的隆安省。这些地区的资源环境承载力有限，较高的人居环境适宜性和发达的社会经济发展水平有效提升了区域资源环境承载能力。这些地区的耕地面积大，人口密集，水资源量或水资源用水量大导致水资源存在一定限制性。除此之外，海防市位于沿海地区，建设用地分布广，林地与草地面积很小，人口密集，导致区域生态环境也存在一定限制；隆安省耕地面积较大，但人均占有量较少，土地资源存在一定限制；河内市作为越南的首都，经济发展迅速，建设用地面积分布较广，人口位于国内前列，林草面积相对较小，生态与土地也存在一定限制。

（3）II_D，社会经济限制型：受社会经济发展限制的有 8 个省，多数位于越南北部和中北部地区，由于人口密度相对于全国其他地区较小，资源环境承载力较强，人居环境适宜性较高，但社会经济发展水平相对滞后。具体包括：北部渐进和山区的北件、高平、河江、富寿和宣光 5 个省份，以及中北部和中部沿海地区的广治和清化省。这些地区均位于高山地区，森林面积均占区域面积的一半以上，人均环境适宜性较高，资源环境禀赋较强，但是交通闭塞，社会经济发展适应性较低，严重阻碍了区域资源环境承载能力提升。

（4）II_{ED}，人居环境与社会经济限制型：受人居环境与社会经济发展限制的有 4 个省，资源环境限制性较弱，社会经济适应性和人居环境适应性较低，限制了区域资源环境承载能力的发挥。具体包括：西原地区的多乐、多侬和昆嵩 3 个省，以及中北部和沿海地区的广义省。多乐和多侬省处于内陆，热带气候，气温炎热，人居环境适宜性相对较低；社会经济发展受到交通通达水平和城市化水平双重的限制。昆嵩省地处西原地区的北部，海拔较高，多高山，地形适宜性相对较差，影响区域的整体的人居环境；社会经济发展主要受到城市化水平的影响。广义省位于越南多乐高原边缘地区，地形起伏较大，气温炎热，这些因素限制了人居环境适宜性；城市化水平在全国处于低水平，限制了社会经济发展。但多乐、多侬和昆嵩省以及广义省较高的资源环境承载能力提升区域的综合承载能力。

（5）II_{RD}，资源环境与社会经济限制型：受资源环境与社会经济限制的有两个省，人居环境适宜性较高，但较强的资源环境限制性与较低的社会经济适应性限制了区域资源环境承载能力的发挥。其中，安江省位于湄公河三角洲地区，地势低平，耕地资源丰富，人口密集，水资源人均占有量低，严重影响其资源环境承载力；这里人类发展处于全国的中等水平，城市化发展水平处于低水平，导致社会经济发展受到较大的限制。太平省位于红河三角洲地区，人口密度大，区域面积仅为 1570 km²，水资源总量少，耕地面积分布广，建设用地分布广，林草面积小，生态承载密度严重低于人口密度，水土资源限制区域资源环境承载能力的提升；城市化发展水较低限制太平省社会经济发展。

（6）II_{ER}，人居环境与资源环境限制型：受人居环境与资源环境限制的有 3 个省，分别有东南地区的平阳省、中北部和中部沿海地区的平顺省，以及红河三角洲的兴安省。平阳省和平顺省气候适宜性较差，大部分区域处于闷热或者极其闷热的环境中，严重影响人居的适宜性；这两个省农田聚集，人口密度大，水资源的开发利用率低，水资源承载力受到限制。除此之外，平顺省由于森林面积占据区域的一半，土地资源成为制约其资源环境显著的一个因素。对于兴安省位于红河三角洲地区，其温湿程度较适宜，偏热，在一定程度上限制人居环境适宜性的发展；水资源总量较低，人口密度大，建设用地分布范围较广，林草地面积相对较低，水和生态是限制资源环境承载力提升的因素。

3. 资源环境承载能力超载的省份有 23 个，在北部、中部和南部均有分布，人口与资源环境社会经济关系亟待调整

越南资源环境承载能力超载的省份有 23 个，资源环境承载指数大多介于 0.42～0.85 之间，占地 14.24 万 km²，占比 43.01%；相应人口 3164.44 万人，占比 34.49%；平均人口密度为 222.26 人/km²，低于超载地区的资源环境承载密度 529.21 人/km²；在越南的北部、中部和南部均有分布，资源环境限制性突出，人口与资源环境社会经济关系亟待调整（图 7-9，表 7-9）。

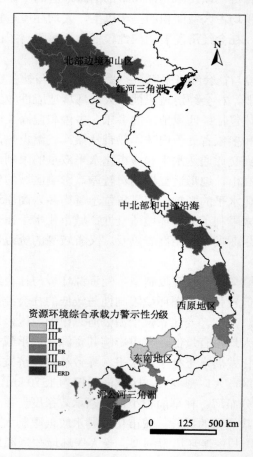

图 7-9　基于分省尺度的资源环境综合承载能力超载地区分级

表 7-9　越南资源环境承载能力超载地区限制性因素分析

限制型	省份	土地		人口			PREDI	HSI	SDI	REI
		面积/km²	占比/%	数量/万人	占比/%	人口密度/（人/km²）				
III_E	宁顺省	3358.30	1.01	59.59	0.65	177.44	0.65	0.62	1.05	1.00
	西宁省	4039.70	1.22	111.15	1.21	275.14	0.76	0.58	1.28	1.02
	平福省	6871.50	2.08	94.44	1.03	137.44	0.76	0.60	1.05	1.20

续表

限制型	省份	土地		人口			PREDI	HSI	SDI	REI
		面积/km²	占比/%	数量/万人	占比/%	人口密度/（人/km²）				
III$_R$	后江省	1602.50	0.48	77.05	0.84	480.81	0.79	1.38	1.01	0.57
III$_{ER}$	胡志明市	2095.60	0.63	812.79	8.86	3878.56	0.51	0.51	1.67	0.60
	庆和省	5217.70	1.58	120.53	1.31	231.00	0.73	0.65	1.18	0.95
	槟椥省	2360.60	0.71	126.37	1.38	535.33	0.78	0.85	1.09	0.84
	嘉莱省	15536.90	4.69	139.74	1.52	89.94	0.85	0.98	1.15	0.76
III$_{ED}$	金瓯省	5294.90	1.60	121.89	1.33	230.20	0.44	0.50	0.85	1.03
	莱州省	9068.80	2.74	42.46	0.46	46.82	0.62	0.69	0.73	1.24
	老街省	6383.90	1.93	67.45	0.74	105.66	0.66	0.71	0.76	1.23
	安沛省	6886.30	2.08	79.31	0.86	115.17	0.70	0.83	0.68	1.23
	平定省	6050.60	1.83	152.02	1.66	251.25	0.76	0.73	0.91	1.15
	承天-顺化省	5033.20	1.52	114.17	1.24	226.83	0.78	0.77	0.91	1.12
	山萝省	14174.40	4.28	118.74	1.29	83.77	0.79	0.91	0.70	1.24
	坚江省	6348.50	1.92	176.10	1.92	277.39	0.80	0.98	0.81	1.01
	广平省	8065.30	2.44	87.29	0.95	108.23	0.81	0.91	0.78	1.14
	奠边省	9562.90	2.89	54.78	0.60	57.28	0.82	0.93	0.72	1.23
	太原省	3531.70	1.07	121.53	1.33	344.11	0.83	0.83	0.88	1.14
	和平省	4608.70	1.39	82.43	0.90	178.86	0.83	0.84	0.81	1.22
	广南省	10438.40	3.15	147.98	1.61	141.77	0.84	0.79	0.87	1.22
III$_{ERD}$	薄寮省	2468.70	0.75	88.20	0.96	357.27	0.42	0.46	0.94	0.98
	同塔省	3377.00	1.02	168.43	1.84	498.76	0.80	0.90	0.96	0.94
	小计	142376.10	43.01	3164.44	34.49	222.26	16.73	17.95	21.79	24.06

根据人居环境适宜性、资源环境限制性和社会经济适应性的地域差异，越南 23 个资源环境承载能力超载的省份可以划分为 5 种主要限制性类型。

（1）III$_E$，人居环境限制型：包括中北部和中部沿海地区的宁顺省，东南地区的平福省和西宁省。这里生态环境良好与城市化发展水平较高，但人居环境适宜性相对较低，使得区域的资源综合承载能力处于超载状态。其中，宁顺省位于越南南部的沿海地区，地形起伏相对和缓，但其气候适宜性受到一定限制，有一半的区域处于临界和一般适宜，气温闷热，这些因素就导致其人居环境适宜性受到一定限制。平福省与西宁省属于热带气候，位于内陆地区，80%以上的地区气温炎热，导致人居适宜性较差，进而导致资源环境综合承载超载。

（2）III$_R$，资源环境限制型：后江省是显著的资源环境限制型地区。后江省地处湄公河三角洲地区，人口密集，现实人口密度达到 330 人/km²，明显高于越南的全国的平均人口，区域内耕地广布，耗水量大，因此水土资源承载力相对较弱，水土资源限制性突出，限制了区域资源环境能力的提升，虽有高度适宜的人居环境和较高的社会经济发展水平，区域资源环境承载能力仍处超载状态，跨区平衡已是必然，人口与资源环境社会经济关系亟待协调。

（3）III~ER~，人居环境与资源环境限制型：受人居环境适应性与资源环境限制性双重限制的有胡志明市、庆和省、槟椥省及嘉莱省 4 个，社会经济发展水平相对较高，但匮乏的资源禀赋和临界适宜的人居环境限制了资源环境承载能力的发挥和提升。胡志明市、庆和省和槟椥省主要是大部分区域气温炎热，严重影响了区域资源环境承载能力；嘉莱省北部地区位于山区边缘，地形起伏度相对较大，从而影响区域的人居环境的适宜性。此外，由于人口密集，资源的人均占有量低，造成胡志明市、庆和省、槟椥省资源环境承载能力有限；嘉莱省位于西原高原北部，地形起伏相对较大，限制区域的土地资源承载力的发展，尽管区域的社会经济发展水平位居前列，但仍不能满足其综合承载能力的发展。

（4）III~ED~，人居环境与社会经济限制型：受人居环境与社会经济发展双重限制的有金瓯、莱州、老街、安沛、平定、承天-顺化、山萝、坚江、广平、奠边、太原、和平和广南 13 个省份，资源禀赋较强，较低的社会经济发展水平与临界适宜的人居环境限制了区域的资源环境承载能力。其中，奠边、和平、莱州、老街、山萝、太原和安沛 7 个省份位于北部边境和山区地区，海拔普遍较高，地形起伏度大，进一步又限制了区域经济的发展，虽然资源环境承载力较高，但仍不能弥补人居环境和社会经济带来限制。平定、广平、广南和承天-顺化 4 个省位于中北部和中部沿海地区，均处于狭长的地理环境中，且西部多高山，严重阻碍区域的经济发展，气候偏热，人居环境适宜性相对较低，资源环境限制性相对较弱，但资源环境综合承载能力处于超载。金瓯省和坚江省位于湄公河三角洲地区，这里气温极其闷热，限制了人居环境适宜性的发展，同时这里交通不便，通达性处于低水平，进而造成城市化低水平，较低人居环境适宜性与社会经济发展水平进一步限制了区域资源环境承载能力的提高。

（5）III~ERD~，人居环境、资源环境与社会经济限制型：受人居环境适应性、资源环境限制性与社会经济适应性三重限制的有薄寮和同塔两个省。薄寮省和同塔省位于越南最南部湄公河三角洲地区，属于热带地区，温度较高，人居适宜性处于低水平，以及薄寮省水域面积广布，严重限制了人类居住环境的发育，人居环境适宜性不能满足其人类的需求；由于这里人口密度大，耕地面积广，林草面积有限，人均占有量低，水生态限制性严重，资源环境禀赋较差；社会经济发展水平亦受到人类发展、交通通达和城市化的三重限制较为明显；因此，薄寮省和同塔省人居环境适宜性较差，资源环境限制性较强，城市化发展缓慢，社会经济发展相对滞后等因素的限制导致区域的资源环境综合承载能力严重超载。

7.3 结论与建议

7.3.1 基本结论

越南资源环境承载能力综合评价研究，遵循"适宜性分区—限制性分类—适应性分等—警示性分级"的技术路线，从全国到分省，定量评估了越南的资源环境承载能力，完成了越南资源环境承载能力综合评价与警示性分级，揭示了越南不同地区的资源环境承载状态及其超载风险，为促进区域人口与资源环境社会经济协调发展提供了科学依据和决策支持。基本结论如下：

1. 越南资源环境承载能力总量尚可，维持在 13019 万人水平，3/5 以上集中在湄公河三角洲、北部边境和山区以及中北部和中部沿海地区

考虑水土资源和生态资源可利用性，越南 2015 年资源环境承载能力总量在 13019 万人水平。其中，生态承载力接近两亿多人；土地资源承载力接近一亿多人，部分地区受到自然条件的影响，土地资源不足，成为限制资源环境承载能力的因素之一；水资源承载力逾九千万人，部分地区水资源可以利用率低，水资源开发利用率低，以及水质下降是越南资源环境承载能力的主要限制因素。统计表明，越南 3/5 以上资源环境承载能力集中在占地 2/3 以上的湄公河地区、北部边境和山区以及中北部和中部沿海地区。北部边境和山区、湄公河三角洲以及中北部和中部沿海地区的资源环境承载能力分别为 2693.33 万人、3149.29 万人和 3258.26 万人，在 13019.44 万人水平，占全区的 69.9%，占地 70%，是越南资源环境承载能力的主要潜力地区。

2. 越南资源环境承载能力相对较强，密度均值是人口密度 2 倍，三角洲地区普遍高于山区地区

越南资源环境承载密度较高，承载密度为 282.72～776.78 人/km²，资源环境承载能力相对较强。越南资源环境承载能力地域差异显著，三角洲地区普遍高于山区地区。地处三角洲的湄公河三角洲和红河三角洲等地区资源环境承载能力较强，资源环境承载密度为 611.81～776.68 人/km²；而地处山区等地资源环境承载密度在 280 人/km² 左右，地域差异显著。

3. 越南资源环境承载能力以平衡为主要特征，南部普遍优于北部，人口与资源环境社会经济关系有待协调

越南资源环境承载指数为 0.42～1.95，均值在 1.49 水平，资源环境承载能力总体处于盈余状态。越南资源环境承载能力综合评价与警示性分级表明，盈余的 18 个省份主要分布在北部和南部三角洲地区；平衡的 22 个省份在越南的北部、中部和南部均有分布，超载的 23 个省份主要分布在越南北部高原，中部和南部人口密集的地区。越南资源环境承载状态受多种因素的影响，在空间上分布不均匀，全区尚有近 1/3 人口分布在占地 2/5 的资源环境超载地区，人口与资源环境社会经济关系亟待协调。

7.3.2　对策建议

根据其自然禀赋及生态状况，基于越南资源环境承载能力定量评价与限制性分类和

综合评价与警示性分级的基本认识和主要结论，研究提出了促进越南人口与资源环境社会经济协调发展、人口分布与资源环境承载能力相适应的适宜策略和对策建议：

1. 因地制宜、分类施策，促进区域人口与资源环境社会经济协调发展

越南资源环境承载能力总体处于平衡状态且接近盈余状态，较差的人居环境特征和相对滞后的社会经济发展水平，进一步加剧越南的资源环境限制性。研究表明，除去 4 个省份人居环境适宜指数、资源环境限制指数和社会经济适应指数均高于全区平均水平、发展相对均衡外，其他 59 个省份的资源环境承载能力或多或少受到人居环境适应性、资源环境限制性和社会经济适应性等不同因素的影响（表 7-10）。其中，受到人居环境适宜性、资源环境限制性和社会经济适应性等单因素影响的有 28 个省份、双因素影响的有 29 个省份、多因素影响的有 2 个省份；受到人居环境适宜性影响的有 32 个省份，受到资源环境限制性影响的有 26 个省份，受到社会经济适应性限制的有 34 个省份。由此可见，越南不同省份的资源环境承载能力地域差异显著，人居环境适宜性、资源环境限制性和社会经济适应性各不相同，亟待因地制宜、分类施策，促进区域人口与资源环境社会经济协调发展。

表 7-10　越南分省资源环境承载能力限制因素分析

	限制因素类型	个数	省份名称
单因素	人居环境适宜性	5	林同省、富安省、宁顺省、西宁省、平福省
	资源环境限制性	12	海阳省、前江省、芹苴市、永福省、永隆省、河南省、北宁省、岘港市、海防市、河内市、隆安省、后江省
	社会经济适应性	11	谅山省、北江省、河静省、河江省、广治省、北件省、义安省、宣光省、高平省、清化省、富寿省
双因素	人居环境适宜性-资源环境限制性	8	巴地-头顿省、平阳省、兴安省、平顺省、胡志明市、庆和省、槟椥省、嘉莱省
	人居环境适宜性-社会经济适应性	17	广义省、昆嵩省、多侬省、多乐省、金瓯省、莱州省、老街省、安沛省、平定省、承天-顺化省、山萝省、坚江省、广平省、奠边省、太原省、和平省和广南省
	资源环境限制性-社会经济适应性	4	南定省、朔庄省、安江省、太平省
多因素	人居环境适宜性-资源环境限制性-社会经济适应性	2	薄寮省、同塔省

2. 重点减少区域水资源不同限制因素，提高越南土地资源利用率

越南资源环境承载能力总量较高，但局部地区承载密度较低。相对较高的生态承载力，水土资源承载力相对不足，土地资源较为匮乏水资源可利用量和水资源开发利用率较低，境内河流水质下降成为限制越南资源环境承载能力主要因素。研究表明，越南除 6 个省份，基本未受水土资源承载力和生态环境承载力限制，其他 57 个省份的资源环境

承载力或多或少地受到水土资源或生态环境限制（表 7-11）。其中，受到水资源承载力、土地资源承载力和生态承载力等单因素限制的有 31 个省份、双因素限制的有 18 个省份、多因素限制的有 8 个省份；受到水资源承载力限制的有 36 个省份，受到土地资源承载力限制的有 40 个省份，受到生态承载力限制的有 7 个省份。由此可见，越南不同省份的资源环境承载力差异显著，水土资源承载力和生态承载力各异，大多受到水土资源因素制约，亟待统筹解决区域土地资源利用率，以及水资源限制性问题，进一步提高越南不同地区的资源环境承载能力。

表 7-11　越南分省资源环境承载力限制性分类

	限制因素类型	个数	省份名称
单因素	水资源承载力限制	10	茶荣省、隆安省、朔庄省、坚江省、永隆省、后江省、同塔省、安江省、平顺省、西宁省
	土地资源承载力限制	21	河江省、广宁省、宣光省、和平省、广南省、广平省、广义省、河静省、林同省、昆嵩省、平定省、太原省、莫边省、莱州省、平福省、广治省、嘉莱省、谅山省、老街省、安沛省、义安省
双因素	水资源-土地资源承载力限制	11	宁顺省、庆和省、富寿省、承天-顺化省、巴地-头顿省、北江省、同奈省、平阳省、金瓯省、槟椥省、富安省
	水资源-生态承载力限制	7	薄寮省、宁平省、前江省、河南省、南定省、芹苴省、太平省
多因素	水资源-土地资源-生态承载力限制	8	海防省、永福省、岘港省、胡志明市、海阳省、河内市、北宁省、兴安省

3. 结合资源环境承载能力警示性分区，合理布局人口，加强越南人口分布与资源环境承载能力相适应

越南资源环境承载能力主要受社会经济发展和人居环境适宜性限制的影响，资源环境进一步强化了越南不同地区的资源环境承载能力。越南生态环境和经济发展应根据资源环境承载能力警示性分区合理布局人口，促进人口分布与资源环境承载力相适应。

越南呈狭长地带，资源环境承载密度南部普遍高于北部，承载状态南部地区也普遍优于北部地区。占地 43%、相应人口占 35% 的资源环境承载能力超载的有 23 个省份，每个省份的资源环境承载能力较弱地区，人居环境适宜性较差、社会经济发展滞后，人口发展潜力有限；占地 15%、相应人口占 25% 的资源环境承载能力盈余的有 18 个省份，除去广宁省、宁平省和同奈省等 3 个省份资源环境承载能力均衡发展外，多数地区的资源环境承载能力受到一定的限制，如加以合理发展，其人居环境适宜性、社会经济发展，均会达到一定较高水平；占地 39%、相应人口占 39% 的资源环境承载能力平衡的有 22 个省份，大多属于资源环境承载能力中等地区，人居环境不适宜、社会经济发展滞后，人口发展潜力一般。根据资源环境承载能力警示性分区，引导人口由人居环境不适宜地区向适宜地区或临界适宜地区、由资源环境承载能力超载地区向盈余地区或平衡有余地区、由社会经济发展低水平地区向中、高地区有序转移，促进越南不同地区的人口分布

与资源环境承载能力相适应，应是引导人口有序流动，促进人口合理布局的长期战略选择。

4. 从限制因素看，水土资源利用率会影响未来综合资源承载力

　　根据 Our World in Data 网站（https://www.ourworldindata.org）的数据资料显示，综合考虑人口年龄结构、生育政策变动、预期寿命提高、人口迁移流动等多方因素预测，越南人口可能在 2030～2035 年达到 10086 万～10801 万人。综合考虑水土资源和生态环境的可持续性，越南资源环境综合承载能力可以维持在 19949 万人水平，水土资源现实承载能力相当，在 11300 万人规模，人口发展的潜力较大。相对于未来不同人口水平，水土生态均可满足人类需求，但如用水效率处于较低水平，以及不合理调整人与土地的关系，水土资源将会成为限制越南未来的资源环境承载力的主要因素（图 7-10）。

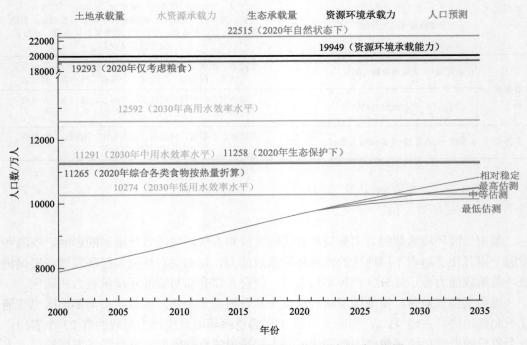

图 7-10　越南人口发展与资源环境承载力关系示意图

第8章 资源环境承载力评价技术规范

为全面反映越南资源环境承载力研究的技术方法，特编写第8章技术规范。技术规范全面、系统地梳理越南资源环境承载力研究的研究方法，包括人居环境适宜性评价、土地资源承载力与承载状态评价、水资源承载力与承载状态评价、生态承载力与承载状态评价、社会经济发展水平及适应性评价、资源环境承载综合评价6节，共48条。

8.1 人居环境适宜性评价

第1条 地形起伏度（relief degree of land surface，RDLS）是区域海拔高度和地表切割程度的综合表征，由平均海拔、相对高差及一定窗口内的平地加和构成，地形起伏度共分五级（表8-1）。其计算公式如下：

$$RDLS=ALT/1000+\left\{\left[Max(H)-Min(H)\right]\times\left[1-P(A)/A\right]\right\}/500 \qquad (8-1)$$

式中，RDLS为地形起伏度；ALT为以某一栅格单元为中心一定区域内的平均海拔，m；Max（H）和Min（H）是指某一栅格单元为中心一定区域内的最高海拔与最低海拔，m；P（A）为区域内的平地面积（相对高差≤30m），km^2；A为某一栅格单元为中心一定区域内的总面积。

第2条 基于地形起伏度的人居环境地形适宜性共分为五级，即不适宜、临界适宜、一般适宜、比较适宜与高度适宜（表8-1）。

表8-1 基于地形起伏度的人居环境地形适宜性分区标准

地形起伏度	海拔/m	相对高差/m	地貌类型	地形适宜性
>5.0	>5000	>1000	极高山	不适宜
3.0~5.0	3500~5000	500~1000	高山	临界适宜
1.0~3.0	1000~3500	200~500	中山、高原	一般适宜
0.2~1.0	500~1000	0~200	低山、低高原	比较适宜
0~0.2	<500	0~100	平原、丘陵、盆地	高度适宜

第3条 温湿指数（temperature-humidity index，THI）是指区域内气温和相对湿度的乘积，其物理意义是湿度订正以后的温度。温湿指数综合考虑了温度和相对湿度对人体舒适度的影响，共分十等（表8-2）。其计算公式如下：

$$\text{THI}=T-0.55\times(1-\text{RH})\times(T-58)$$
$$T=1.8t+32 \tag{8-2}$$

式中，t 为某一评价时段平均温度，℃；T 是华氏温度，℉；RH 为某一评价时段平均空气相对湿度，%。

表 8-2　人体舒适度与相对湿度分级

温湿指数	人体感觉程度	温湿指数	人体感觉程度
≤35	极冷，极不舒适	65～72	暖，非常舒适
35～45	寒冷，不舒适	72～75	偏热，较舒适
45～55	偏冷，较不舒适	75～77	炎热，较不舒适
55～60	清，较舒适	77～80	闷热，不舒适
60～65	凉，非常舒适	>80	极其闷热，极不舒适

第 4 条　基于温湿指数的人居环境气候适宜性共分为五级，即不适宜、临界适宜、一般适宜、比较适宜与高度适宜（表 8-3）。

表 8-3　基于温湿指数的人居环境气候适宜性分区标准

温湿指数	人体感觉程度	气候适宜性
≤35，>80	极冷，极其闷热	不适宜
35～45，77～80	寒冷，闷热	临界适宜
45～55，75～77	偏冷，炎热	一般适宜
55～60，72～75	清，偏热	比较适宜
60～72	清爽或温暖	高度适宜

第 5 条　水文指数亦称地表水丰缺指数（land surface water abundance index，LSWAI），用以表征区域水资源的丰裕程度。其计算公式如下：

$$\text{LSWAI}=\alpha\times P+\beta\times\text{LSWI} \tag{8-3}$$

$$\text{LSWI}=\left(\rho_{\text{nir}}-\rho_{\text{swir1}}\right)/\left(\rho_{\text{nir}}+\rho_{\text{swir1}}\right) \tag{8-4}$$

式中，LSWAI 为水文指数；P 为降水量；LSWI 为地表水分指数；α、β 分别为降水量与地表水分指数的权重值，默认情况下各为 0.50；ρ_{nir} 与 ρ_{swir1} 分别为 MODIS 卫星传感器的近红外与短波红外的地表反射率值。LSWI 表征了陆地表层水分的含量，在水域及高覆盖度植被区域 LSWI 较大，在裸露地表及中低覆盖度区域 LSWI 较小。人口相关性分析表明，当降水量超过 1600 mm、LSWI 大于 0.70 以后，降水量与 LSWI 的增加对人口的集聚效应未见明显增强。在对降水量与 LSWI 归一化处理过程中，分别取 1600 mm 与 0.70 为最高值，高于特征值者分别按特征值计。

第 6 条　基于水文指数的人居环境水文适宜性共分为五级，即不适宜、临界适宜、一般适宜、比较适宜与高度适宜（表 8-4）。

表 8-4　基于水文指数的人居环境水文适宜性分区标准

水文指数	水文适宜性
< 0.05	不适宜
0.05～0.15	临界适宜
0.15～0.25、0.5～0.6	一般适宜
0.25～0.3、0.4～0.5	比较适宜
0.3～0.4、>0.6	高度适宜

注：不同区域水文指数阈值区间建议重新界定

第 7 条　地被指数（land cover index，LCI）可用于表征区域的土地利用和土地覆被对人口承载的综合状况。其计算公式如下：

$$LCI = NDVI \times LC_i \tag{8-5}$$

$$NDVI = (\rho_{nir} - \rho_{red}) / (\rho_{nir} + \rho_{red}) \tag{8-6}$$

式中，LCI 为地被指数；ρ_{nir} 与 ρ_{red} 分别为 MODIS 卫星传感器的近红外与红波段的地表反射率值；NDVI 为归一化植被指数；LC_i 为各种土地覆被类型的权重，其中 i（1，2，3，…，10）代表不同土地利用/覆被类型。人口相关性分析表明，当 NDVI 大于 0.80 后，其值的增加对人口的集聚效应未见明显增强。在对 NDVI 归一化处理时，取 0.80 为最高值，高于特征值者均按特征值计。

第 8 条　基于地被指数的人居环境地被适宜性共分为五级，即不适宜、临界适宜、一般适宜、比较适宜与高度适宜（表 8-5）。

表 8-5　基于地被指数的人居环境地被适宜性分区标准

地被指数	地被适宜性	主要土地覆被类型
<0.02	不适宜	苔原、冰雪、水体、裸地等未利用地
0.02～0.10	临界适宜	灌丛
0.10～0.18	一般适宜	草地
0.18～0.28	比较适宜	森林
>0.28	高度适宜	不透水层、农田

注：不同区域地被指数阈值区间建议重新界定

第 9 条　人居环境适宜性综合评价。在对人居环境地形、气候、水文与地被等单项评价指标标准化处理的基础上，通过逐一评价各单要素标准化结果与 Landscan 2015 人口分布的相关性，基于地形起伏度、温湿指数、水文指数、地被指数与人口分布的相关系数再计算其权重，并构建综合反映人居环境适宜性特征的人居环境指数（human settlements index，HSI），以定量评价共建国家和地区人居环境的自然适宜性与限制性。

人居环境指数（HSI）计算公式为

$$\mathrm{HSI} = \alpha \times \mathrm{RDLS_{Norm}} + \beta \times \mathrm{THI_{Norm}} + \gamma \times \mathrm{LSWAI_{Norm}} + \delta \times \mathrm{LCI_{Norm}} \tag{8-7}$$

式中，HSI 为人居环境指数；$\mathrm{RDLS_{Norm}}$ 为标准化地形起伏度；$\mathrm{THI_{Norm}}$ 为标准化温湿指数；$\mathrm{LSWAI_{Norm}}$ 为标准化水文指数（即地表水丰缺指数）；$\mathrm{LCI_{Norm}}$ 为标准化地被指数；α、β、γ、δ 分别为地形起伏度、温湿指数、水文指数与地被指数对应的权重。

RDLS 标准化公式为

$$\mathrm{RDLS_{Norm}} = 100 - 100 \times (\mathrm{RDLS} - \mathrm{RDLS_{min}}) / (\mathrm{RDLS_{max}} - \mathrm{RDLS_{min}}) \tag{8-8}$$

式中，$\mathrm{RDLS_{Norm}}$ 为地形起伏度标准化值（取值范围介于 0～100）；RDLS 为地形起伏度，$\mathrm{RDLS_{max}}$ 为地形起伏度标准化的最大值（即为 5.0）；$\mathrm{RDLS_{min}}$ 为地形起伏度标准化的最小值（即为 0）。

THI 标准化公式为

$$\mathrm{THI_{Norm1}} = 100 \times (\mathrm{THI} - \mathrm{THI_{min}}) / (\mathrm{THI_{opt}} - \mathrm{THI_{min}}) \quad (\mathrm{THI} \leqslant 65, \ 1) \tag{8-9}$$

$$\mathrm{THI_{Norm2}} = 100 - 100 \times (\mathrm{THI} - \mathrm{THI_{opt}}) / (\mathrm{THI_{max}} - \mathrm{THI_{opt}}) \quad (\mathrm{THI} > 65, \ 2) \tag{8-10}$$

式中，$\mathrm{THI_{Norm1}}$、$\mathrm{THI_{Norm2}}$ 分别为 THI≤65、THI > 65 对应的温湿指数标准化值（取值范围介于 0～100）；THI 为温湿指数；$\mathrm{THI_{min}}$ 为温湿指数标准化的最小值（即为 35）；$\mathrm{THI_{opt}}$ 为温湿指数标准化的最适宜值（即为 65）；$\mathrm{THI_{max}}$ 为温湿指数标准化的最大值（即为 80）。

LSWAI 标准化公式为

$$\mathrm{LSWAI_{Norm}} = 100 \times (\mathrm{LSWAI} - \mathrm{LSWAI_{min}}) / (\mathrm{LSWAI_{max}} - \mathrm{LSWAI_{min}}) \tag{8-11}$$

式中，$\mathrm{LSWAI_{Norm}}$ 为地表水丰缺指数标准化值（取值范围介于 0～100）；LSWAI 为地表水丰缺指数；$\mathrm{LSWAI_{max}}$ 为地表水丰缺指数标准化的最大值（即为 0.9）；$\mathrm{LSWAI_{min}}$ 为地表水丰缺指数标准化的最小值（即为 0）。

LCI 标准化公式为

$$\mathrm{LCI_{Norm}} = 100 \times (\mathrm{LCI} - \mathrm{LCI_{min}}) / (\mathrm{LCI_{max}} - \mathrm{LCI_{min}}) \tag{8-12}$$

式中，$\mathrm{LCI_{Norm}}$ 为地被指数标准化值（取值范围介于 0～100）；LCI 为地被指数；$\mathrm{LCI_{max}}$ 为地被指数标准化的最大值（即为 0.9）；$\mathrm{LCI_{min}}$ 为地被指数标准化的最小值（即为 0）。

8.2 土地资源承载力与承载状态评价

第 10 条 土地资源承载力（land carrying capacity，LCC）是在自然生态环境不受危害并维系良好的生态系统前提下，一定地域空间的土地资源所能承载的人口规模或牲畜规模。本研究中分为基于人粮平衡的耕地资源承载力（cultivate land carrying capacity，

CLCC）和基于平衡的土地资源承载力（energy carry capacity，ENCC）。

第 11 条　基于人粮平衡的耕地资源承载力（cultivate land carrying capacity，CLCC），用一定粮食消费水平下，区域耕地资源所能持续供养的人口规模来度量。计算公式为

$$CLCC=Cl/Gpc \tag{8-13}$$

式中，CLCC 为基于人粮平衡的耕地资源现实承载力或耕地资源承载潜力；Cl 为耕地生产力，以粮食产量表征；Gpc 为人均消费标准，人均 250 kg/a。

第 12 条　基于热量平衡的土地资源承载力（energy carry capacity，ENCC），可用一定热量摄入水平下，区域粮食和畜产品转换的热量总量所能持续供养的人口来度量。

$$ENCC = En/ EnPc \\ PrCC = Pr / PrPc \tag{8-14}$$

式中，ENCC 为基于热量平衡的土地资源现实承载力或土地资源承载潜力；En 为土地资源产品转换为热量总量，EnPc 人均热量摄入标准，人均 3200 kcal。

第 13 条　土地资源承载指数（land carrying capacity index，LCCI）是指区域人口规模（或人口密度）与土地资源承载力（或承载密度）之比，反映区域土地与人口之关系，可分为基于人粮平衡的耕地承载指数（land carrying capacity index，CLCCI）、基于热量平衡的土地资源承载指数（energy carry capacity index，ENCCI）。

第 14 条　基于人粮平衡的耕地承载指数：

$$CLCCI=Pa/CLCC \tag{8-15}$$

$$\begin{cases} CLd = (Pa - CLCC) / CLCC \times 100\% = (CLCCI - 1) \times 100\% \\ CLp = (CLCC - Pa) / CLCC \times 100\% = (1 - CLCCI) \times 100\% \end{cases} \tag{8-16}$$

式中，CLCCI 为耕地承载指数；CLCC 为耕地资源承载力，人；Pa 为现实人口数量；CLd 为耕地资源超载率；CLp 为耕地资源盈余率。

第 15 条　基于热量平衡的土地承载指数（energy carry capacity index，ENCCI），计算方式为

$$ENCCI = Pa / ENCC \tag{8-17}$$

$$ENd = (Pa - ENCC) / ENCC \times 100\% = (ENCCI - 1) \times 100\% \\ ENp = (ENCC - Pa) / ENCC \times 100\% = (1 - ENCCI) \times 100\% \tag{8-18}$$

式中，ENCCI 为基于热量平衡的土地承载指数；ENCC 为基于热量平衡的土地资源承载力；Pa 为现实人口数量，人；ENd 为土地资源超载率；ENp 为土地资源盈余率。

第 16 条　土地资源承载状态反映区域常住人口与可承载人口之间的关系，本研究中分为基于人粮平衡的耕地资源承载状态和基于当量平衡的土地资源承载状态。

第 17 条　耕地资源承载状态反映人粮平衡关系状态，依据耕地承载指数大小分为

三类八个等级（表8-6）。

表8-6　耕地资源承载力分级评价标准

类型	级别	指标	
		CLCCI	CLp /CLd
盈余	富富有余	CLCCI≤0.5	50%≤CLp
	富裕	0.5 < CLCCI≤0.75	25%≤CLp< 50%
	盈余	0.75 < CLCCI≤0.875	12.5%≤CLp< 25%
平衡	平衡有余	0.875 < CLCCI≤1	0≤CLp< 12.5%
	临界亏缺	1 < CLCCI≤1.125	0% < CLd≤12.5%
超载	轻度亏缺	1.125 < CLCCI≤1.25	12.5% < CLd≤25%
	亏缺	1.25 < CLCCI≤1.5	25% < CLd≤50%
	严重亏缺	CLCCI>1.5	50% < CLd

第 18 条　土地资源承载状态反映人地关系状态，依据土地资源承载指数大小分为三类八个等级（表8-7）。

表8-7　土地资源承载力分级评价标准

类型	级别	指标	
		ENCCL	ENp / ENd
盈余	富富有余	ENCCL≤0.5	50%≤ENp
	富裕	0.5 < ENCCL≤0.75	25%≤ENp< 50%
	盈余	0.75 < ENCCL≤0.875	12.5%≤ENp< 25%
平衡	平衡有余	0.875 < ENCCL≤1	0≤ENp< 12.5%
	临界亏缺	1 < ENCCL≤1.125	0% < ENd≤12.5%
超载	轻度亏缺	1.125 < ENCCL≤1.25	12.5% < ENd≤25%
	亏缺	1.25 < ENCCL≤1.5	25% < ENd≤50%
	严重亏缺	ENCCL>1.5	50% < ENd

第 19 条　食物消费结构又称膳食结构，是指一个国家或地区的人们在膳食中摄取的各类动物性食物和植物性食物所占的比例。

第 20 条　膳食营养水平通常用营养素摄量进行衡量，主要包括热量、蛋白质、脂肪等。营养素含量是指用每一类食物中每一亚类的食物所占比例，乘以各亚类食物在食物营养成分表中的食物营养素含量，所得的和即是每一类食物在某一阶段的营养素含量。

$$C_i = \sum_{j=1}^{n} R_{ij} f_{ij} \qquad (8\text{-}19)$$

式中，C_i 为第 i 类食物的某一营养素含量；R_{ij} 为第 i 类食物的第 j 个品种在第 i 类食物中所占比例；f_{ij} 为第 i 类食物的第 j 个品种在《食物成分表》中的某一营养素含量。

第 21 条　基础数据。耕地面积、农作物种植面积、农作物产量以及肉、蛋、奶畜产品等产量数据均来自于 FAO（https://www.fao.org/home/en）；土地利用数据来自于欧空局（https://maps.elie.ucl.ac.be/CCI/viewer/）。

8.3　水资源承载力与承载状态评价

第 22 条　水资源承载力主要反映区域人口与水资源的关系，主要通过人均综合用水量下，区域（流域）水资源所能持续供养的人口规模/人或承载密度/（人/km²）来表达。计算公式为

$$\text{WCC}=W/\text{Wpc} \tag{8-20}$$

式中，WCC 为水资源承载力，人或人/km²；W 为水资源可利用量，m³；Wpc 为人均综合用水量，m³/人。

第 23 条　水资源承载指数是指区域人口规模（或人口密度）与水资源承载力（或承载密度）之比，反映区域水资源与人口之关系。计算公式为

$$\text{WCCI}=\text{Pa}/\text{WCC} \tag{8-21}$$

$$\begin{aligned}\text{Rp} &= (\text{Pa}-\text{WCC})/\text{WCC}\times100\%=(\text{WCCI}-1)\times100\% \\ \text{Rw} &= (\text{WCC}-\text{Pa})/\text{WCC}\times100\%=(1-\text{WCCI})\times100\%\end{aligned} \tag{8-22}$$

式中，WCCI 为水资源承载指数；WCC 为水资源承载力；Pa 为现实人口数量，人；Rp 为水资源超载率；Rw 为水资源盈余率。

第 24 条　水资源承载力分级标准根据水资源承载指数的大小将水资源承载力划分为水资源盈余、人水平衡和水资源超载三个类型六个级别（表 8-8）。

表 8-8　基于水资源承载指数的水资源承载力评价的标准

类型	级别	指标	
		WCCI	Rp/Rw
水资源盈余	富富有余	<0.6	Rw≥40%
	盈余	0.6~0.8	20%≤Rw<40%
人水平衡	平衡有余	0.8~1.0	0%≤Rw<20%
	临界超载	1.0~1.5	0%≤Rp<50%
水资源超载	超载	1.5~2.0	50%<Rp≤100%
	严重超载	>2.00	Rp>100%

8.4　生态承载力与承载状态评价

第 25 条　生态承载力是指在不损害生态系统生产能力与功能完整性的前提下,生态系统可持续承载具有一定社会经济发展水平的最大人口规模。

第 26 条　生态承载指数用区域人口数量与生态承载力比值表示,作为评价生态承载状态的依据。

第 27 条　生态承载状态反映区域常住人口与可承载人口之间的关系,将生态承载状态依据生态承载指数大小分为三类六个等级:富余:富富有余、盈余;临界:平衡有余、临界超载;超载:超载、严重超载。

第 28 条　生态供给是生态系统供给服务的简称;是生态系统服务最重要的组成部分,是生态系统协调服务、支持服务和文化服务的基础,也是人类对生态系统服务直接消耗的部分。

第 29 条　生态消耗是生态系统供给消耗的简称;是指人类生产活动对各种生态系统服务的消耗、利用和占用;本节中主要是指种植业与畜牧业生产活动对生态资源的消耗。

第 30 条　生态供给量基于生态系统净初级生产力(NPP)空间栅格数据,进行空间统计加总得到,用于衡量生态系统的供给能力,计算公式为

$$\text{SNPP} = \sum_{j=1}^{m} \sum_{i=1}^{n} \frac{\text{NPP} \times \gamma}{n} \tag{8-23}$$

式中,SNPP 为可利用生态供给量;NPP 为生态系统净初级生产力;γ 为栅格像元分辨率;n 为数据的年份跨度;m 为区域栅格像元数量。

第 31 条　生态消耗量包括种植业生态消耗量与畜牧业生态消耗量两个部分,用于衡量人类活动对生态系统生态资源的消耗强度,计算公式为

$$\text{CNPP}_{pa} = \frac{\text{YIE} \times \gamma \times (1-\text{Mc}) \times \text{Fc}}{\text{HI} \times (1-\text{WAS})} \tag{8-24}$$

$$\text{CNPP}_{ps} = \frac{\text{LIV} \times \varepsilon \times \text{GW} \times \text{GD} \times (1-\text{Mc}) \times \text{Fc}}{\text{HI} \times (1-\text{WAS})} \tag{8-25}$$

$$\text{CNPP} = \text{CNPP}_{pa} + \text{CNPP}_{ps} \tag{8-26}$$

式中,CNPP 为生态消耗量;CNPP_{pa} 为农业生产消耗量;CNPP_{ps} 为畜牧业生产消耗量;YIE 为农作物产量;γ 为折粮系数;Mc 为农作物含水量;HI 为农作物收获指数;WAS 为浪费率;Fc 为生物量与碳含量转换系数;LIV 为牲畜存栏出栏量;ε 为标准羊转换系数;GW 为标准羊日食干草重量;GD 为食草天数。

第 32 条　人均生态消耗标准表示当前社会经济发展水平下,区域人均消耗生态资

源的量，计算公式为

$$CNPP_{st} = \frac{CNPP}{POP} \qquad (8\text{-}27)$$

式中，$CNPP_{st}$ 为人均生态消耗标准；$CNPP$ 为生态消耗量；POP 为人口数量。

第 33 条　生态承载力表示当前人均生态消耗水平下，生态系统可持续承载的最大人口规模，计算公式为

$$ECC = \frac{SNPP}{CNPP_{st}} \qquad (8\text{-}28)$$

式中，ECC 为生态承载力；$SNPP$ 为生态供给量；$CNPP_{st}$ 为人均生态消耗标准。

第 34 条　生态承载指数用区域人口数量与生态承载力比值表示，作为评价生态承载状态的依据。

$$ECI = \frac{POP}{EEC} \qquad (8\text{-}29)$$

式中，ECI 为生态承载指数；EEC 为生态承载力；POP 为人口数量。

第 35 条　根据生态承载状态分级标准以及生态承载指数，确定评价区域生态承载力所处的状态，生态承载状态分级标准如表 8-9 所示。

表 8-9　生态承载状态分级标准表

生态承载指数	<0.6	0.6～0.8	0.8～1.0	1.0～1.2	1.2～1.4	>1.4
生态承载状态	富富有余	盈余	平衡有余	临界超载	超载	严重超载

8.5　社会经济适应性评价

社会经济适应性反映的是区域社会经济综合发展情况，在一定程度上可以调节区域资源环境的承载状态，主要通过人类发展水平、交通通达水平、城市化水平三个方面来构建三维空间体积模型，从而综合衡量当地社会经济综合发展状态。

第 36 条　社会经济发展指数（socioeconomic development index，SDI）融合了人类发展水平、交通通达水平和城市化水平三个方面，综合表征了区域社会经济发展水平，计算公式如下：

$$SDI = HDI_{one} \times TAI_{one} \times UI_{one} \qquad (8\text{-}30)$$

式中，HDI_{one}、TAI_{one}、UI_{one} 分别表示归一化后的人类发展指数、交通通达指数、城市化指数。

第 37 条　利用自然断点法将越南各省根据归一化社会经济发展指数分为四个等级：社会经济发展低水平区域（I）、社会经济发展中低水平区域（II）、社会经济发展中水平

区域（III）、社会经济发展中高水平区域（IV）（表 8-10）。

表 8-10　社会经济发展水平分区标准

归一化社会经济发展指数	分区类型
≤0.01	社会经济发展低水平区域（I）
0.01～0.05	社会经济发展中低水平区域（II）
0.05～0.11	社会经济发展中水平区域（III）
0.11～1.00	社会经济发展中高水平区域（IV）

第 38 条　人类发展指数（human development index，HDI）是以"预期寿命、教育水平和收入水平"为基础变量，用以衡量地区经济社会发展水平的指标。

第 39 条　交通便捷指数（transportation convenience index，TCI）是反映居民出行便捷程度的指数，是利用层次分析法分配各最短距离指数（SDRI/SDRWI/SDAI/SDPI 分别指归一化到道路/铁路/机场/港口最短距离）权重计算得出，具体归一化方法如下：

$$(1)\ x_i^* = \frac{x_i - \min(X)}{\max(X) - \min(X)} \tag{8-31}$$

$$(2)\ x_i^* = \frac{\max(X) - x_i}{\max(X) - \min(X)} \tag{8-32}$$

式中，x_i^* 为变量 x 在区域 i 归一化后的值；x_i 为变量 x 在区域 i 的原始值；X 是变量 x 的集合。在社会经济适应性评价研究中，只有 SDRI、SDRWI、SDAI、SDPI 用式（8-32）进行归一化，其他指数依式（8-31）进行归一化。层次分析法中成对比较矩阵如表 8-11 所示。

表 8-11　成对比较矩阵

指数	SDRI	SDRWI	SDAI	SDPI	权重
SDRI	1	3	3	6	0.53
SDRWI	1/3	1	1	3	0.20
SDAI	1/3	1	1	3	0.20
SDPI	1/6	1/3	1/3	1	0.07

第 40 条　交通密度指数（transportation density index，TDI）是道路密度、铁路密度和水路密度的综合，计算公式如下：

$$\mathrm{TDI}_i = \frac{r_1\mathrm{RDI}_i + r_2\mathrm{RWDI}_i + r_3\mathrm{WDI}_i}{r_1 + r_2 + r_3} \tag{8-33}$$

式中，TDI_i 为网格 i 的交通密度指数；r_1，r_2，r_3 分别为越南归一化道路密度、铁路密度、水路密度与人口密度之间的相关系数；RDI_i、RWDI_i、WDI_i 分别为网格 i 内道路长度、铁路长度、水路长度与网格 i 面积比值的归一化后的值，即道路密度指数、铁路密度指数、水路密度指数。

第 41 条　交通通达指数（transportation accessibility index，TAI）是交通便捷指数和交通密度指数的综合，用来表征区域交通水平，计算公式如下：

$$TAI = 0.5 \times TCI_{one} + 0.5 \times TDI_{one} \tag{8-34}$$

式中，TCI_{one}、TDI_{one} 分别表示按式（8-31）归一化后的交通便捷指数和交通密度指数。

第 42 条　将越南各省根据归一化交通通达指数均值及其 1/2 倍的标准差分为三个等级：交通通达低水平区域、交通通达中水平区域、交通通达中高水平区域（表 8-12）。

表 8-12　交通通达水平分区标准

归一化交通通达指数	分区类型
<0.22	交通通达低水平区域
0.22～0.50	交通通达中水平区域
0.50～1.00	交通通达中高水平区域

第 43 条　城市化指数（urbanization index，UI）是现代化进程的综合表征，用人口城市化率和土地城市化率按 1∶3 比例计算得出，计算公式如下：

$$UI = 0.25 \times ULI + 0.75 \times UPI \tag{8-35}$$

式中，ULI 是归一化土地城市化指数，即归一化城市用地占比；UPI 是归一化人口城市化指数，即归一化城市人口占比。其中，城市人口是利用夜间灯光数据和统计数据拟合得出。

第 44 条　将越南各省根据归一化城市化指数均值及其 1/2 倍的标准差分为三个等级：城市化低水平区域、城市化中水平区域、城市化中高水平区域（表 8-13）。

表 8-13　城市化水平分区标准

归一化城市化指数	分区类型
<0.05	城市化低水平区域
0.05～0.26	城市化中水平区域
0.26～1.00	城市化中高水平区域

8.6　资源环境承载综合评价

资源环境承载综合评价是识别影响承载力关键因素的基础，旨在为各地区掌握其承载力现状从而提高当地承载力水平提供重要依据。本书基于人居环境指数、资源承载指数和社会经济发展指数，提出了基于三维空间四面体的资源环境承载状态综合评价方法。

第 **45** 条 资源环境承载综合指数结合了三项综合指数，旨在更全面地衡量区域资源环境的承载状态，其具体公式如下：

$$RECI = HEI_m \times RCCI \times SDI_m$$

式中，RECI 是资源环境承载指数；HEI_m 是均值归一化人居环境指数；RCCI 是资源承载指数；SDI_m 是均值归一化社会经济发展指数。

第 **46** 条 均值归一化人居环境综合指数是地形起伏度、地被指数、水文指数和温湿指数的综合，计算公式如下：

$$HEI_m = HEI_{one} - k + 1 \tag{8-36}$$

$$HEI_v = \frac{(THI \times LSWAI + THI \times LCI + LSWAI \times LCI) \times RDLS}{3} \tag{8-37}$$

式中，HEI_m 为进行均值归一化处理之后的人居环境指数；HEI_{one} 为 HEI_v 按式（8-31）进行归一化之后的人居环境指数；k 为基于条件选择的人居环境适宜性分级评价结果中一般适宜地区 HEI_{one} 的均值；THI、LSWAI、LCI、RDLS 分别为归一化后的温湿指数、水文指数、地被指数和地形起伏度，其中，地形起伏度按式（8-32）进行归一化，其他指数按式（8-31）进行归一化。

第 **47** 条 资源承载指数是土地资源承载指数、水资源承载指数和生态承载指数的综合，用来反映区域各类资源的综合承载状态。为了消除指数融合时区域某类资源承载状态过分盈余而对该区域其他类型资源承载状态的信息覆盖，本章利用了双曲正切函数（tanh）对各承载指数的倒数进行了规范化处理，并保留了承载指数为 1 时的实际物理意义（平衡状态）。此外，本章以国际主流的城市化进程三阶段为依据，在不同城市化进程阶段的区域，结合实际情况对三项承载指数赋予了不同权重（表 8-14）。其具体计算方法如下：

$$RCCI = W_L \times LCCI_t + W_W \times WCCI_t + W_E \times ECCI_t \tag{8-38}$$

$$LCCI_t = \tanh\left(\frac{1}{LCCI}\right) - \tanh(1) + 1 \tag{8-39}$$

$$WCCI_t = \tanh\left(\frac{1}{WCCI}\right) - \tanh(1) + 1 \tag{8-40}$$

$$ECCI_t = \tanh\left(\frac{1}{ECCI}\right) - \tanh(1) + 1 \tag{8-41}$$

式中，RCCI 为资源承载指数；LCCI、WCCI、ECCI 分别为土地资源承载指数、水资源承载指数和生态承载指数。

表 8-14　成对比较矩阵

城市化进程阶段	城镇人口占比/%	W_L	W_W	W_E
初期阶段	0～30	0.5	0.3	0.2
加速阶段	30～70	1/3	1/3	1/3
后期阶段	70～100	0.2	0.5	0.3

第 48 条　均值归一化社会经济发展指数是社会经济发展指数的均值归一化处理之后的指数，旨在保留数值为 1 时的物理意义（平衡状态），具体计算公式如下：

$$SDI_m = SDI_{one} - k + 1 \tag{8-42}$$

式中，SDI_m 是均值归一化社会经济发展指数；SDI_{one} 为归一化后的社会经济发展指数；k 为越南全区 SDI_{one} 的均值。

参 考 文 献

曹文战, 安琪, 李芾. 2013. 越南机车的发展现状与展望. 国外铁道机车与动车, (4): 28-33.

陈文. 2003. 越南的环境管理及保护. 东南亚, (2): 16-23.

戴尔阜, 王晓莉, 朱建佳, 等. 2016. 生态系统服务权衡_方法_模型与研究框架. 地理研究, 35: 1005-1016.

邓祥征, 梁立, 吴锋, 等. 2021. 发展地理学视角下中国区域均衡发展. 地理学报, 76(2): 261-276.

邓元寿, 周鸿承. 2009. 多元文化融合下的越南饮食现状及其特点//饮食文化研究(2009 年上), 112-117.

樊杰, 周侃, 王亚飞. 2017. 全国资源环境承载能力预警(2016 版)的基点和技术方法进展. 地理科学进展, 36(3): 266-276.

封志明. 1990. 区域土地资源承载能力研究模式雏议——以甘肃省定西县为例. 自然资源学报, 5(3): 271-274.

封志明. 1994. 土地承载力研究的过去、现在与未来. 中国土地科学, 8(3): 1-9.

封志明, 李鹏. 2018. 承载力概念的源起与发展: 基于资源环境视角的讨论. 自然资源学报, 33(9): 1475-1489.

封志明, 李鹏, 游珍. 2022. 绿色丝绸之路: 人居环境适宜性评价. 北京: 科学出版社.

封志明, 杨艳昭, 闫慧敏, 等. 2017. 百年来的资源环境承载力研究: 从理论到实践. 资源科学, 39(3): 379-395.

封志明, 游珍, 杨艳昭, 等. 2021. 基于三维四面体模型的西藏资源环境承载力综合评价. 地理学报, 76(3): 645-662.

高清竹, 万运帆, 李玉娥, 等. 2007. 藏北高寒草地 NPP 变化趋势及其对人类活动的响应. 生态学报, 27(11): 4612-4619.

胡琦. 2015. 越南革新开放以来的民族问题与民族政策研究. 北京: 中央民族大学.

胡雪峰, 王兴平, 赵四东. 2019. 越南工业区空间格局及产业发展特征. 热带地理, 39(6): 889-900.

黄氏芳青. 2013. 越南利用外商直接投资研究. 南宁: 广西大学.

黄郑亮. 2019. 越南制造业在全球价值链的位置研究. 东南亚研究, (5): 86-108.

江文国. 2014. 基于粮食生产能力提升的中越粮食安全区域合作. 杭州: 浙江工业大学.

蒋玉山. 2018. "一带一路"视阈下中越合作机遇与前景——基于越南交通基础设施建设的考察. 钦州学院学报, 33(7): 26-32.

蒋玉山. 2018. 越南区域经济布局转型与再构战略. 亚太经济, (5): 95-103, 151-152.

蒋玉山. 2019. 稳中求进: 在综合平衡中实现快速增长——以越南经济现状分析为例. 钦州学院学报, 34(6): 39-44.

黎氏娥. 2018. 越南革新开放以来的生态问题研究. 大连: 东北财经大学.

李龙, 吴大放, 刘艳艳, 等. 2020. 多功能视角下县域资源环境承载能力评价——以湖南省宁远县为例. 生态经济, 36(8): 146-153.

利国, 许绍丽, 张训常. 2015. 列国志——越南. 北京: 社会科学文献出版社.

刘淑安. 2020. 近四十年越南湄公河三角洲土地利用时空演变研究. 徐州: 江苏师范大学.

马世骏, 王如松. 1984. 社会—经济—自然复合生态系统. 生态学报, 4 (1): 1-9.

聂慧慧. 2020. 越南: 2019 年回顾与 2020 年展望. 东南亚纵横, (2): 33-41.

牛方曲, 孙东琪. 2019. 资源环境承载力与中国经济发展可持续性模拟. 地理学报, 74(12): 2604-2613.

潘昱奇, 李满春, 姜朋辉, 等. 2021. 基于多源国土空间数据的资源环境综合承载力及人口承载力评价——以江苏省常州市为例. 水土保持通报, 41(4): 350-356.

秦大河, 张坤民, 牛文元, 等. 2002. 中国人口资源环境与可持续发展. 北京: 新华出版社.

饶永恒. 2020. 迁移农业对区域土地利用的扰动影响研究. 北京: 中国地质大学(北京).

阮国强. 2015. 越南湄公河三角洲区域可持续发展综合评价与策略研究. 广州: 华南理工大学.

阮氏秋莺(NGUYEN THI THU OANH). 2016. 越南吸引外资的投资环境研究. 北京: 中央民族大学.

唐海行. 1999. 澜沧江—湄公河流域资源环境与可持续发展. 地理学报, (S1): 101-109.

王道征. 2020. 越南南北高铁规划及其国内争议. 江南社会学院学报, 22(1): 74-80.

王光华, 夏自谦. 2012. 生态供需规律探析. 世界林业研究, 25(3): 70-73.

王亚芳. 2019. 生态系统服务及其价值评估研究进展. 环境与发展, 31: 1-3.

吴传钧. 1991. 论地理学的研究核心: 人地关系地域系统. 经济地理, 11(3): 1-4.

谢高地, 曹淑艳, 鲁春霞. 2011. 中国生态资源承载力研究. 北京: 科学出版社.

谢铿铮, 崔昊. 2020. 越南经济发展状况及对策. 合作经济与科技, (8): 42-43.

闫慧敏, 甄霖, 李凤英, 等. 2012. 生态系统生产力供给服务合理消耗度量方法——以内蒙古草地样带为例. 资源科学, 34(6): 998-1006.

严岩, 朱捷缘, 吴钢, 等. 2017. 生态系统服务需求、供给和消费研究进展. 生态学报, 37(8): 2489-2496.

杨月元, 吴立霞. 2021. "双循环"新格局下中越贸易特征及影响因素探讨. 商业经济研究, (22): 141-144.

尹旭, 李鹏, 封志明, 等. 2022. 2000—2019 年越南人口时空分异特征及其演变类型. 世界地理研究, (5): 1-14.

尹旭, 李鹏, 封志明, 等. 2022. 越南人口分布数据集(2000-2019). 全球变化数据学报(中英文), 6(1): 1-11, 160-170.

游珍, 封志明, 杨艳昭, 等. 2020. 栅格尺度的西藏自治区人居环境自然适宜性综合评价. 资源科学, 42(2): 394-406.

越媒: 许多外资重大项目正在排队等候进入越南. 中国外资, 2021(13): 36-37.

曾辉, 孔宁宁, 李书娟. 2001. 卧龙自然保护区人为活动对景观结构的影响. 生态学报, 21(12): 1994-2001.

张镱锂, 刘林山, 摆万奇, 等. 2006. 黄河源地区草地退化空间特征. 地理学报, 61(1): 3-14.

郑国富, 张鑫. 2021. 中越农产品贸易互补性和竞争性分析. 农业展望, 17(12): 156-163.

周定国. 2006. 30 年来越南行政区划的嬗变. 中国测绘, (5): 52-57.

周珺. 2013. 基于遥感数据的重庆市净初级生产力(NPP)时空特征研究. 成都: 西南大学.

竺可桢. 1964. 论我国气候的几个特点及其与粮食作物生产的关系. 地理学报, 30(1): 1-13.

Nguyen Duc Trung(阮德忠). 2013. 越南大米出口贸易研究. 长春: 吉林大学.

Pham Thanh Hue. 2019. 论越南森林退化的原因. 乡村科技, (3): 61-62.

Arsenio B. 2003. Economic growth and poverty reduction in Vietnam. Manila, Philippines: Asian Development Bank.

Beck H E, van Dijk A I J M, Levizzani V, et al. 2017. MSWEP: 3-hourly 0.25° global gridded precipitation (1979-2015) by merging gauge, satellite, and reanalysis data. Hydrology and Earth System Sciences, 21(1): 589-615.

Ciesin. 2016. Gridded Population of the World, Version 4 (GPW v4): Administrative Unit Center Points with Population Estimates. https://sedac.ciesin.columbia.edu/data/collection/gpw-v4. [2020-09-20].

Ernst C, Mayaux P, Verhegghen A. 2013. National forest cover change in Congo Basin: deforestation,

243

reforestation, degradation and regeneration for the years 1990, 2000 and 2005. Global Change Biology, 19(4): 1173-1187.

Falkenmark M. 1989. The massive water scarcity now threatening africa: Why isn't it being addressed? Ambio, 18(2): 112-118.

Gassert F, Luck M, Landis M, et al. 2014. Aqueduct global maps 2.1: Constructing decision-relevant global water risk indicators. Washington D C: World Resources Institute.

Karger D N, Conrad O, Bvner J, et al. 2017. Climatologies at high resolution for the earth's land surface areas. Scientific Data, 4(1), 1-20.

Ng L S, Campos-Arceiz A, Sloan S, et al. 2020. The scale of biodiversity impacts of the belt and road initiative in southeast Asia. Biological Conservation, 248:108691.

NOAA. 2014. Version 4 DMSP-OLS Nighttime Lights Time Series. https://eogdata.mines.edu/products/dmsp/. [2020-09-20].

Patrizi N, Niccolucci V, Castellini C, et al. 2018. Sustainability of agro-livestock integration: Implications and results of Emergy evaluation. Science of the Total Environment, 622-623: 1543-1552.

Peng J, Tian L, Liu Y, et al. 2017. Ecosystem services response to urbanization in metropolitan areas: Thresholds identification. Science of the Total Environment, 607-608: 706-714.

Pham T T, Moeliono M, Yuwono J. 2021. REDD+ finance in Brazil, Indonesia and Vietnam: Stakeholder perspectives between 2009-2019. Global Environmental Change, 70:102330.

Siebert S, Henrich V, Frenken K, et al. 2013. Update of the Digital Global Map of Irrigation Areas to Version 5. http://www.fao.org/3/I9261EN/i9261en. pdf. [2020-09-20].

Song W, Deng X. 2017. Land-use/land-cover change and ecosystem service provision in China. Science of the Total Environment, 576:705-719.

Wu Y, Thomas D, Boyd K D, et al. 2013.Going beyond the millennium ecosystem assessment: An index system of human well-being. Plos One, 8(5): 64582.

Yan J, Jia S, Lv A, et al. 2019. Water resources assessment of China's transboundary river basins using a machine learning approach. Water Resources Research, 55(1): 632-655.

You Z, Shi H, Feng Z M, et al. 2020. Creation and validation of a socioeconomic development index: A case study on the countries in the Belt and Road Initiative. Journal of Cleaner Production, 120634: 1-10.

Zhang C, Bai Y, Yang X, et al. 2022. Scenario analysis of the relationship among ecosystem service values—A case study of Yinchuan Plain in northwestern China. Ecological Indicators, 143: 109320.